高等学校"十二五"规划教材

计算机地质制图

陈练武　梁居伟　编著

西北工业大学出版社

【内容简介】 本书的编写力求将计算机地质制图理论基础与应用软件、工作方法和制图技能相结合,把课程内容体系划分成地质制图基础、计算机绘图基础、专业制图 3 个模块。本书主要内容包括地质图件的表示内容和制图方法,绘图语言和绘图方法基础,曲线光滑和网格化模型的插值,等值线图、钻孔柱状图、地质剖面图的自动绘制技术,GRAPHER,SUFFER,MAPGIS 及 AutoCAD 绘制地质图件的方法。

本书可以作为高等学校地质类专业的工程制图课程教材,也可供从事资源行业、工程地质行业的专业技术人员参考。

图书在版编目(CIP)数据

计算机地质制图/陈练武,梁居伟编著 . —西安:西北工业大学出版社,2015.4
(2024.1 重印)

ISBN 978 - 7 - 5612 - 4368 - 8

Ⅰ.①计… Ⅱ.① 陈… ②梁… Ⅲ.①地质图—计算机制图 Ⅳ.①P285.1-39

中国版本图书馆 CIP 数据核字(2015)第 067331 号

出版发行:西北工业大学出版社
通信地址:西安市友谊西路 127 号 邮编:710072
电 话:(029)88493844 88491757
网 址:www.nwpup.com
印 刷 者:西安五星印刷有限公司
开 本:787 mm×1 092 mm 1/16
印 张:16.5
字 数:398 千字
版 次:2015 年 4 月第 1 版 2024 年 1 月第 4 次印刷
定 价:58.00 元

前　言

　　随着计算机软件技术和硬件技术的不断发展,计算机地质制图在地学领域的应用越来越广泛。传统的手工制图已远远不能满足要求,从地质报告、研究成果的提交,到日常生产均要求用计算机制图。因此掌握计算机制图的基本知识,学会使用常用的地质制图软件是非常重要的。为此,笔者编写了本书,希望本书既能作为地质类专业相关课程的教材,又能供广大地学工作者作为培训或自学用书。

　　地质制图基础及计算机绘图基础模块共7章,在简要阐述计算机地质制图系统的配置、数据结构、坐标系、图形算法等计算机制图基础知识的基础上,较详细地介绍了在计算机地质制图中广泛应用的曲线光滑和网络化模型的插值方法与等值线图、钻孔柱状图、剖面图的自动绘制技术;专业制图模块共6章,分别介绍了图形矢量化软件R2V的使用方法、Grapher软件的使用方法、SURFER 8.0软件的使用方法、MapGIS与AutoCAD的使用方法及AutoCAD中地质线型、图案及符号的开发技术。

　　本书具体编写分工:第1,2,4~9,11章由陈练武编著,第3,10,12,13章由梁居伟编著。在本书编著过程中,曾参阅大量相关的文献资料,在此谨向原作者表示衷心的感谢。

　　由于水平有限,书中难免有不妥甚至错误之处,恳请广大读者批评指正。

编著者

2015 年 1 月

目　　录

第1章 计算机地质制图概论

1.1 计算机地质制图的发展历史

图形是看数据的最好表现形式,它具有直观、形象和便于交流的特点。它是按一定的数学法则和综合法则,以形象—符号表达制图物体(现象)的空间分布、组合和相互联系及其变化的空间模型。长期以来,人类一直致力于制图科学的研究,早期绘图主要为手工绘图,为了绘制图形,人们在实践中不断地创造出各种绘图工具,如直尺、三角板、丁字尺、曲线板等,这些工具直到今日仍在广泛的使用。而手工制图是一项劳累、烦琐、费时的工作,且绘图速度慢、精度低、交流困难。随着计算机科学和图形处理技术的发展和应用,逐渐形成了一门崭新的边缘学科——计算机制图学。该学科集计算机科学、制图学、计算数学等为一体。所谓的计算机制图学就是研究在计算机的辅助下产生图形的科学。

计算机绘图技术的崛起可追溯到 20 世纪 50 年代。50 年代初到 60 年代中,美国麻省理工学院的 S. A. Coons 教授等人在计算机辅助设计和制造方面进行了开拓性的研究,从 1950 年该院的"旋风"一号计算机在显示器上能画出简单的图形,标志着计算机绘图的开始。1963 年他们研制出一种命名为 Sketchpad 的交互图形系统。这是一种生成、处理和显示二维几何图形的交互式设计工具,该系统可以使用光笔在显示器上修改图形,并能对图形进行定位、缩放等简单变换。

1964 年,美国通用汽车公司与 IBM 公司合作,研制出汽车车身和外形设计用的计算机辅助系统。

1964 年年底,IBM 公司设计出第一代刷新式随机扫描图形显示器。

1965 年,美国洛克希德公司成立了专门小组,花费 100 人·年的工作量,于 1972 年完成一个用于飞机设计的交互式图形系统 CADDM。

1966 年 IBM 公司研制出混合集成电路模块的辅助设计系统。

1968 年,我国研制出第一台数控绘图机(LZ—5)。

20 世纪 70 年代是计算机绘图重要的发展阶段,有关研究者进行了大量的理论探讨和设计工作。在此期间解决了消隐、体素造型、纹理显示等重要算法。1973 年 Lockheed 发表了论证计算机绘图在设计过程中现实性和经济性报告。1973 年在美国召开了计算机图形学首次会议,这种会议每年召开一次,延续至今,它是国际性学术会议,推动着计算机图形学的科学研究和发展。1975 年洛克希德飞机公司的 Chasen 发表了在 CAD 系统中计算机制图的经济效益的分析论文,在此期间 Estmen 发表了关于 CAD 中数据库问题的论文,1977 年我国又研制出第一台用小型计算机直接控制的平面电机型绘图机,从此计算机辅助绘图作为 CAD 的一个专门领域开始形成,对推动 CAD 技术的发展起了巨大作用。

20 世纪 80 年代以后,随着计算机软、硬件的迅速发展,真正反映计算机制图特点的根本问题逐渐得到解决。1982 年 12 月美国 AutoDesk 公司推出计算机辅助设计与绘图软件 AutoCAD R1.0,标志着计算机绘图的真正普及和实用,这是计算机制图史上的一个重要的里程碑。AutoCAD R1.0 起,经历了近 11 次的升级,现已达到 AutoCAD2004。AutoCAD 版本的每一次升级,都代表着技术上的重大突破和功能上的加强。

1982 年,美国标准化协会(ANSI)多次讨论了原西德研制图形核心系统 GKS(Graphics Kernel System)和美国 ACM 协会提出的 Core System 系统,决定采用 GKS 作为国际标准,1983 年 ANSI 将 GKS 扩充,提出 ANS-GKS 图形系统。1985 年,国际标准化组织(ISO)推出了 GKS 的正式版本 ISO7942,目前 GKS 已被广泛接受。

在地质领域,虽然 20 世纪 60～70 年代就已开展了计算机应用研究工作,但很少涉及计算机制图,随着 AutoCAD 绘图软件包的引进,标志着计算机制图在地质领域的开始。在我国煤炭行业,使用较早的主要是煤田勘探公司,如煤炭部第一勘探公司、河南煤田地质公司、山西煤田地质公司、福建煤田地质公司、安徽煤田地质公司等,与此同时,许多科研和教学单位也做了大量的研究工作,如中国矿业大学地质系数学地质教研室、煤炭科学总院西安分院、唐山分院等单位都开发了一些计算机绘制地质图件的软件。

近年来,计算机地质制图发展更为迅速,主要表现在以下几个方面。

1)由二维图形到三维图形;

2)由静态图形到动画;

3)由线框图到真实感图形;

4)多源信息综合利用;

5)充分利用数据库管理系统和网络技术。

目前,使用的计算机地质制图软件有在煤矿地测自动化成图方面比较突出的西安科技大学的 CGIS 软件、北京大学遥感与地理信息系统研究所的 RGIS 和煤科总院西安分院的 MS-GIS 等软件。

1.2　地质图件的特点和计算机表示方法

地质图件种类繁多,不同的图件其内容千差万别,但总体可划分为下述几大类。

1)具有精确三维空间坐标的特征点。这类点的特点是都具有精确的 X,Y,Z 三维空间坐标,另外在图上这类点一般用特定的符号来表示。如勘探中施工的钻孔、地质测量中的控制点、采样点、井下巷道测量中的测点、井下的水闸门、井下突水点、溜煤眼、泉点、水井、居民点等。

2)呈线状分布的内容,此类线条一般都代表一定的特定内容,如地层分界线、断层线、井田边界线、巷道、矿井保护煤柱线、煤层尖灭线、河流、公路、铁路等。这类线状分布的内容一般都由一组控制点来控制其空间展布。

3)反映某一因素或多个因素变化趋势的等值线图,如地形等高线图、煤层底板等高线图、煤层厚度等值线图、矿井瓦斯含量等值线图、硫分含量等值线图等。

4)呈面状分布的内容,这些面状分布的区域都代表特定的内容,如煤层风氧化带、煤层顶板岩性分布图、煤层采空区等。

针对地质图的特点,要将这些内容用计算机表现出来,一般采用符号法、线状符号法、等值线法、质底法等。

1.2.1　符号法

用符号法来表示地质图件上的第一部分内容,即具有精确三维空间坐标的特征点。人们在长期的制图实践中,不同的行业都形成了表示特定内容的标准符号。如地形图上表示桥、井、泉、三角点等,煤炭行业图件上的见煤钻孔、未见煤钻孔、水文孔、矿井的井口等。1989 年能源部以能源煤总[1989]第 26 号文下发了关于《煤矿地质测量图例》的通知,该图例中规定了煤炭行业制图的各种标准图例,目前以该图例作为煤炭行业计算机地质制图的标准。

为了能够方便地表示此类内容,每个计算机成图系统都必须有一个符号库(有时也称为子图库),如 MAPGIS 软件的符号库如图 1.2.1 所示。

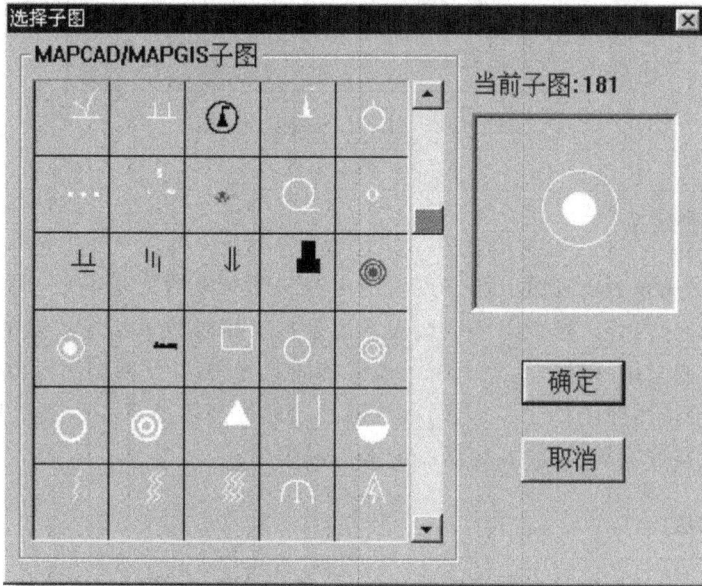

图 1.2.1　MAPGIS 软件符号库

为了方便图形的编辑,每种符号一般都有一个确定的编码,如图 1.2.1 所示,181 号符号为一个表示钻孔的子图,由两个同心圆构成,内圆为黑色填充。假如在图件上已绘制了许多钻孔,现在如果要将这些钻孔改用内圆不填充的符号表示,就不必在图上逐个修改,因为这样修改一是工作量大,另外有可能遗漏个别图元,实际上只需将符号库中的 181 号符号改为内圆不填充的双圆,图面上对应有符号就会自动修改。

1.2.2　线状符号法

线状符号法用来表示地质图件的第二部分内容,即呈线状分布的内容,这部分内容在地质图件一般都用特定的线型来表示。如井田边界用连续实线加"＋"字符号来表示,角度不整合地层接触线用波浪线表示,下盘断煤交线用连续实线加"×"符号表示等。为了能够方便地表示此类内容,每个计算机成图系统都必须有一个线型库,MAPGIS 软件的线型库如图 1.2.2 所示。

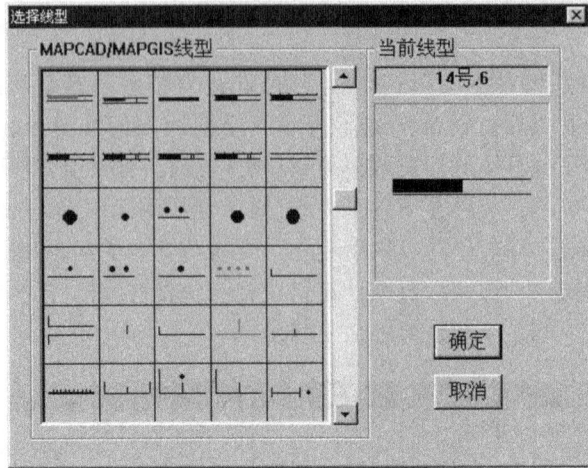

图 1.2.2　MAPGIS 软件线型库

1.2.3　F 等值线法

等值线法就是用来表示连续分布并逐渐变化的制图对象的数量特征,用此方法来表示地质图件上的第三部分内容。图面上等值线被认为是具有相等数量指标的点的连线,但现实中这些点并不存在,它只是一种表达整个制图地区特征的方法,并反映制图对象的差异变化。等值线图是地学上最常用的图件之一,人们最熟悉的地形等高线就是一种描绘地形高度变化的图件,此外还有地层厚度等值线图、煤层厚度等值线图等。

1.2.4　质底法

为了反映制图区域连续分布现象的质量特征,通常把性质有差异的不同类型在图上用不同的颜色或图案加以区分,这种表示方法称为质底法。用此方法来表示地质图件上的第四部分内容。其填充区域由一组 X,Y 坐标点控制,且首尾相接。为了能够方便地区域填充,每个计算机成图系统都必须有一个图案库,如 MAPGIS 软件的图案库如图 1.2.3 所示。

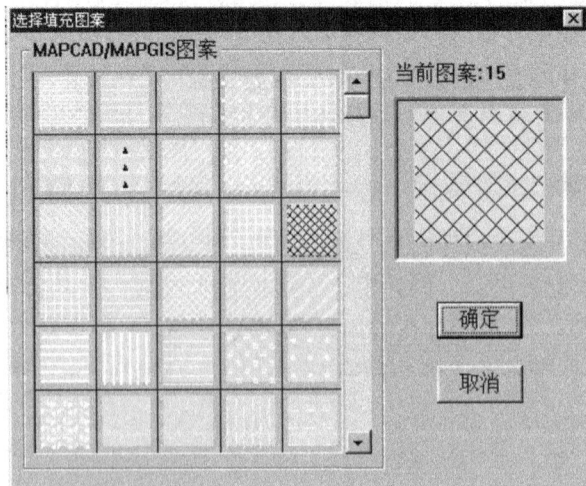

图 1.2.3　MAPGIS 软件图案库

以上所述 4 种方法是最常用的方法,除此之外还有点描法、图表统计法、分级统计图法等。

1.3　计算机地质制图的优点

与传统的手工制图相比,计算机地质制图有下述优越性。

1. 快速性

传统的手工制图费时费力是大家众所周知的,而计算机制图的速度往往是手工制图速度的数倍至数 10 倍。

2. 交互性强

纸质地图一旦印刷完成即固定成型,不能再变化。电子地图是使用者在不断与计算机的对话过程中动态生成出来的,例如,使用者可以指定地图显示范围,设定地图显示比例尺和自由组织地图上出现的地物要素种类、个数等。使用者每发布一个指令,即能生成一张新的地图。使用者与计算机对话的交互式操作使电子地图比纸质地图更具有使用上的灵活性。

3. 能无级缩放

纸质地图都具有一定比例尺,一张图的比例尺是一成不变的。电子地图则不然,在一定限度内可以任意无级缩放和开窗显示。有时就好比使用者拿着放大镜在查看地图,而且放大倍数还能任意调节。要无级缩放地图在操作上往往也非常简单,用鼠标选个放大镜工具或者缩小镜工具,在感兴趣的图面上单击,就能放大或者缩小这块地方的地图图形。

4. 无缝

纸质地图受纸张幅面大小限制,图幅总是有一定范围,一个地区可能需要多张地图才能完整显示。计算机屏幕虽然一般比地图纸张要小,但是电子地图却能漫游和平移,能一次性装下一个地区的所有地图内容,不需要地图分幅,因此是无缝的,这样能避免由地图分幅和接边引起的误差。

5. 动态载负且调整

载负量是信息载体上信息的密度,地图载负量一般为地图上地物的密度。地图载负量小是指地图上地物太稀疏而使得地图所具有的信息量不够。地图载负量大是指地图上地物太密集而使得地图杂乱难读。因此纸张地图在比例尺固定后,通过地图综合处理,使得地图上出现的内容保持一定的密度。电子地图因为可以无级缩放,所以一般带有自动载负量调整系统,能动态地调整地图载负量,使得屏幕上显示的地图保持适当的载负量,从而保证地图的易读性。例如,城市交通的电子地图,当显示的图形为全市范围时就没有必要显示出每条道路的名称,而只需要显示少数主要干道的名称;当地图放大到几个街区范围时,每条道路的名称都应该显示出来。这一切均由计算机按照预先设计好的模式动态调整好载负量,比例尺越小显示信息越概要,反之比例尺越大显示的信息越详细。

6. 多维化

纸质地图常常是二维矢量的图形,如果要反映三维分布的地图信息,如地形、气压分布等,经典的方法是采用等高线或者等值线的方法。电子地图除了能显示等高线和等值线外,还可直接生成三维立体影像,甚至还能在地形三维影像上叠加遥感图像,配上光线效果。这样就能很逼真地再现或者模拟真实的地面情况;而传统的地图要素如政区界线、地物标注等也能被三维投影后,叠加显示到三维图像上。这种三维地图图像能交互式地由使用者任意缩放和移动观测,这是纸质地图很难完成的。

7.信息丰富

因为受到比例尺、图幅范围和载负量等的限制,纸质地图能反映的信息量有限,只能采用地图符号的结构、色彩和大小来反映地物的属性;而电子地图能反映的信息量则大得多,它除了有各种地图符号外,还能配合外挂数据库一起使用。计算机屏幕上采用多窗口技术,在交互式操作中,使用者随时可以查询地物的信息,并可将信息在其他窗口中显示出来,看完后,移去属性显示窗口,能继续地图操作,大大丰富了地图的内容。

8.信息共享

在地图数字化以后,就具备了信息复制和传播的优点,容易实现共享。电子地图能够大量无损失复制,并且能通过计算机网络传播。存放在 CD - ROM,DVD - ROM 上的地图在外已经相当普及。连接到 Internet 上的地图库后,能迅速、方便地下载,获得世界上很多地方的各种类型的地图。

9.基本地图计算、统计和分析功能

在纸质地图上可以进行量算和分析,不过只有距离计算之类的简单计算,稍微复杂一点的如面积计算就不大容易了。用电子地图作计算则非常容易和便捷,除了距离、面积等二维计算,还能做三维体积计算、地形剖面分析、坡度坡向计算,以及密度、梯度和强度分析,还能作最优路径选择,配合全球定位系统(GPS)还能作实时定位等。

地学领域的计算机制图开始于 20 世纪 60 年代和 70 年代,目前,随着计算机硬件和软件技术的发展,更由于广大地学工作者的不断努力,计算机制图已广泛应用于地学的各个专业,已有大批比较成熟的制图软件开发出来。如广泛使用的 GRAPHER,SURFER,GRAFTOOL,HARVARD,GRAPHICS,AUTO CAD,MAPCAD,Corel DRAW,Photoshop,Photostyle 等。另外,许多地理信息系统软件,如 MAPGIS,MAPINFO,ARC/INFO,MAP-ENGINE GIS 等也都具有很强的图形处理功能。它们可用来绘制各种等值线图、剖面图、曲面图、线图、棒图、饼图等。

1.4　计算机地学绘图的基本步骤

一般说来,计算机地学绘图可分为下述 5 个步骤。

1.数据整理

这个过程就是为绘图程序或软件提供必要的数据信息。在数据准备过程中要注意数据格式、取值范围等要满足绘图程序或软件的要求。数据来源可以是数据库中已有的数据、内存中已有的计算结果,也可以是光电输入和键盘输入的数据。此外,也可以用光电扫描方法将图件的数字化结果。

2.数据处理

由于地学数据分布不规则,并且包含有随机干扰,所以在正式绘图前要对数据进行处理。一般有三类处理方法:

等距离处理:如果取样点的间距不相等,需要利用数学方法使其规格化。如在绘制等值线图和曲面图之前都需要作这样的处理。

加密处理:在绘图时,实际取样密度往往不能满足绘图的要求,有时为了节省计算机运行的时间,在等距离处理时也只能给出稀疏的网格,在这两种情况下都要对数据进行加密处理。如在绘等值线图时,仅利用等距离处理生成的网格很难生成满足要求的等值线图,一般都要先进行网格加密,再生成等值线图。

光滑处理:也称为平滑处理。这不仅是为了美观,也是去掉数据中随机性误差的一种方法。

3.计算机绘图

这一过程就是利用计算机绘图程序或软件生成地学图形。

4.图形的修补与加工

一般说来,现有的计算机绘图程序或软件很难生成完全令人满意的地学图形,因此在图形生成后,要利用图形编辑软件进行修补和加工处理。如果图形生成系统本身没有带编辑软件,可将生成的图形转入 AutoCAD 进行编辑。

5.图件的输出和保存

经修补完善的图件从图形硬拷贝设备输出,当然也可以图形文件的形式存入图库保存起来。

第2章 常用地质图件的表示内容和制图方法

2.1 地质柱状图

地质柱状图是野外地质工作成果的图形化表示,它是根据野外实测或钻探等手段获取地层资料,经过整理,按新、老地层的叠置关系恢复成水平状态,编制而成的一种表格式的柱状图件。通过柱状图可反映研究区的地层岩性,以及地层的层序、时代、厚度、接触关系及其他地质现象,另外还可以反映水文地质特征、古生物特征、沉积相特征等。地质柱状图根据用途的不同,其表现内容和形式有一定的差别,本章主要介绍地质工作中几种常用的地质柱状图。

2.1.1 实测地层柱状图

2.1.1.1 实测地层柱状图

在资源地质勘探的不同阶段,按其工作程度的要求不同,所采用的勘探方式、勘探手段有较大的差异,但一般都必须进行地质填图工作。这是因为地质填图工作是在充分利用地面露头资料的基础上,再配合其他勘探手段,达到查明地质情况的一种最经济的手段。在地质填图工作中一项非常重要的工作就是要实测地层剖面,将野外实测资料经过室内整理,编制实测地质柱状图,从而掌握研究区的地层特征。下面简要介绍实测地层柱状图的编制方法。

1. 野外实测剖面记录表

野外实测剖面时,要填写实测地层剖面记录表,实测地层剖面记录表的内容较多,表2.1.1给出了与编制实测地层柱状图相关的内容。

表 2.1.1 实测地层剖面记录表

导线号	导线方位角(°)	导线坡度角(°)	导线斜距 m	分层号	岩石名称	地层时代	分层斜距 m	地层产状(°)	岩性描述	
1	297	50	9.6	1	黄土	Q_4	9.6			
2	298	30	20	2	砂质泥岩	C_{3t}	3.2	295∠46		
				3	粉砂岩	C_{3t}	10.2	295∠46		
				4	泥岩	C_{3t}	15.0	295∠46		
				5	粗砂岩	C_{3t}	20.0	295∠46		
3	297	34	12.5	6	细砂岩	C_{2b}	4.0	295∠545		
				7	铝质泥岩	C_{2b}	8.5	295∠45		
				8	粗砾岩	C_{2b}	12.5	295∠45		
…	…	…	…	…	…	…	…	…		

2. 室内整理与计算

在进行计算前,首先要认真核对检查相关内容,保证原始数据准确无误,在进行了核对检查后,就可进行岩层厚度的计算,岩层厚度的计算包括分层厚度计算和累计厚度计算,计算公式为

岩层分层厚度计算:

$$m_i = L_i(\sin\alpha_i\cos\beta_i\sin\gamma_i \pm \sin\beta_i\cos\alpha_i)$$

式中　　m_i——岩层分层厚度;

L_i——分层斜距;

α_i——岩层倾角;

β_i——导线坡度角;

γ_i——导线方位角与地层走向间的锐夹角。

岩层累计厚度计算:

$$M = \sum_{i=1}^{n} m_i$$

式中　　M——岩层累计厚度;

m_i——岩层分层厚度。

3. 实测地层柱状图的绘制

利用上述计算结果,采用现行的岩石符号标准图例,就可以绘制实测地层柱状图,需要说明的是,不同的行业或单位其柱状图的格式可能稍有差异,但其基本内容都是相同的,采用下述编图方法。

(1)确定比例尺。实测地层柱状图的比例尺应等于或大于实测地层剖面的比例尺。这是一个总的原则,在满足该原则的前提下,所选用的比例尺对剖面上的主要岩性特征,特别是标志层的特征在地层柱状图中能够得到清楚反映。比例尺一般可选择 1:100,1:200,1:500 等。

(2)设计地层柱状图的格式。地层柱状图的格式应尽量符合一般地层柱状图的格式和行业规范,以便于柱状图的阅读和交流。作为地层柱状图,地层单位、地层代号、岩层分层厚度、累计厚度、层序号、岩性柱状、岩性描述等基本栏是必不可少的。具体绘制时,根据地层总厚度用制图比例尺,计算出柱状图的总长度,并合理确定岩性柱状和各栏的宽度,使整个图面成一竖长的矩形,使所绘图形既符合一般规范,又整体美观。

(3)编制实测柱状图。

1)根据岩性柱状的总长度和所设计的柱状图格式,合理布局柱状图不同部分在图面的位置,然后按已定格式绘制各栏目。

2)用岩层累计厚度填绘岩性柱状,注意不要直接采用岩层的分层厚度分层绘制岩性柱状,这样易产生累积误差,使所绘柱状长度与总长度不符,而应该用所绘岩层所在层的累计厚度从岩性柱状的起点逐层绘制各分层的岩性柱状。对于地层中的标志层、矿层或其他有意义的岩层,由于比例尺限制而表示不出时,可适当夸大加厚,予以表示,这实际上是借用上下层的厚度,要保持整个柱状的长度不变。在填绘岩性柱状时,应根据地层之间的接触关系用相应的接触关系符号来表示。

3)根据岩性柱状的地层分层界线分别向两侧延伸横线。由于各分层厚度差别较大,特别是有些特殊层厚度很小,如果直接向两侧延伸横线后有些层不能满足地层单位标注、岩性描述

等的要求时,应充分利用岩性柱状两侧的空白窄缝,引斜线(缓冲线)进行适当调整,并使其他栏目的上、下界线均保持水平,求得图面结构布局合理美观。

4)填写各栏中的数字和文字。

5)检查整饰。实测地层柱状图编制完成后,要进行全面的检查,保证各种数据和描述准确无误,最后填写图名、比例尺和图签。由于地层柱状图中有岩性描述一栏,故一般无需再附岩性图例,但如果在岩性柱状中有些特殊的符号来表示特定的地质内容,则应附相应的图例。图2.1.1是一个实测地层柱状图的参考格式,供大家参考。

实测地层柱状图

比例尺 1:×××

地 层 单 位					代号	累计厚度 m	分层厚度 m	岩 性 柱 状		层序	岩 性 描 述	备 注
界	系	统	组	段								
												图 签

图 2.1.1 实测地层图格式图示

2.1.1.2 钻孔柱状图

目前,不管是资源勘探还是工程勘探,钻探工程仍然是最主要的勘探手段之一,钻探工程就是利用机械传动钻杆和钻头,向地下钻进成直径小而深的圆孔,称为钻孔。在每一个钻孔完工后,一般都必须编制钻孔柱状图,因此说钻孔柱状图是一个应用极其广泛的基础地质图件之一,下面介绍钻孔柱状图的编制方法。

1.钻探工程的地质编录

编制钻孔柱状图的基础数据来自钻探工程的地质编录成果,地质编录做得好坏直接影响地质资料的可靠性。

由于钻孔柱状图是采用岩层的伪厚度(钻孔所穿过的厚度)来编图的,所以钻探工程的地质编录的主要任务就是要准确获得各岩层的换层深度,取得了各岩层的换层深度后,就可方便绘制出钻孔柱状图。

(1)岩芯分层与描述。对所采取的岩芯要仔细观察,根据岩石分层原则和岩性变化特点,确定其分层界线,并对每一层进行详细的描述。其描述内容主要包括岩石的颜色、成分、粒度、滚圆度、分选性、胶结物、层理、结核、包裹体和动植物化石,以及接触关系等。

(2)岩层倾角的测定。岩层倾角是计算岩层真厚度、分析地质构造的重要数据。需要说明的是,直接从岩芯上测得的岩层倾角不一定是真正的岩层倾角,要根据钻孔偏斜的情况来进行计算,如果钻孔偏斜的天顶角不大,可直接采用从岩芯上测得的岩层倾角。

(3)测量岩芯长度。测量每一分层的岩芯实际长度。据此可计算出每一分层的岩芯采取率。

(4)换层的深度计算。在野外进行钻孔编录时,首先对采出的岩芯进行岩分层,分层后就要计算出换层的深度,即岩层分层界面在钻孔中的深度。下面依据分层的不同情况,分别说明换层的深度的计算方法(见图 2.1.2)。

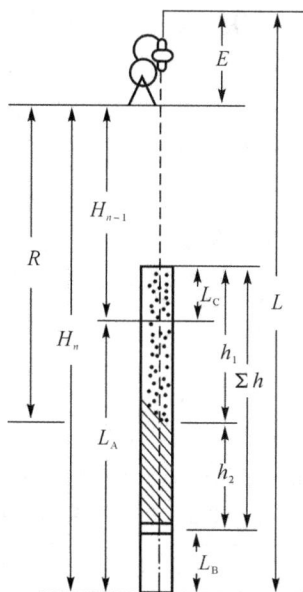

图 2.1.2　岩层换层深度计算示意图

R—换层深度;　H_{n-1}—上回次累计孔深;　H_n—本回次累计孔深;　L_A—本回次进尺;　L_B—本回次残留岩芯长度;
L_C—上回次残留岩芯长度;　h_1—换层上部岩芯长度;　h_2—换层下部岩芯长度;　$\sum h$—本回次采取岩芯长度;
E—地面余尺(残尺+机高);　L—钻具全长

1)回次进尺终点换层。岩层换层位置恰好位于回次进尺的终点,在这种情况下回次进尺孔深即为换层深度。

当本回次钻进无残留岩芯时,有

$$R = H$$

式中　R——换层深度;

　　　H——回次累计孔深。

当本回次钻进有残留岩芯时,有

$$R = H - L_B$$

式中　R——换层深度;

H—— 回次累计孔深；

L_B—— 本次残留岩芯长度。

2）回次进尺中间换层。岩层的换层界面在回次钻进采取的岩芯之中，即在回次进尺中间换层。根据岩芯回次采取率和有无残留岩芯，换层深度的计算有所区别。

当岩芯回次采取率为 100%，回次钻进无残留岩芯时，有

$$R = H_n - h_2$$

或

$$R = H_{n-1} + h_1$$

当岩芯回次采取率为 100%，回次钻进有残留岩芯时，有

$$R = H_n - h_2 - L_B$$

或

$$R = H_{n-1} + h_1 - L_C$$

当岩芯采取率小于 100%，回次进尺无残留岩芯时，有

$$R = H_n - \frac{h_2}{x\%}$$

或

$$R = H_{n-1} + \frac{h_1}{x\%}$$

式中，$x\%$ 为回次岩芯采取率。

当岩芯采取率小于 100%，回次进尺有残留岩芯时，有

$$R = H_n - \frac{h_2}{x\%} - L_B$$

或

$$R = H_{n-1} - \frac{h_1}{x\%} - L_C$$

通过上述计算后，可获得编制钻孔柱状图的基础数据，见表 2.1.2。

表 2.1.2 渭北某钻孔基础数据表

层号	底面深度	地层时代	岩石名称	岩芯长度	采取率	岩芯倾角	岩层厚度	岩性描述
1	73.96	第四系	黄土	0.00	0		73.96	
2	186.01	上石盒子组	砂泥岩互层	40.30	36	25	112.05	
3	307.85	下石盒子组	细砂岩	45.40	37	25	121.84	
4	392.31	下石盒子组	砂质泥岩	37.20	44	25	84.46	
5	399.32	山西组	泥岩	5.80	83	25.5	7.01	
6	402.01	山西组	中粒砂岩	2.20	82	25.5	2.69	
7	405.24	山西组	砂质泥岩	3.00	93	25	3.23	
8	409.60	山西组	中粒砂岩	4.15	95	26	4.36	
9	414.94	山西组	砂质泥岩	4.35	81	26	5.34	
10	415.34	山西组	煤层	0.00	0	25.5	0.40	

续 表

层号	底面深度	地层时代	岩石名称	岩芯长度	采取率	岩芯倾角	岩层厚度	岩性描述
…	…	…	…	…	…	…	…	
23	456.37	太原组	石灰岩	1.95	100	27	1.95	
24	458.96	太原组	粉砂岩	1.64	63	27	2.59	
25	459.38	太原组	煤层	0.00	0	27.5	0.42	
26	460.68	太原组	铝质泥岩	0.50	38	27.5	1.30	
27	472.97	奥陶系	石灰岩	4.30	35	28	12.29	

2. 钻孔柱状图的绘制

(1)确定比例尺。钻孔柱状图的比例尺一般可选择1∶100,1∶200,1∶500,其基本原则是所选用的比例尺对钻孔中的主要岩性特征,特别是标志层的特征在地层柱状图中能够得到清楚反映。

(2)设计钻孔柱状图的格式。不同地质行业的钻孔柱状图的格式差别较大,同一行业的不同单位其柱状图的格式也不尽相同,目前还没有统一的钻孔柱状图的格式。下面以煤炭行业为例,说明钻孔柱状图所反映的主要内容(见图2.1.3)。

a. 钻孔柱状图的左面一般为地层系统,包括界、系、统、组、段;

b. 钻孔柱状图上一般应反映在钻探过程中的泥浆消耗量变化情况,泥浆消耗量在柱状图上一般用折线表示;

c. 水位预测成果,在钻孔柱状图上要反映出水位观测成果,水位预测成果一般也用折线表示;

d. 封孔情况,对于不同孔段采用不同的材料封孔的情况也应该在钻孔柱状图上表示出来;

e. 钻孔结构,对于有孔径变化的钻孔,应该表示出钻孔的结构,钻孔的结构一般直接用数字表示相应孔段的孔径;

f. 岩性柱状,在岩性柱状的两侧一般要留一定的空白区,用于画缓冲线;

g. 地层层序号;

h. 矿层或标志层名称,对钻孔中的矿、标志层或其他有意义的层位,应明确表示出来;

i. 地层分界线的累计孔深;

j. 各岩层的分层厚度;

k. 分层岩芯采取长度;

l. 分层岩芯采取率;

m. 岩层倾角,用于分析地质构造和计算岩层的真厚度;

n. 岩层真厚,钻孔柱状图上所采用的厚度是地层的伪厚度,即钻孔柱状的长度等于孔深,因此一般应在钻孔柱状图上将计算出的每一分层的真厚度表示出来;

o. 岩层真厚累计;

p. 岩性描述。

以上所列出的栏目是目前煤炭行业较常用的一种简单的钻孔柱状图格式,所采用的数据是钻探和测井的综合成果,一些复杂结构的钻孔柱状图上要同时表示钻探成果、测井解释成果和最后利用成果,同时要附上测井曲线。

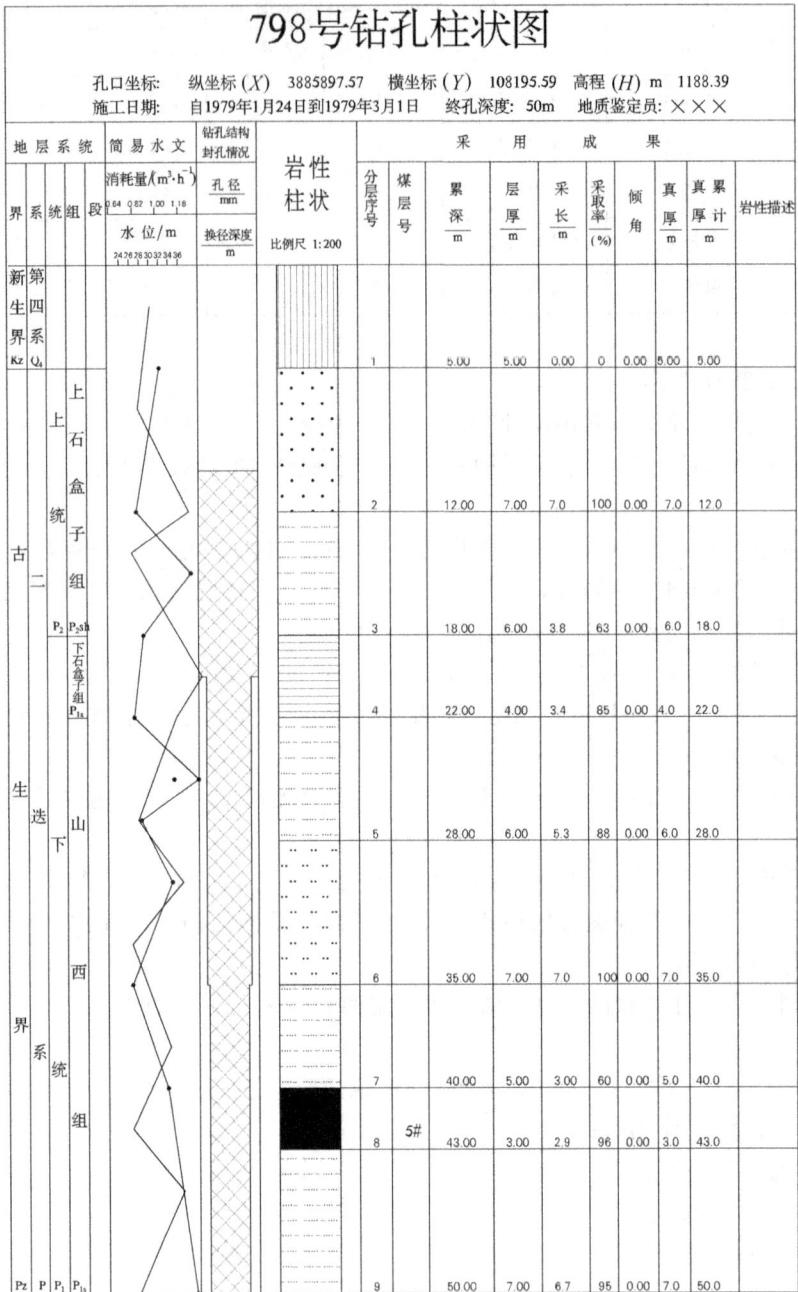

798号钻孔柱状图

孔口坐标: 纵坐标 (X) 3885897.57　横坐标 (Y) 108195.59　高程 (H) m 1188.39

施工日期: 自1979年1月24日到1979年3月1日　终孔深度: 50m　地质鉴定员: ×××

地层系统 界·系·统·组·段	简易水文 消耗量/(m³·h⁻¹) 水位/m	钻孔结构封孔情况 孔径/mm 换径深度/m	岩性柱状 比例尺 1:200	分层序号	煤层号	累深/m	层厚/m	采长/m	采取率/(%)	倾角	真厚/m	真累厚计/m	岩性描述
				1		5.00	5.00	0.00	0	0.00	5.00	5.00	
				2		12.00	7.00	7.0	100	0.00	7.0	12.0	
				3		18.00	6.00	3.8	63	0.00	6.0	18.0	
				4		22.00	4.00	3.4	85	0.00	4.0	22.0	
				5		28.00	6.00	5.3	88	0.00	6.0	28.0	
				6		35.00	7.00	7.0	100	0.00	7.0	35.0	
				7		40.00	5.00	3.00	60	0.00	5.0	40.0	
				8	5#	43.00	3.00	2.9	96	0.00	3.0	43.0	
				9		50.00	7.00	6.7	95	0.00	7.0	50.0	

图 2.1.3　钻孔柱状示意图

(3)编制钻孔柱状图。根据钻孔深度和所设计的柱状图格式,合理布局柱状图不同部分在图面的位置,然后按已定格式绘制各栏目,用与绘制实测地层柱状图相似的方法逐层绘制,这里不再重复。

2.1.2　综合地层柱状图

一个研究区(或勘探区)的综合地层柱状图主要反映全区所存在的地层、地层的层序、地层时代、厚度、岩性、化石、水文地质,以及岩浆活动的综合性图件,综合地层柱状图的内容与格式与实测地层柱状图、钻孔柱状图基本相仿。但实测地层柱状图只反映该条剖面上的地层层序、厚度、岩性等特征,钻孔柱状图只反映所施工钻孔处的地层层序、厚度、岩性等特征,而综合地层柱状图则反映全区的地层层序、厚度及其变化、岩性特征、所含化石、地貌水文、岩浆活动、矿产等综合性图件,它是在地层详细划分与对比的基础上,经过大量的原始数据的统计和进一步综合而成的,它更注重的是反映地层岩性在面上的特征和变化。它在所表示的内容、格式、方法与实测地层柱状图、钻孔柱状图都有许多不同之处。下面简要介绍综合地层柱状图的编制方法。

2.1.2.1　作图数据的获取

1. 利用实测地层剖面资料编制综合地层柱状图

如果研究区只有实测剖面资料,而没有进行钻探工作,则可利用实测地层剖面资料编制综合地层柱状图。

首先采用第一节所讲述的方法,编制每条实测剖面的地层柱状图,然后根据岩性、厚度、化石、标志层、沉积相特征等进行地层对比,建立全区的地层层序、接触关系,以及岩浆活动的顺序、范围与围岩的关系。将同一层位的地层岩性加以综合,一般应分组、段进行综合描述。具体描述时可分出上、中、下,或者再细分出顶部、底部,分别描述其岩性、厚度及其变化情况,尽量总结出同岩层在全区的分布情况及变化规律,对于所含化石、地貌水文、矿产等情况应单独描述。同时,统计同层位、同岩性的厚度值,求出最小值、最大值和平均值,其平均值作为作图采用厚度值。一般情况下是求算术平均值,求平均值时,参加计算的厚度数目越多,其平均值越接近客观实际的厚度,因此应尽量多地利用实测剖面的厚度资料,以及在地质测量过程中观测的厚度资料。

2. 利用钻探资料编制综合地层柱状图

如果研究区已有一定的钻探工程,则可利用钻探资料编制综合地层柱状图。

首先采用第一节所讲述的方法,编制钻孔的钻孔柱状图,然后根据岩性、厚度、化石、标志层、沉积相特征、测井曲线特征等进行地层对比,绘制地层对比图,建立全区的地层层序、接触关系,以及岩浆活动的顺序、范围与围岩的关系。对于勘探工程没有揭露的有关地层,可收集区内或附近的有关资料加以补充。对同一层位的岩层进行综合和描述时仍采用上述方法。统计同层位、同岩性的厚度值,求出最小值、最大值和平均值,其平均值作为作图采用厚度值。注意在原始数据统计时,必须排除断层的影响,但不要把原生沉积厚度的变化误认为是断层通过。

如果在工作区有实测地层剖面数据,也可将实测地层柱状图与钻孔柱状图一起进行对比,并参与平均厚度的计算,其效果更佳。

2.1.2.2　综合地层柱状图的绘制

1. 确定比例尺

综合地层柱状图的比例尺要选择适当,由于综合地层柱状图是反映全区的地层,其总厚度一般要远远大于单个实测地层柱状图或钻孔柱状图,所以,所选用的比例尺一般要较前者小,比较常用的比例尺有 1∶500 或 1∶1000。

当综合地层柱状图与地形地质图放在一起时,要使柱状图的长度与地质图上下宽度大体相当。

2. 综合地层柱状图格式设计

综合地层柱状图一般应包括地层系统、地层厚度(地层厚度应表示出最小值、最大值和平均值)、岩性柱状、层序号、矿层及标志层名称、岩性描述、化石、矿产、水文地质特征等。

3. 绘制方法

按全区地层总厚度和采用的比例尺,计算岩性柱状的总长度,按设计好的格式画好图头和整个柱状图的框架;然后,从下至上和自老至新,将地层单位、岩性柱状、地层厚度、岩石性描述等逐一填入相应的栏内。其中,岩性柱状要用规定的岩性图例表示;如果地层间有不整合或假整合接触关系时,要在岩性柱状中表示出来;区内有岩浆岩侵入体分布时,岩浆岩应从柱状的最底部向上绘至侵入层位为止,宽度约占柱状的1/5。对于矿层、标志层或有特殊意义的岩层,由于受柱状比例尺的限制而难于表示时,可在柱状中适当将其放大;岩性描述要尽可能详细,但要重点突出,要将常见的化石及标准化石列出;对于水文地质特征应描述含水层及隔水层,并尽可能将抽水资料附上(见图2.1.4)。

太阳山综合地层柱状图

比例尺　1∶10000

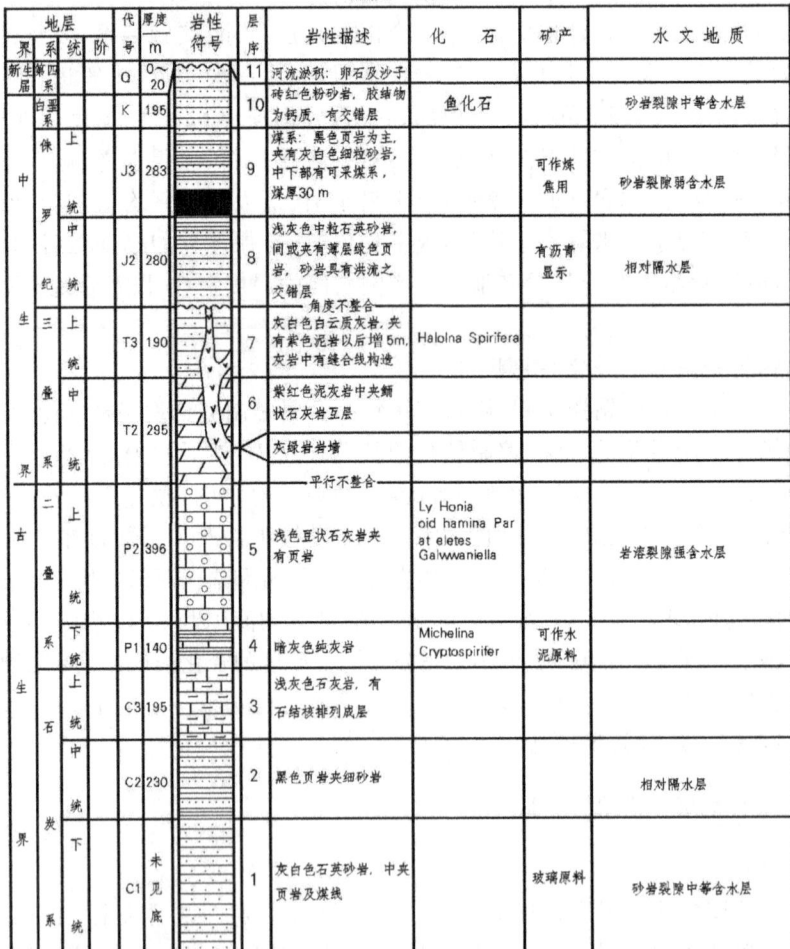

界	系	统	阶	代号	厚度/m	岩性符号	层序	岩性描述	化石	矿产	水文地质
新生界	第四系			Q	0~20		11	河流淤积:卵石及沙子			
	白垩系			K	195		10	砖红色粉砂岩,胶结物为钙质,有交错层	鱼化石		砂岩裂隙中等含水层
中生界	侏罗纪	上统		J3	283		9	煤系:黑色页岩为主,夹有灰白色细粒砂岩,中下部有可采煤系,煤厚30 m		可作炼焦用	砂岩裂隙弱含水层
		中统		J2	280		8	浅灰色中粒石英砂岩,间或夹有薄层绿色页岩,砂岩具有浊流之交错层		有沥青显示	相对隔水层
	三叠系	上统		T3	190		7	角度不整合——灰白色白云质灰岩,夹有紫色泥岩以后增5m,灰岩中有缝合线构造	Halolna Spirifera		
		中统		T2	295		6	紫红色泥灰岩中夹鲕状石灰岩豆层　灰绿岩岩墙			
古生界	二叠系	上统		P2	396		5	平行不整合——浅色豆状石灰岩夹有页岩	Ly Honia oid hamina Par at eletes Galwwaniella		岩溶裂隙强含水层
		下统		P1	140		4	暗灰色纯灰岩	Michelina Cryptospirifer	可作水泥原料	
	石炭系	上统		C3	195		3	浅灰色石灰岩,有石结核排列成层			
		中统		C2	230		2	黑色页岩夹细砂岩			相对隔水层
		下统		C1	未见底		1	灰白色石英砂岩,中夹页岩及煤线		玻璃原料	砂岩裂隙中等含水层

图 2.1.4　综合柱状图(据康继武,等,地质填图实习指南,稍修改)

2.1.3 其他柱状图

除了上述柱状图外,还有水文地质柱状图、古生物柱状图、岩相柱状图、瓦斯地质柱状图等,现在介绍较常用的几种。

1. 岩相柱状图

岩相柱状图是通过对研究区沉积剖面的岩性、古生物及地球化学等方面的相标志的研究,反映地质时期沉积环境及其演变规律的一种图件,主要表示地层的层序、岩性和相标志特征,沉积微相及剖面相序。

岩相柱状图是在实测相剖面的基础上,经室内相分析编制成的,因此在实测剖面中最好能在测制剖面图的同时编制岩相柱状草图。要求能在剖面露头上作好相段的韵律划分。岩相柱状图比例尺的大小,主要根据在剖面上划分微相和沉积序列的需要确定,一般多采用 1∶500。

岩相柱状图所反映的主要内容包括地层系统、岩性剖面、岩石(结构、构造)及古生物相标志、分层描述、沉积微相划分、相旋回曲线等。表 2.1.3 是一个较全面、系统的岩相柱状图的图式。图 2.1.5 是某地区一个实测岩相柱状图。

表 2.1.3 岩相柱状图图式

地层系统	分层厚度	岩性柱状	构造			碳酸盐岩		碎屑岩		碎屑岩结构参数分选系数不对称系数	碎屑岩粒度分布曲线	矿物成分	化学成分	古生物	成岩后生变化	分层岩性描述	微相划分	旋回曲线
			层理		层面特征	结构	组分(%)	结构	组分(%)									
			层状特征	类型														

2. 瓦斯地质柱状图

瓦斯地质柱状图是在地层综合柱状图的基础上,叠加上瓦斯地质内容后编制而成的柱状图。图上除了反映地质柱状图要求的内容外,还应说明各地层的透气性和瓦斯参数(瓦斯含量、瓦斯压力等)特征(见图 2.1.6)。

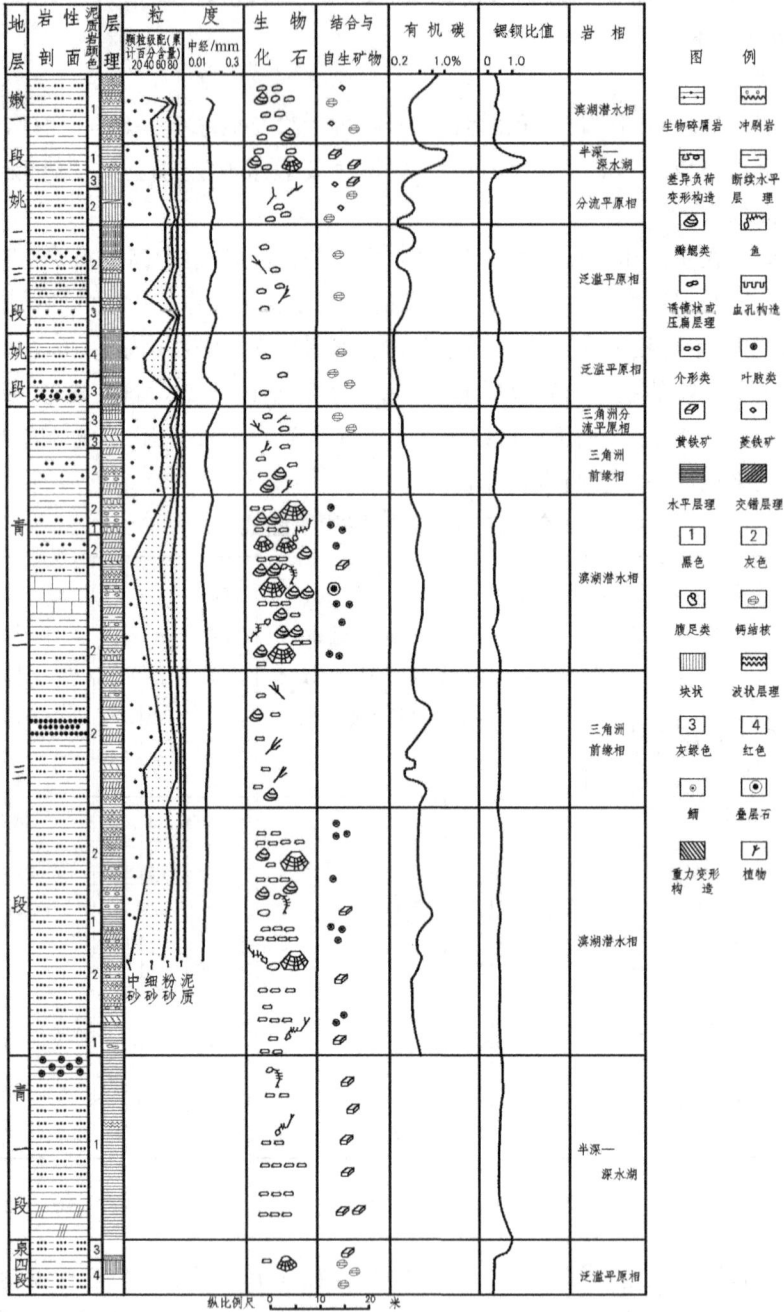

图 2.1.5 岩相柱状图(据吴崇筠,等,油区岩相古地理)

地层			厚度 /m	柱状 1:1000	煤层号	岩性	透气性			瓦斯含量 (m³·t⁻¹) 5 10 15 20
界	系	统	组					低	中	高	

地层:
- 界: 古 生 界
- 系: 二 叠 系 P
- 统: 下 统 P₁
- 组: 下石盒子组 P₁ₓ（厚度 121.0）

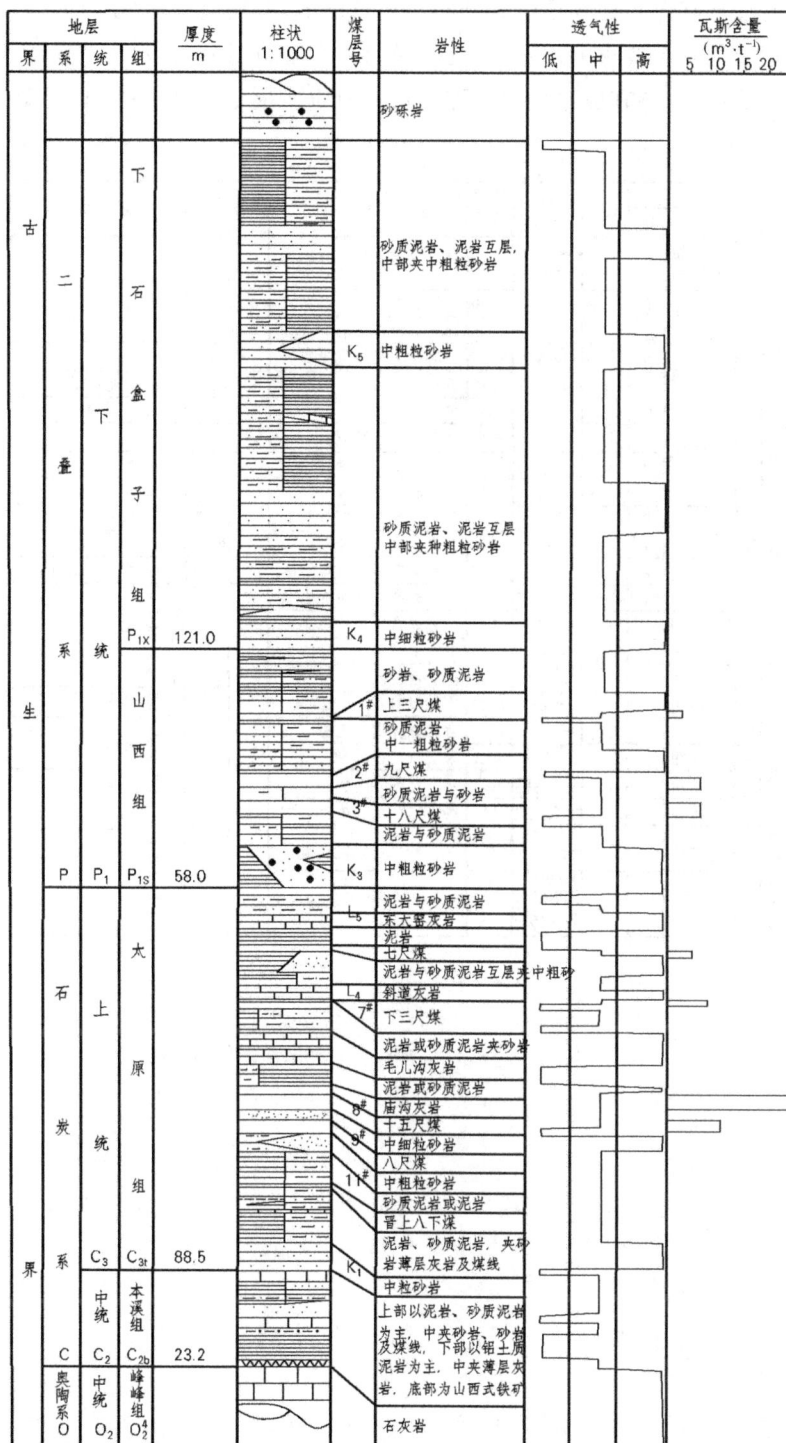

图 2.1.6　瓦斯地质柱状图（据袁崇孚，矿井地质制图）

岩性说明（自上而下）：
- 砂砾岩
- 砂质泥岩、泥岩互层，中部夹中粗粒砂岩
- K₅ 中粗粒砂岩
- 砂质泥岩、泥岩互层，中部夹种粗粒砂岩
- K₄ 中细粒砂岩
- 砂岩、砂质泥岩
- 1# 上三尺煤
- 砂质泥岩、中—粗粒砂岩
- 2# 九尺煤
- 砂质泥岩与砂岩
- 3# 十八尺煤
- 泥岩与砂质泥岩
- K₃ 中粗粒砂岩
- 泥岩与砂质泥岩
- L₅ 东大窑灰岩
- 泥岩
- 七尺煤
- 泥岩与砂质泥岩互层夹中粗砂
- L₄ 斜道灰岩
- 7# 下三尺煤
- 泥岩或砂质泥岩夹砂岩
- 毛儿沟灰岩
- 泥岩或砂质泥岩
- 庙沟灰岩
- 8# 十五尺煤
- 9# 中细粒砂岩
- 八尺煤
- 11# 中粗粒砂岩
- 砂质泥岩或泥岩
- 晋上八下煤
- K₁ 泥岩、砂质泥岩，夹砂岩薄层灰岩及煤线
- 中粒砂岩
- 上部以泥岩、砂质泥岩为主，中夹泥岩、砂岩及煤线，下部以铝土质泥岩为主，中夹薄层灰岩，底部为山西式铁矿
- 石灰岩

地层（续）：
- 山西组 P₁ₛ（厚度 58.0）
- 石炭系 C 上统 C₃ 太原组 C₃ₜ（厚度 88.5）
- 中统 C₂ 本溪组 C₂ᵦ（厚度 23.2）
- 奥陶系 O 中统 O₂ 峰峰组 O₂⁴

3. 综合水文地质柱状图

综合水文地质柱状图是在地层综合柱状图的基础上，叠加上水文地质内容后编制而成的，图上除了反映地质柱状图要求的内容外，还应说明含水岩组划分、含水层的厚度、赋水特征等，如果有抽水试验成果，应将其成果反映到综合水文地质柱状图上（见图2.1.7、图2.1.8）。

系	统	组	段	符号	柱状	厚度/m	岩性	含水层编号	含水层厚度/m	赋水特征
石炭系	中上	太原组		C_{3t}			石英砂岩铝土泥岩煤层			
		本溪组		C_{2b}						
奥陶系	上统	背锅山组	II	O_{3b2}		732.48	厚层石灰岩			
			I	O_{3b1}		416.42	砾屑灰岩夹砂屑灰岩			
	中统	平凉组	II	O_{2p2}		340.99	砂屑砾屑灰岩夹凝灰岩	12	340.99	
			I	O_{2p1}		80.76	石灰岩白云岩夹凝灰岩	11	80.76	上有悬挂泉
		峰峰组	IV	O_{2f4}		7300	块状石灰岩	10	7300	溶洞发育
			III	O_{2f3}		31.26	白云岩含石膏假晶	9	31.26	
			II	O_{2f2}		49.12	豹斑灰岩白云岩	8	142.12	含水层
			I	O_{2f1}		62.11	泥灰岩灰质白云岩	7	62.1	相对隔水层
	下统	上马家沟组	II	O_{1m2}^{2}		137.70	白云岩灰质白云岩	6	137	含水层
			I	O_{1m2}^{1}		52.68	泥灰泥岩白云岩互层	5	52.68	相对隔水层
		下马家沟组	II	O_{1m1}^{2}		72.10	白云岩含石膏	4	72.4	A组4个孔组成
			I	O_{1m1}^{1}		22.00	泥灰岩夹白云质灰岩	3	22.00	
		亮甲山组		O_{1e}		63.55	白云岩有燧石结核条带			含水层
		冶里组		O_{1yl}		46.80	白云岩夹竹叶状白云岩			
寒武系	上统	凤山组		$\in_{3f}$		37.76	泥质白云岩	2	358.7	相对隔水层
		长山组		$\in_{3c}$		27.92	厚层白云岩			
	中统	固山组		$\in_{3g}$		62.24	白云岩泥质白云岩			
		张夏组		$\in_{2z}$		120.52	鲕状竹叶白云岩			含水层
	下统	徐庄组		$\in_{2x}$		40.73	泥岩与灰岩互层			
		毛庄组		$\in_{2m}$		21.66	泥岩粉砂岩与灰岩互层	1	206.4	隔水基底
		馒头组		$\in_{1m}$		44.01	石英砂岩白云泥灰岩			
滇水群				A_{rs}		不详	黑云角闪斜长花岗片麻岩			

图 2.1.7　渭北煤田下古生界灰岩水文地质柱状图

（据张居仁，全国煤田水文地质工作经验交流会论文选编）

地层代号	地层柱状 1:4000	平均厚度 m	含水岩组 名称	含水岩组 水位下平均厚度/m	电测曲线 DLW HG	岩溶裂隙 平均线裂隙率(%) 黑岱沟	岩溶裂隙 平均线裂隙率(%) 榆树湾	发育分带	抽水成果及含水带划分 黑岱沟 成果	抽水成果及含水带划分 黑岱沟 分带	抽水成果及含水带划分 榆树湾 成果	抽水成果及含水带划分 榆树湾 分带
C_{2b}		2.00										
O_{2b}		165.5	O_2^m	165.0		1.70	12.0	强发育带	地下水位以上	透水层	单位涌出量 $L/(s \cdot m)$ 34.321	强含水带
		15.0	相对隔水层			0.0	0.0					
O_{2b}		78.4	I	171.5		3.47	4.66	较强发育带	单位涌出量 $L/(s \cdot m)$ 0.006～0.209 一般小于0.15	弱含水带	4.212～5.027	较强含水带
O_{1y}		6.60										
ε_{yf}		41.2										
ε_{jc}		5.9	相对隔水层			0.0	0.0					
ε_{1g}		52.2	II	155.0		2.03	3.33	较弱发育带	少数孔达0.3～0.5 多数小于0.03 仅206孔最大达2.83	弱含水带	1.179	较弱含水带
ε_{1z}		98.6										
ε_{2x}		14.5	隔水层			0.0	0.0					
ε_{1m}		13.5										
ε_{1m}		8.0										
Z												
A_r												

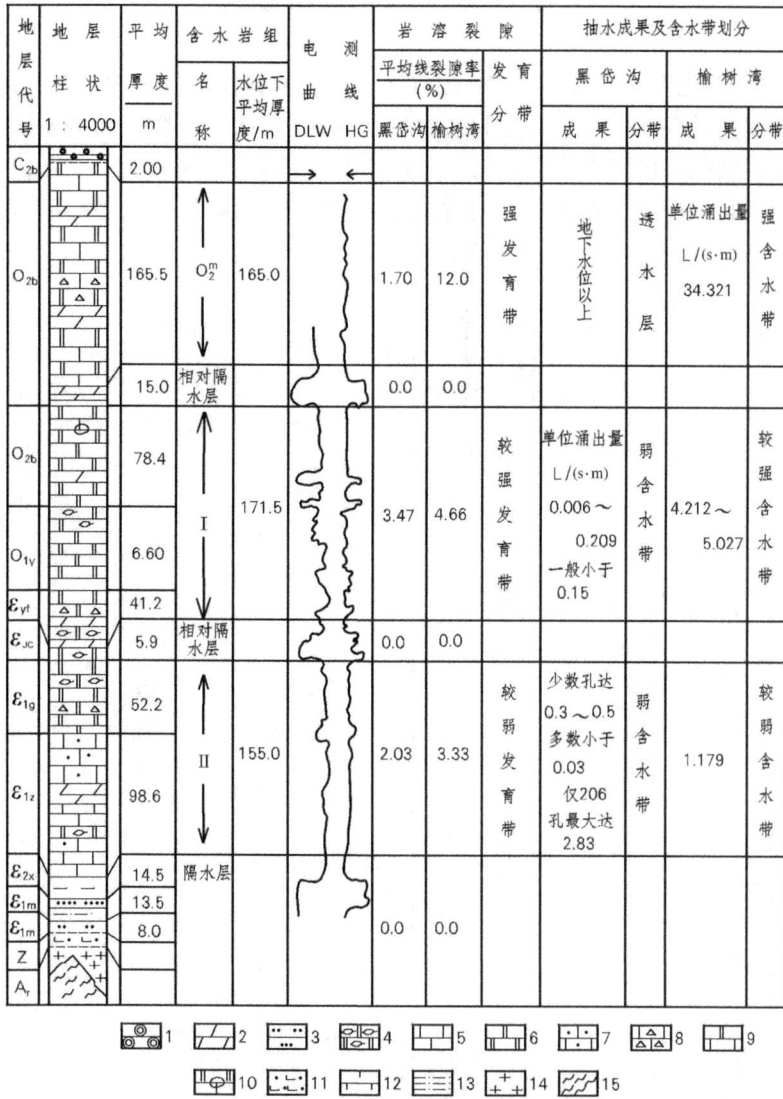

图 2.1.8　黑岱沟-榆树湾勘探区水文地质柱状图

（据张藻,等,全国煤田水文地质工作经验交流会论文选编）

1—铝土岩；　2—泥灰岩；　3—砂岩；　4—竹叶状白云岩；　5—石类岩；　6—白云岩；　7—鲕状灰岩；

8—角砾状灰岩；　9—白云质灰岩；　10—含燧石结核白云岩；　11—石英砂岩；　12—钙质页岩；

13—粉砂质页岩；　14—花岗岩；　15—混合片麻岩

2.2 岩、煤层对比图

岩、煤层对比图(见图 2.2.1)是将所有勘查工程所揭露的地层资料,绘制成真厚度柱状图,并按一定的规则排列起来,然后把同名的煤层、标志层、地层界线用线条连接起来,用以反映煤层、标志层及其他岩层在勘查区内的变化规律的一种综合地质图件。岩、煤层对比图是编制地层综合柱状图、勘探线剖面图、煤层底板等高线图等的基础图件,它的可靠程度直接关系到上述图纸的正确性及最终勘查成果的质量。

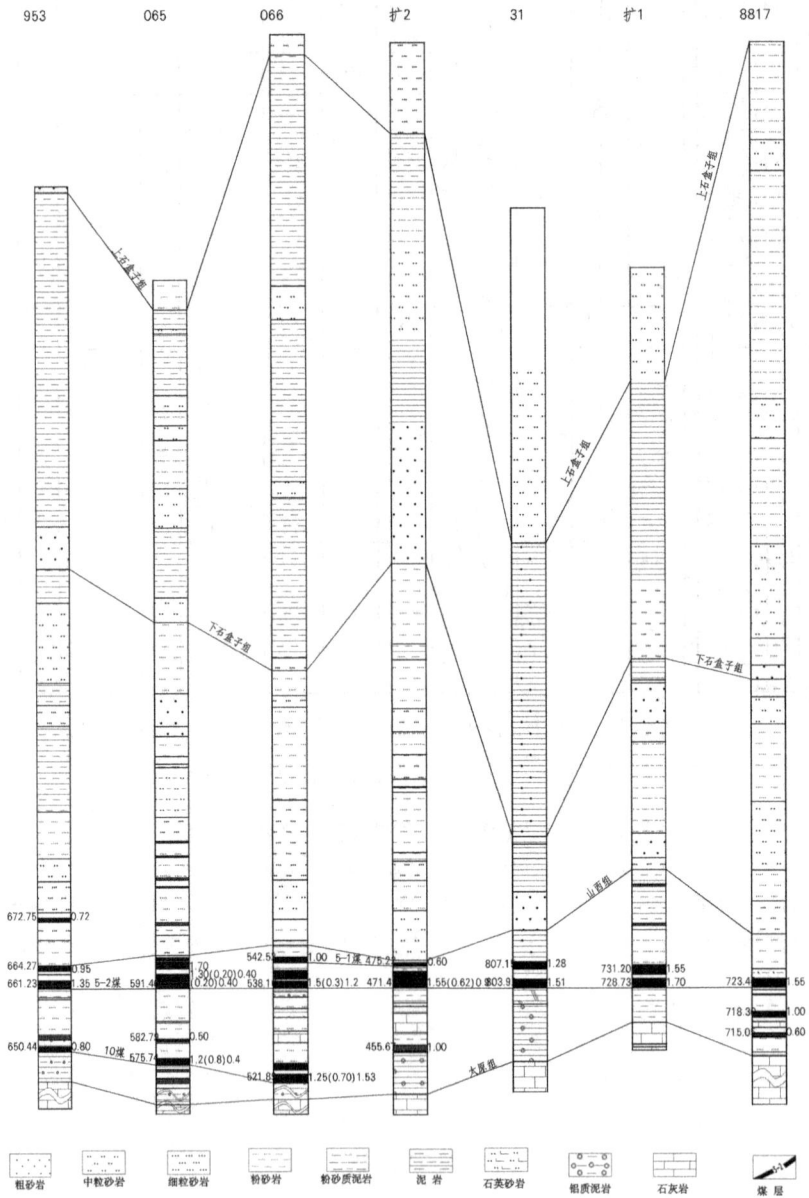

图 2.2.1　岩、煤层对比图

岩、煤层对比图的比例尺一般为 1∶200 或 1∶500 或 1∶1000。

岩、煤层对比图的编制方法如下：

（1）选择对比基线。分析勘查区内见到的主要煤层和标志层，并将分布广且层位稳定的煤层或标志层作为对比基线，此线尽量选在煤系中部，然后将对比基线画成水平线。

（2）排列勘探工程。以基线为标准，将勘探工程按一定顺序（沿走向或倾向）排列起来，对于没有揭露出基准层位的钻孔，可在综合柱状图上找出其他标志层或煤层作为次一级对比基线。钻孔中如遇到断层，应把重复或缺失的层段表示出来。

岩性柱状的宽度一般为 10 mm，柱子与柱子之间的间距一般不反映实际距离，而选用等间距。

（3）分析对比。将勘查区所有钻孔柱状画好后，再根据煤层厚度、煤层特征、煤层间距、标志层特征、岩性岩相、古生物及测井曲线等资料进行分析对比，初步确定连线的层位。对岩、煤层对比有困难的地区，必须深入现场，进行实地观察，依据充分后即可进行对比工作。必要时，必须布置专门的勘探工程，以解决岩、煤层对比问题。

（4）连线。先将大的地层界线、含煤组段界线、主要煤层及标志层连接起来，然后再连接其他岩、煤层界线。对比可靠的用实线连接，依据不充分的可用虚线连接。

（5）书写图名与比例尺，编绘图例、责任表等。

（6）整饰图件。

2.3　勘探线剖面图

勘探线剖面图（geological section along exploratory line）是反映矿床勘探工作成果的一种基本图件。它根据同一勘探线上的工程资料和地表地质的研究结果，逐步综合整理而成。主要表示内容有地层、构造、矿层等。它的主要用途是说明矿体的赋存条件及变化情况，反映勘探工作进度，指导下一步探矿工程的布置。它不仅是编制纵剖面图、水平切面图、矿体立面投影图、煤层（矿层）底（顶）板等高线图等图件的基础图件，也是垂直断面法资源储量估算的主要图件。在煤田勘探勘查中，勘探线剖面图是表示勘探区地质构造和煤层赋存情况的主要图件。它能清楚反映出煤层和构造的具体位置及其相互关系，根据相邻勘探线剖面之间的相互联系，还可以建立勘探区地质构造形态和煤层赋存情况的空间概念。同时，依据勘探线剖面图上勘探工程的情况还能反映对煤层的勘探程度和研究程度。

2.3.1　勘探线剖面图的内容

勘探线剖面图上反映的主要有以下内容（见图 2.3.1）。

1）勘探线的方向；

2）勘探线所切过的地形、地物；

3）勘探线所切过的全部勘探工程；

4）勘探线所切过的全部采掘工程；

5）勘探线所切过的全部地层界线；

6）勘探线所切过的全部煤层（矿层）、标志层等；

7）勘探线所切过的地质构造；

8)勘探线所切过的勘探区边界线、主要坐标网等。

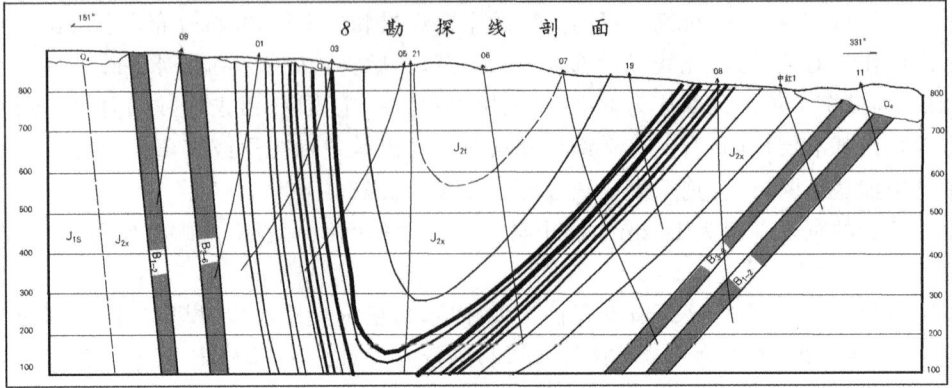

图 2.3.1　勘探线剖面图

2.3.2　勘探线剖面图的编制方法

勘探线剖面图的编制方法及主要步骤:

(1)确定勘探线剖面图的比例尺。不同勘查阶段的勘探线剖面图比例尺不同,其比例尺视勘探区地质构造的复杂程度和煤层的稳定程度而定。一般普查阶段为 1∶5 000 或 1∶10 000;详查阶段为 1∶2 000 或 1∶5 000,以 1∶5 000 为多;勘探阶段为 1∶1 000 或 1∶2 000或1∶5 000,以 1∶2 000 为多。

(2)确定基线。勘探线剖面图上的基线为水平标高线中最下面(最低)的一条水平标高线,确定基线包括两方面的内容,一是确定基线的长度,二是确定基线的标高。

基线的长度是由勘探线上最外端两个钻孔之间的距离加上从最外端钻孔向外延伸的距离。由于在勘探线剖面上绘制钻孔需要知道相邻两个钻孔之间的距离,所以基线的长度等于相邻两个钻孔的距离及从最外端钻孔向外延伸的距离之和。如图 2.3.2 所示,基线的长度等于 $d_1 + d_2 + d_3 + d_4 + d_5$。

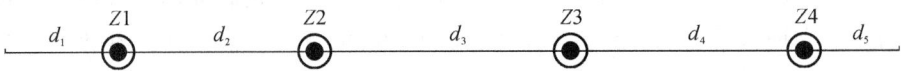

图 2.3.2　探线剖面图基线的长度

其中:d_1 和 d_5 的长度可以从平面图上量取,也可根据需要确定,而相邻两个钻孔之间的距离要用两点距离公式计算求得,即

$$d_i = \left[(x_i - x_A)^2 + (y_i - y_A)^2\right]^{\frac{1}{2}}$$

式中,x 和 y 分别为相邻两个钻孔的孔口坐标。

基线标高的确定方法是根据该勘探线上最深一个钻孔的孔底标高向下再延深一定距离,以能完整表现全部地层和构造为原则。

(3)绘制水平标高线。以基线为起点,依据绘图比例从下向上依次画出与基线平行的水平标高线,其间距一般为 10 m,20 m,50 m 等,其间距的大小视勘查阶段、勘查区构造的复杂程度、煤层倾角的大小而定。

（4）标绘勘探线所切过的全部纵坐标或横坐标的位置。勘探线所切过的全部纵坐标或横坐标的位置应标在剖面图上（见图 2.3.3），根据剖面切过纵、横坐标情况，一般只需标绘一个即可（一般选与剖面近于直交者）。交线上要注明纵坐标或横坐标的数字。此交线可作为标绘勘探工程以及校对、审核中度量的基线。

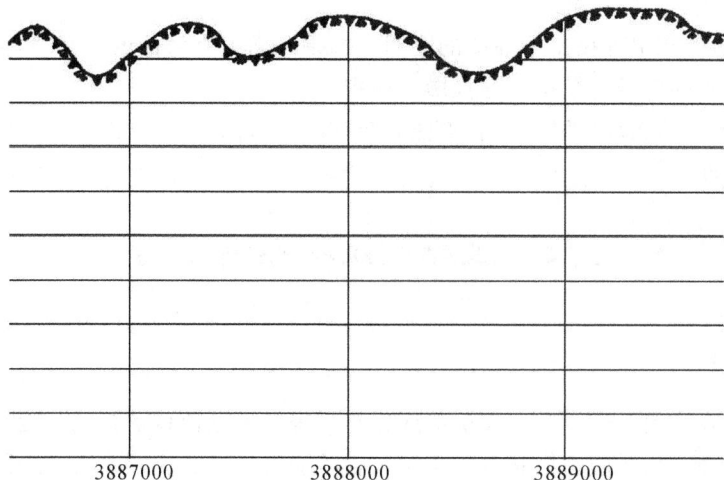

图 2.3.3　勘探线剖面图上标绘纵坐标或横坐标的位置

（5）切制地形剖面。一般从地形图或地形地质图上用手工办法切制地形剖面，用这种方法切制地形剖面时，应根据地形起伏和地形坡度变化情况，考虑足够的取点密度，以保证地形线的精度。切制地形时，可用上面剖面图上标绘的纵坐标或横坐标的位置为基准线。在地形剖面上，可将地物、勘探区边界等标上。剖面上端画出和标注勘探线方向或勘探线拐弯处的方向。在暴露区，由于露头出露良好，地形剖面可用仪器实测，并测绘出勘探线与地质界线及构造线的交点。

需要说明的是，如果有电子地形图，并且地形等高线上带有标高属性，则可用计算机软件自动切制出地形剖面，此方法省时省力，且切制的地形剖面精度高。

（6）投绘勘探工程和采掘工程。勘探线剖面所切过的全部槽探、井探、物探及钻探工程都要一一标绘到剖面上，个别不在勘探线上且又临近的勘探工程，要利用投影法投绘到勘探线上。如果勘探线所在位置有井下采掘工程，也应同时标绘上。对于弯曲钻孔，须经孔斜校正后再投绘到剖面上。

将各钻孔所见岩层、标志层及煤层按倾角画出每个钻孔的岩性柱状（岩性柱状的宽度一般为 8 mm），并注明标志层的名称和厚度、煤层的名称、厚度及结构、底板标高。钻孔底下标注钻孔的终孔深度。

（7）连接地质界线。勘探线剖面图各种地质界线（岩层、矿体及构造）的连绘，是依据各相邻勘探工程中的对应地质界线点的空间相互关系、地质体产状及其展布规律而进行连绘的。为此：

1）全面了解各个钻孔中轴线各地质体的位置及其产状；

2）选定标志层（标志鲜明、岩层稳定、厚度小）；

3)仔细分析褶皱、断裂构造对各种地质体展布空间所产生的影响;

4)按各种地质体在勘探线剖面图中的展布规律、变化趋势以及相互关系,连绘地质体的顶、底板界线。

连线时,一般先连断层,后连煤层、标志层及地层界线。需要时,可在剖面对应钻孔的下方附绘煤层小柱状,比例尺一般为1:200或1:500,应绘出煤层顶、底板及夹矸岩性;标注煤层及夹矸的真厚度、煤层底板深度等。

(8)勘探线与勘探工程投影平面图的绘制。如果剖面上有弯曲的钻孔或定向斜孔,一般在剖面图的下方绘制勘探线与勘探工程投影平面图。

(9)书写图名与比例尺,编绘图例、责任表与样品分析结果表。

(10)整饰图件。

2.4 煤层底线板等高线图

2.4.1 概述

煤层底板等高线图是表示同一煤层的底板在勘查区不同部位的标高和变化趋势的一种图件,主要用来表示倾斜、缓倾斜层状沉积矿层赋存状态和底板的起伏情况,又称为煤层构造平面图。煤层顶板等高线图是矿山开采设计所依据的重要资料。同时煤层底板等高线图是倾斜、缓倾斜煤层资源储量估算的底图。

矿层底板等高线图与地形等高线图在原理上极为相似,都是一种标高投影的等值线图。只不过地形等高线是一系列水平面与地表相切交线的水平投影,而煤层底板等高线是一系列水平面与煤层底板相切交线的水平投影(见图2.4.1)。

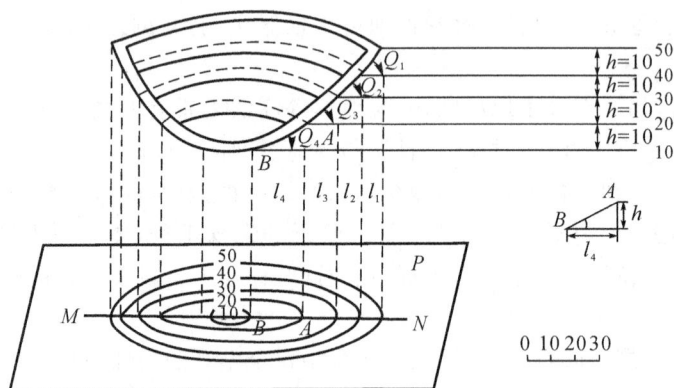

图 2.4.1 煤层底板等高线图成图原理

由于煤层底板等高线图与地形等高线图在原理上极为相似,因此,两者具有以下共性:

1)等高线上任一点高程相同;

2)不同标高等高线拒不相交;

3)等高线为一圆滑或封闭曲线;

4)等高线为一闭合曲线时,在底板等高线图上其曲率最大点与构造轴正交,而在地形图上等高线则与山脊线正交。

煤层底板等高线除了有地形等高线的共性外,煤层底板等高线还有其特有的性质。地形等高线的连续性与圆滑性,一般是无条件的,而底板等高线的连续性与圆滑性是有条件的,即经常会出现中断、相交和分叉现象,常见有下述情况。

(1)遇露头线和采空区时。在地面露头线以外,矿层被剥蚀而不存在,因此,底板等高线遇露头线就发生中断。底板等高线遇到采空区时,因采空区没有煤层,同样也发生中断。

(2)矿层尖灭和被冲蚀时。矿层发生尖灭时,尖灭线以外煤层不再存在,底板等高线中断。矿层被冲蚀时,冲蚀区为碎屑岩所代替,底板等高线也中断。

(3)岩浆岩侵入和产生岩溶陷落柱地区,都能形成相当大的无煤区,在这种无煤区的界线上,底板等高线就被切断。

(4)煤层分叉时。当煤层发生分叉时,底板等高线亦出现分叉现象。这时就应分别编制分叉后两个煤层的底板等高线图,两幅图上都应标出分叉线位置,以便分别计算储量。以底板岩石为底板的煤层称基本煤层。以夹矸为底板的煤层称为分叉煤层,分叉煤层的底板等高线,遇到煤层分叉线即中断。

2.4.2　不同构造在煤层底等高线图上的表现

1.单斜构造

严格来说,真正的单斜构造实际上很少存在,只要煤层走向有些变化,就已经具备有向斜或背斜构造的特点了。单斜构造在图上反映为一组直线,如煤层走向与倾角不变,则等高向线大致为一组平行而均匀的直线,如图 2.4.2 所示。如果倾角有变化,则等高线疏密不均,等高线疏则煤层倾角小,等高线密则煤层倾角大。

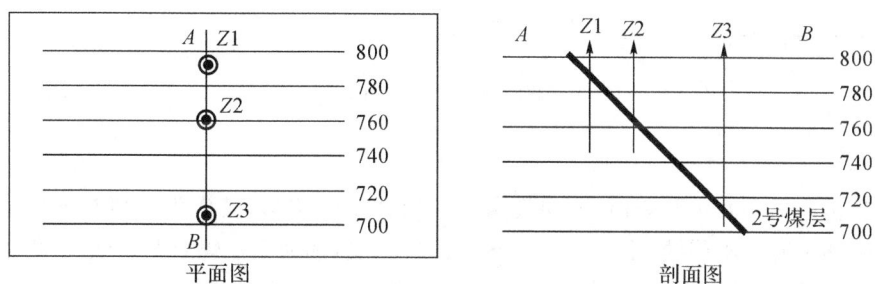

图 2.4.2　单斜构造

2.向斜构造

向斜构造的底板等高线呈一组曲线或封闭曲线,向斜轴两侧等高线对应出现,靠近向斜轴的标高较低,远离向斜轴的标高较高,呈曲线状的多为倾伏向斜,如图 2.4.3 所示;呈封闭曲线状的多为煤盆构造。

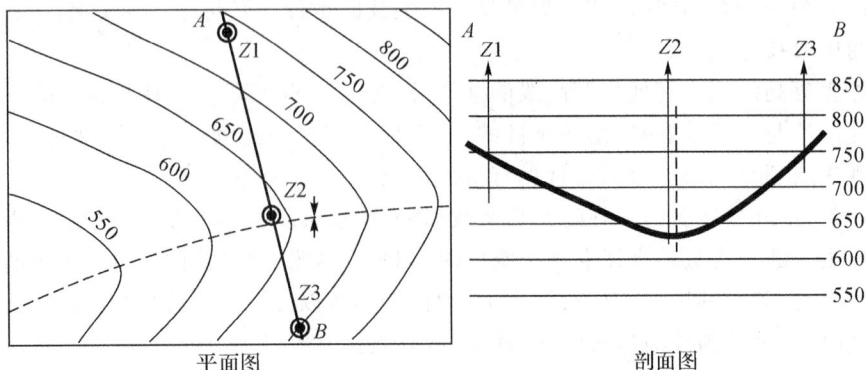

图 2.4.3 向斜构造

3.背斜构造

背斜构造在煤层底板等高线表现形式与向斜构造类似,但等高线的标高靠近背斜轴的较高,远离背斜轴的较低,呈曲线状的多为倾伏背斜,如图 2.4.4 所示;呈封闭曲线状的一般称背斜构造;如呈圆形,则称穹窿构造。

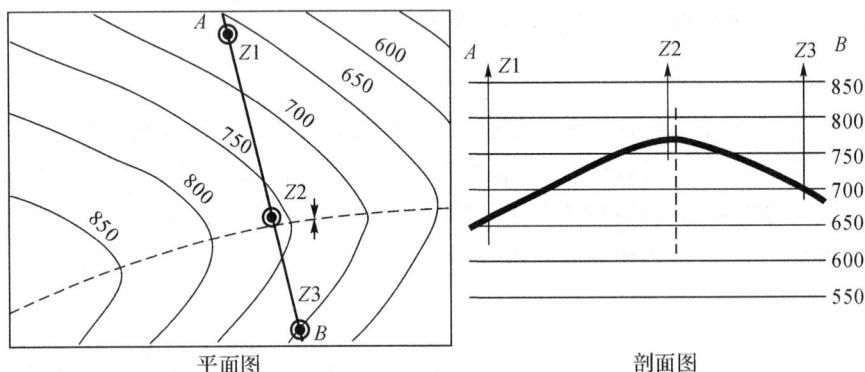

图 2.4.4 背斜构造

4.断层

煤层受构造影响发生断裂时,断层把煤层切断并发生位移,其底板不再是连续的面,等高线在断层处亦中断而不连续,上盘煤层与断层面的交线,称为上盘煤层断裂线,一般用点线·-·-·-表示,简称上盘迹线;下盘煤层与断层面的交线,称为下盘煤层断裂线,一般用叉线 x-x-x-表示,简称下盘迹线。如果断层是一个垂直面时,两条煤层断裂线在底板等高线上互相重合,这时可用点线加叉线表示。

在一般情况下,当煤层遇到正断层时,底板等高线在图上表现为中断,在上、下盘煤层断裂线之间没有等高线通过,表示煤层缺失(见图 2.4.5)。当煤层遇到逆断层时,底板等高线在图上亦表现中断,上、下盘煤层断裂线之间互有等高线通过,表示煤层重复,如图 2.4.6 所示,特殊情况例外。

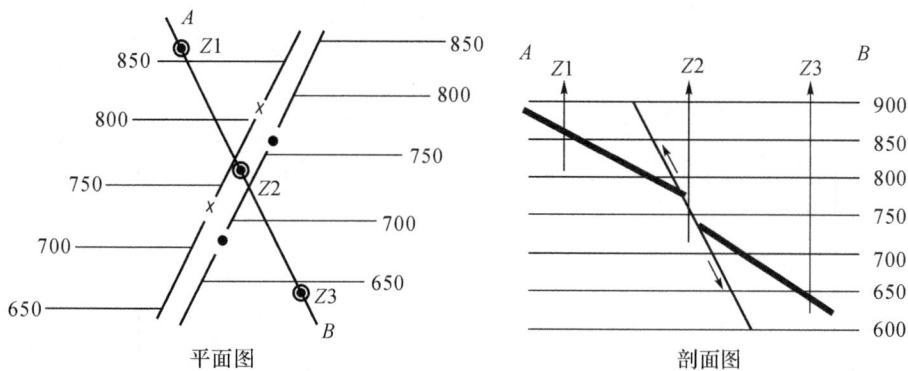

图 2.4.5　正断层

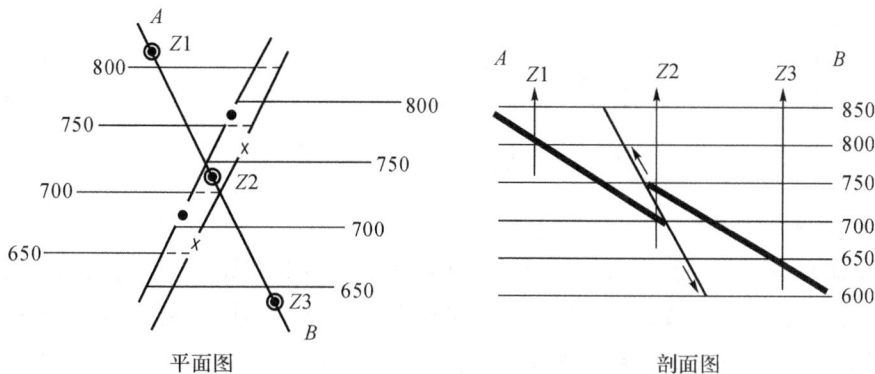

图 2.4.6　逆断层

2.4.3　煤层底板等高线图编制的编制方法

煤层底板等高线图的编制方法有两种,一种是插入法,另一种是剖面法。

2.4.3.1　插入法绘制煤层底板等高线图

用插入的方法来编制煤层底板等高线图,首先将钻孔和勘探线位置,按实测坐标放在平图上,在钻孔左上角注明编号,右下角注明煤层底板标高,然后在每一条勘探线上,根据每个钻孔的底板标高,插出要求的底板等高线标高;经过地质分析和推断,将这些标高相同的点,用平滑曲线相连,就绘成煤层底板等高线图(见图 2.4.7)。

2.4.3.2　剖面法绘制煤层底板等高线图

利用勘探线地质剖面来编制煤层底板等高线图称为地质剖面法。根据煤层的倾角陡缓,又可以分成平面投影和立面投影两种方法。

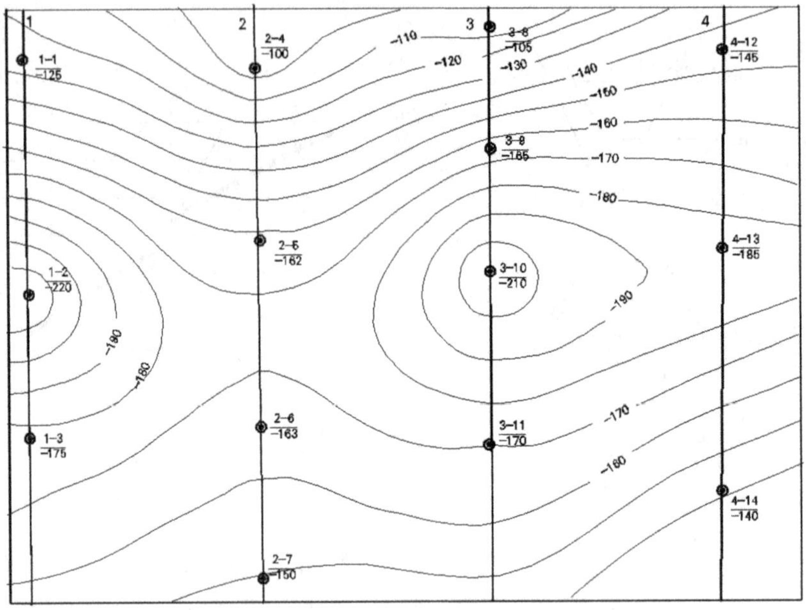

图 2.4.7　插入法绘制煤层底板等高线

1. 平面投影法

当煤层倾角小于 60°时,常常用平面投影法作煤层底板等高线图。一般先标绘坐标网,再将勘探线和勘探工程位置按实际坐标绘制在平面图上;然后将剖面上某一煤层与水平标高线相交的点用移植图尺法分别投影平面图上相应勘探线上,并注明各点标高;经过地质分析和推断,先连接断层,然后将标高相同的点用光滑曲线相连,即绘制出煤层底板等高线图。

现以某勘探区为例,说明用剖面法绘制煤层底板等高线图的步骤。

该勘探区内共有 7 条勘探线,共有 37 个钻孔,根据平面平面投影法编制等高距为 50 m 的 2 号煤层底板等高线。具体采用下述方法。

(1)编制勘探线剖面。区内共有 7 条勘探线剖面,首先编制这 7 条勘探线剖面图,为了简化绘图过程,勘探线剖面图中的地层、煤层等进行了简化。编制好的 7 条勘探线剖面图如图 2.4.8～图 2.4.14 所示。

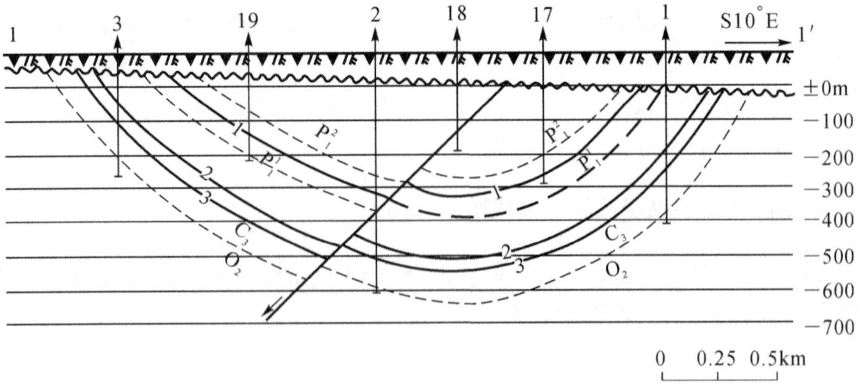

图 2.4.8　第 1 勘探线剖面图

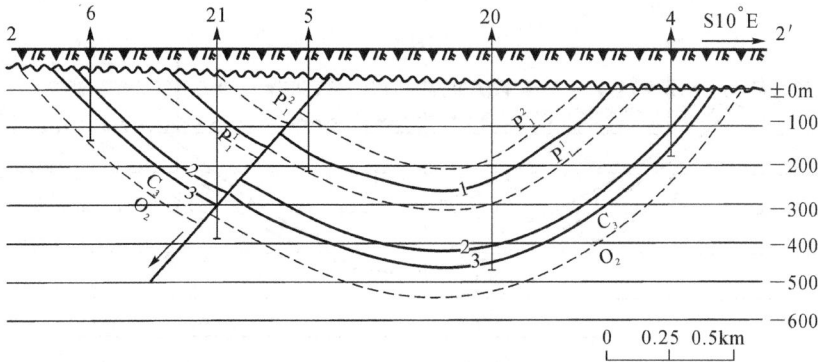

图 2.4.9　第 2 勘探线剖面图

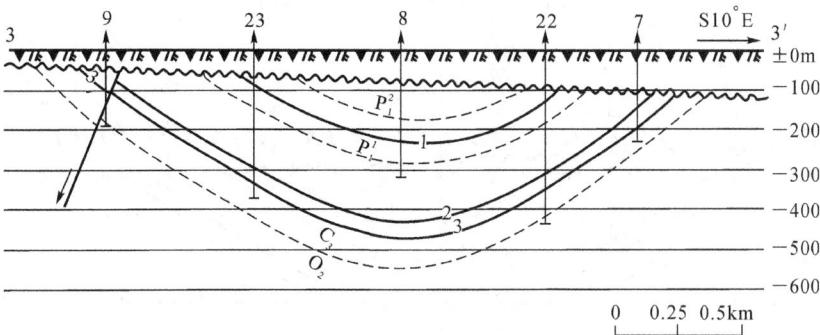

图 2.4.10　第 3 勘探线剖面图

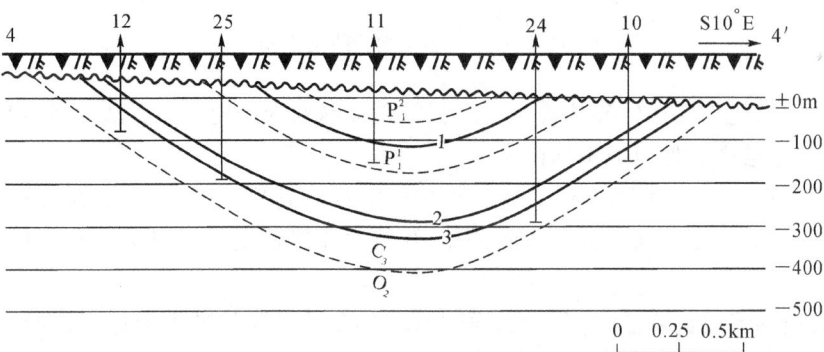

图 2.4.11　第 4 勘探线剖面图

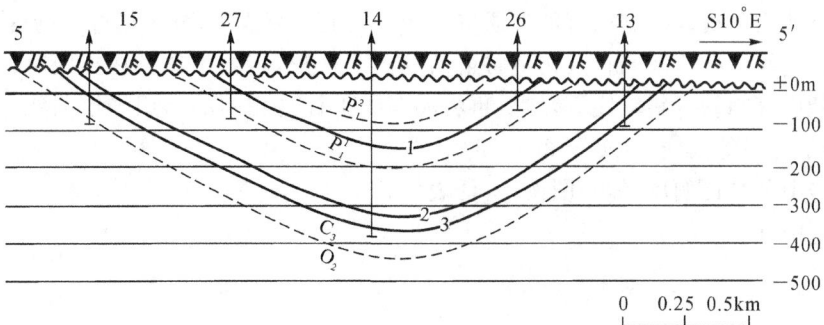

图 2.4.12　第 5 勘探线剖面图

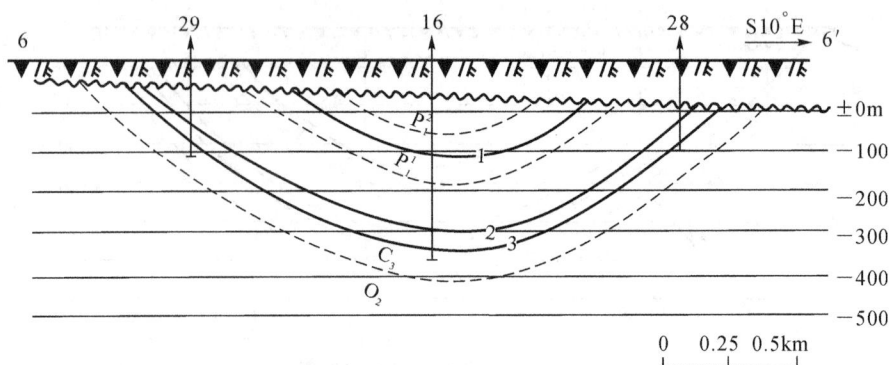

图 2.4.13　第 6 勘探线剖面图

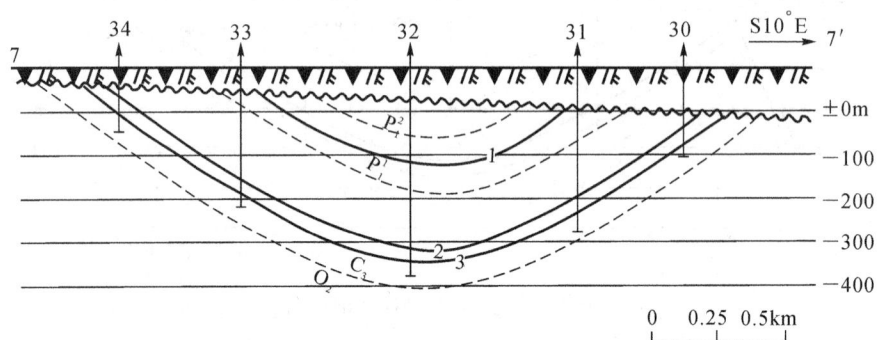

图 2.4.14　第 7 勘探线剖面图

　　(2)按选定的比例尺标绘经纬线(坐标网)。坐标网的标绘用手工方法比较麻烦,现在用计算机制图可通过绘图软件生成坐标网。

　　(3)放置勘探工程。将勘探线、勘探工程按坐标投绘到平面图上,一般在钻孔的旁边要标注孔号和该煤层的底板标高。如为弯曲钻孔,要经过孔斜校正后同时标出孔口位置和止煤点位置。

　　(4)用移植图尺或比例法,将各勘探线剖面图上 2 号煤层与各水平标高线的交点,以及该煤层遇断层后的上、下盘煤层与断层面的交点等,分别投绘到平面图相应勘探线上,在投绘点的旁边注明各点高程及断层上、下盘。

　　(5)进行地质分析。根据已有的地质资料和前人的研究成果,分析勘查区的构造特征。

　　(6)进行连线。在掌握勘查区构造特征的基础上,进行连线工作。在连线时,先连接构造控制线,如断层、向斜、背斜轴线等,然后再将勘探线上标高相同的点用光滑曲线相连,即可绘制成 2 号煤层底板等高线图(见图 2.4.15)。

　　(7)书写图名与比例尺,编绘图例、责任表等。

　　(8)整饰图件。

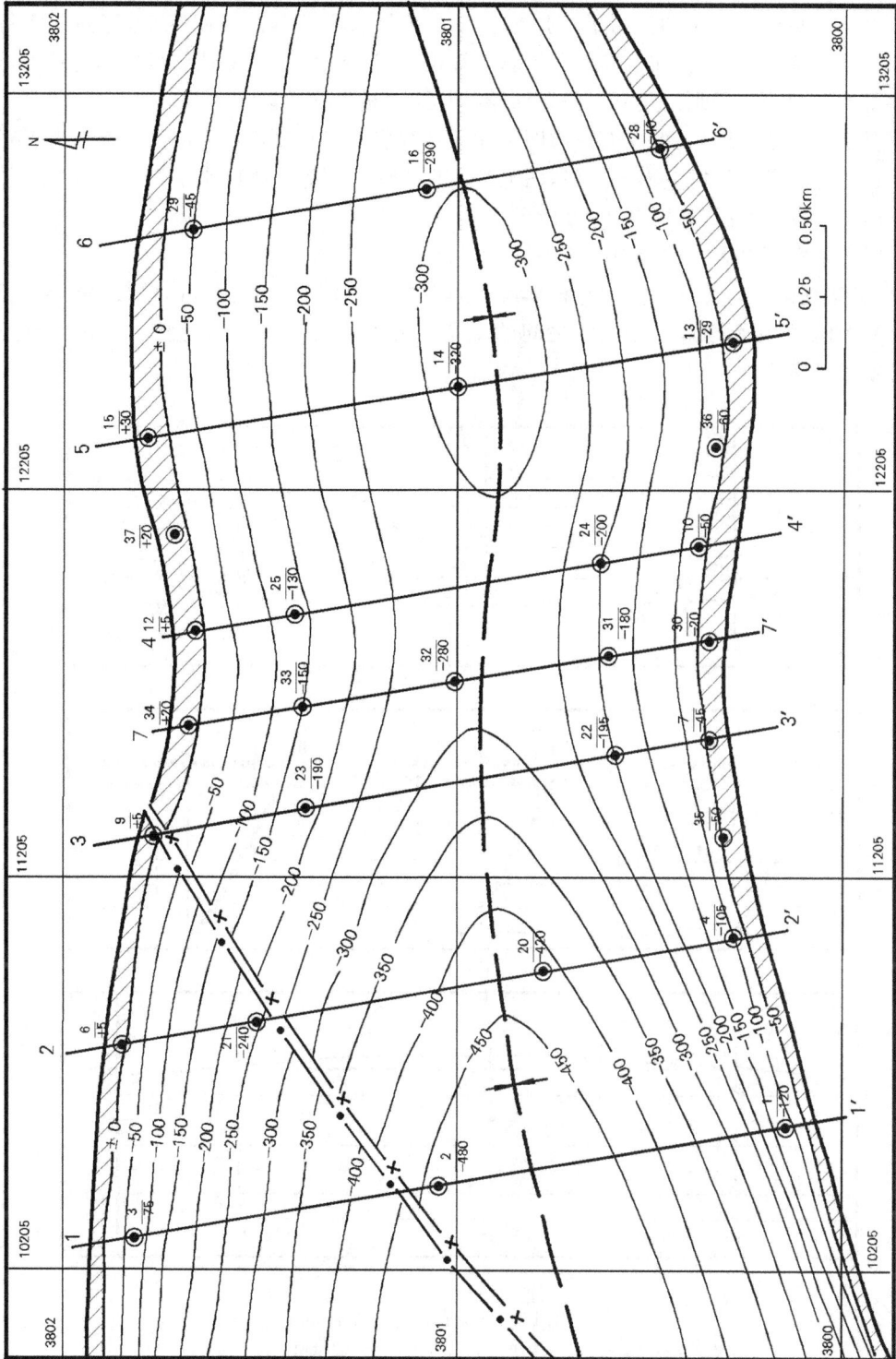

图2.4.15　2号煤层层底板等高线图

2.立面投影法

当煤层的倾角大于 60°时,用平面投影法绘制出煤层底板等高线间距小,等高线密集,如果用此图作为储量估算底图时,其面积计算计算困难、误差大,为了保证储量估算的精度,当煤层的倾角大于 60°时,必须采用立面投影法绘制煤层底板立面投影图。

需要说明的是,煤层底板立面投影图不能反映煤层的产状变化和煤层的构造形态,不管煤层的产状变化和煤层的构造形态如何,图上都表现为一系列等间距的水平等高线,故该图一般只用作储量估算的底图,如图 2.4.16 所示。

煤层底板立面投影图的编制方法如下:

(1)确定立面方向。立面方向是根据煤层的走向来确定的。立面方向一般平行或大致平行煤层的走向,投影面与煤层走向线之间的交角一般不能大于 15°。若大于 15°,各勘探点的数值必须进行换算。

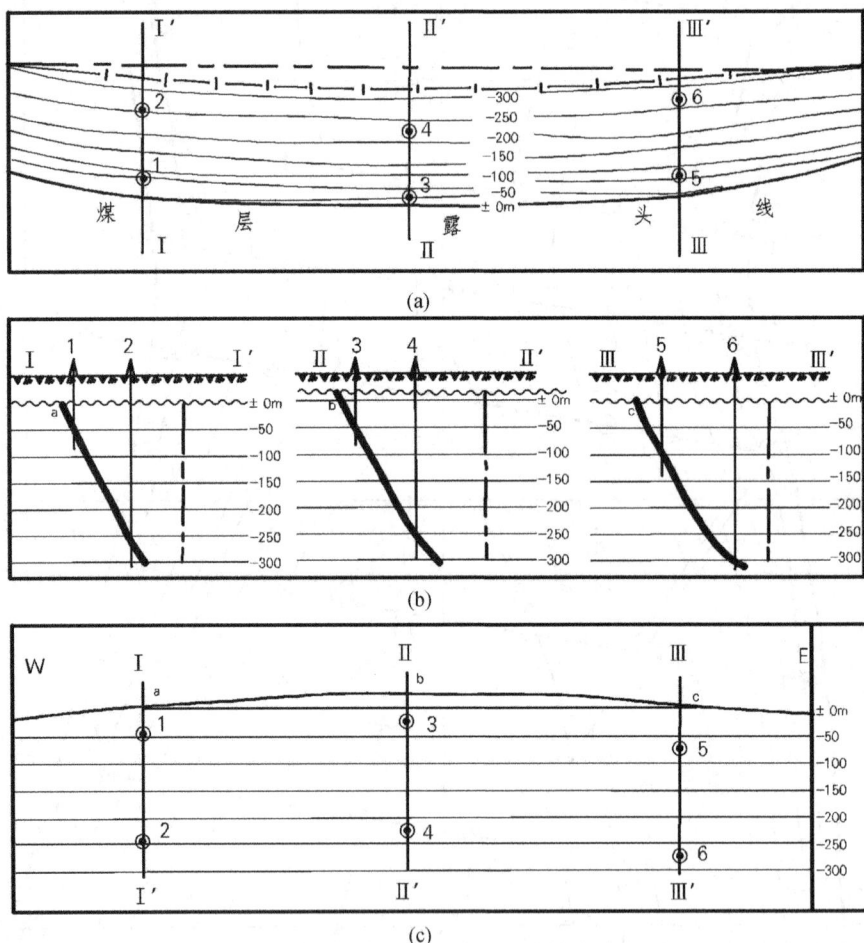

图 2.4.16 煤层底板立面投影图

(a)煤层底板等高线图; (b)勘探线剖面图; (c)制煤层底板立面投影图

(2)标高线的绘制。标高线是一组在图纸上以相同高程差所绘制的水平线。其实际高程差因图纸的比例尺不同而各异。

（3）勘探剖面线的绘制。煤层底板立面投影图上的勘探线，就是各个勘探剖面垂直投影于垂直面上一组相互平行的铅垂线。立面投影面上的勘探线与标高线，共同构成编制煤层底板立面投影图的控制网。

（4）煤层出露地形线的绘制。煤层出露地形线是煤层上部边界线。在绘制时，首先将勘查区地形地质图上的煤层露头线与地形等高线的交点，依次投绘于已确定方位的投影线上；然后，把上述各交点的投影点，用邻近的勘探线控制绘到相应的标高位置，再连接各高程上的煤层出露点，即为煤层出露地形线。

（5）投绘钻孔。钻孔的投绘，首先根据相应钻孔所在的勘探线剖面图，将钻孔见煤位置——钻孔中轴线与煤层倾斜方向的中心线交点（截煤点），按其标高投绘在煤层底板立面投影图中对应勘探线上。然后，标注钻孔的编号。

（6）断层投绘。勘查区内如有断层，可将平面图上断层上、下盘断煤迹线与等高线的交点垂直投影到立面图上相应的标高位置，连接各点即为立面图上断层的位置。

（7）检查图件。煤层底板立面投影图作完后，一定要检查勘探线剖面图、煤层底板等高线图与立面投影图三者的资料是否一致，如发现问题，应认真检查关加以修正。

（8）书写图名与比例尺，编绘图例、责任表等。

（9）整饰图件。

第3章　绘图语言和绘图方法基础

　　图形语言包括图形程序设计语言和图形会话命令语言,前者是编写有关图形处理的应用程序所用的语言,后者是在图形终端上的操作员与计算机对话用的语言,它属于一种面向应用的命令语言。构成图形语言有两种途径:一种是在现有高级语言(如 BASIC,FORTRAN,……)上加一组处理图形的有关语言;另一种途径是在高级语言基础上扩充新的与图形有关的功能,变成一种新的语言,如 APL,MSP,AED 等。

　　考虑到计算机语言的普及情况和本书的编写目的,本节将简要介绍 Visual Basic 的基本图形方法(即原来所谓的图形语句),并与普通 BASIC 语言的图形语句作一些对比,以便加深对图形学基本内容的了解,了解图形语句的用法及有关的一些基本方法,为进行图形程序设计打下基础。

3.1　VB 图形方法概述

　　一般来说,图形可以分为两大类:矢量图形和位图图形。矢量图形是由图形命令产生的,如画直线和画圆的命令。而位图图形是显示在不同控件上对像素进行处理的图形。矢量图形和位图图形的差别在于,矢量图形与具体的分辨率无关,它是由画图命令产生的,可以以不同分辨率显示。因此,用画图命令绘制的矢量图形,在放大之后仍然很好;而位图图形放大后,容易形成锯齿形。矢量图形可以在新的分辨率下方便地重绘,而位图图形则只能放大。前面已经提到,本书所指的图形主要指矢量图形。

　　计算机语言中最有趣的部分在于其图形要素。创建矢量图形包括绘制点、线、矩形、椭圆和其他几何图形。在 Visual Basic(以下简称 VB)出现之前,Basic 方法是擅长绘图的,Basic 的 Line 和 Circle 语句(现在称为方法)曾经比许多其他语言的相似例程要灵活得多。从技术上讲,用户可以按自己所需随意作图,甚至是加上阴影作成三维图形。VB 提供了许多操作图形的工具,尽管其功能已经较普通 Basic 的绘图语句强劲许多,但其基本的图形方法可以说仍是在普通 Basic(以下简称 Basic)的绘图语句基础上发展起来的。因此,熟悉早期普通 Basic 的绘图语句的用户应当可以容易地使用 VB 的图形方法(有关 VB 其他方面的知识,如窗体、对象、控件等,请参阅有关书籍,本书不另介绍)。

　　除了图形控件之外,VB 提供的创建图形的一些方法总结在表 3.1.1 中。这些图形方法,适用于窗体和图片框。

　　Print 方法也可认为是一种图形方法,因为它的输出也写在对象上,并像 Pset,Line 和 Circle 方法一样,也要以内存图像的方式进行保存。

　　每一种图形方法都是将图形绘制输出到窗体上、图片框内或者是 Printer 对象上。为了指示画出的位置,要给图形方法加上窗体或图片框控件的名字。如果省略了画出的对象,VB 就认为是要将图形画在由代码所连接的窗体上。

例如,下列语句在名为 MyForm 的窗体上画一个点:

MyForm. Pset(500,500)

下列语句画一个点在在名为 picPicturel 的图片框内:

picPicturel. Pset(500,500)

而下列语句则画一个点在当前窗体上:

Pset(500,500)

现在就对这些图形方法作一些简单的介绍。

表 3.1.1　VB 创建图形方法表

方　法	描　　述
Cls	消除所有图形和 Print 输出
Pset	设置指定像素点处的颜色
Point	返回指定点的颜色值
Line	画线、矩形或填充框
Circle	画圆、椭圆或圆弧
Paint Picture	在任意位置画出图形

3.2　基本的图形方法(语句)

3.2.1　SCREEN 属性(语句)

(1)在 Basic 中,SCREEN 语句用来设置屏幕显示方式。在采用图形显示方式时,它的作用相当于接通图形卡的硬件开关。没有此语句,任何图形语句,如 PSET,LINE,CIRCLE 等都是无效的。它必须写在程序之首。

格式:SCREEN[Mode][,[Burst]][,Apage][,Vpage]]

说明:Mode 是数值表达式,0 表示当前宽度(40 或 80)的文本方式,1 表示中分辨率图形方式(320×200),2 表示高分辨率图形方式(640×200);Burst 是有无彩色的标志,在文本方式(Mode=0)下,Burst 等于 0 表示禁止彩色,不等于 0,表示容许彩色;在中分辨率图形方式(Mode=1)下,Burst 等于 0,表示容许彩色,不等于 0,表示禁止彩色;Apage(活动页)和 Vpage(直观页)在图形方式中无用。例如:

10　SCREEN 0,1,0,0

选择文本方式(Mode=0),带彩色(Burst=1),设置活动页和直观页为 0。

20　SCREEN, ,1,2

Mode 与 Burst 保持原样,设置活动页为 1,显示页为 2。

30　SCREEN 1,0

转换到中分辨率(Mode=1)彩色图形方式。

40　SCREEN,1

保持中分辨率图形方式,但无彩色(Burst ＝ 1)

（2）在 VB 中，Screen 对象根据窗体在屏幕上的布局而操作，Screen 属性用于返回一个 Screen 对象，该对象使得可以根据窗体在屏幕上的位置来对窗体进行操作，而且在运行时，还能控制应用程序窗体之外的鼠标指针。Screen 对象是用关键字 Screen 来进行访问的。

语法：Screen

说明：Screen 对象是整个 Windows 桌面。使用 Screen 对象就可以在显示一个模式窗体时，将 Screen 对象的 MousePointer 属性设置为沙漏指针。

3.2.2　CLS 方法（语句）

在 VB 或 Basic 中，CLS 方法（语句）均是用于清除画图区或作清屏用。

（1）在 Basic 中的 CLS 用于清屏。

格式：CLS 或行号 CLS

（2）在 VB 中，CLS 方法用于清除图形和打印语句在运行时所产生的文本和图形，指定的绘图区以背景色（BackColor）重画。

格式：［object.］Cls

object 代表一个对象表达式，若使用没有指定 object 的 Cls 方法，将清除该代码所连接的窗体。调用 Cls 之后，object 的 CurrentX 和 CurrentY 属性复位为 0。

CLS 方法示例：

本示例使用 Cls 方法从一个窗体中删除打印信息。要检验此示例，可将本例代码粘贴到一个 VB 窗体的声明部分，然后按 F5，并单击该窗体。

```
Private sub form _ click()
Dim msg _ '声明变量'
Autoredraw  - 1 '打开 autoredraw'
Forecolor＝qbcolor(15)'将前景设置为白色'
Backcolor ＝ qbcolor(1)'将背景设置为蓝色'
Fillstyle＝7'设置对角线菱形'
Line(0,0)—(scalewidth,scaleheight),,b'将框放在窗体上'
Msg＝"this is information printed on the form background."
CurrentX＝scalewidth/2－textwidth(msg)/2'设置 X 的位置'
CurrentY＝2 * textheight(msg)/ 2'设置 Y 的位置'
Print msg'打印信息至窗体'
Msg＝"choose OK to clear the information and background"
Msg＝msg &"pattern just displayed on the form."
Msgbox msg'显示信息'
Cls'清除窗体的背景'
End sub
```

3.2.3　使用颜色

（1）在 BASIC 中，可用 COLOR 语句设置前景和背景颜色，它的作用类似于画图时，选择纸和笔的颜色。

格式:COLOR[Background],[,palette]

有关前景色和背景色设置方面的进一步说明,请参阅相应的参考书。

(2)对于设置所有的颜色属性和图形的方法,VB 使用固定的系统。每种颜色都由一个 Long 整数表示,并且在指定颜色的所有上下文中,该数值的意义相同。

在 VB 中,程序运行时一般有 4 种方式指定颜色值:

使用 RGB 函数;

使用 QBColor 函数,选择 16 种 Microsoft QuickBas (R)颜色中的一种;

使用在"对象浏览器"中列出的内部常数之一;

直接输入一种颜色值。

这里只简单地讨论如何使用 RGB 和 QBColor 函数来指定颜色的方法。关于使用常数来定义颜色或直接输入颜色值信息的方法,请参阅有关参考资料。

(1)使用 RGB 函数。可以用 RGB 函数来指定任何颜色。为了用 RGB 函数指定颜色,需要首先对三种主要颜色红(R)、绿(G)、蓝(B)中的每种颜色,赋给从 0~255 的数值,0 表示亮度最低,而 255 表示亮度最高,然后使用不同红—绿—蓝数值的排列组合方式,将选定的红、绿、蓝三个数值输入给 RGB 函数,最后对结果赋予颜色属性或颜色参数。每一种可视的颜色,都由这三种主要颜色不同数值组合产生。例如:

设定背景为绿色:Forml. BackColor=RGB(0,128,0)

设定背景为黄色:Form2. BackColor= RGB(255,255,0)

设定背景为深蓝色:Pset (100. 100),RGB(0,0,64)

(2)使用 QBColor 函数。使用 QBCoior 函数返回的一个 Long(长整型数),用来表示所对应颜色值的 RGB 颜色码。其语法格式为

QBColor(color)

必需的 color 参数是一个介于 0 到 15 的整型数。color 参数对应设置的颜色见表 3.2.1。

表 3.2.1 color 参数与颜色对应表

Color 参数值	颜色	Color 参数值	颜色
0	黑色	8	灰色
1	蓝色	9	亮蓝色
2	绿色	10	亮绿色
3	青色	11	亮青色
4	红色	12	亮红色
5	洋红色	13	亮洋红色
6	黄色	14	亮黄色
7	白色	15	亮白色

说明:Color 参数代表使用于 Basic 早期版本中的颜色值。始于最低有效字节,返回值指定了红、绿、蓝三原色的值,用于设置成 VBA 中 RGB 系统的对应颜色。

以下是一个使用 QBColor 函数的例子。本例使用 QBColor 函数将 MyForm 窗体的

BackColor 属性改成 ColorCode 参数指定的色彩。

```
Sub ChangeBackColor(ColorCode As Integer,MyForm As Form)
MyForm. BackColor = QBColor(ColorCode)
End sub
```

3.2.4 画点

(1)在 Basic 中 PSET 与 PRESET 语句用于在屏幕的指定位置画一个点。

格式:PEST (X,Y)［,COLOR]

PRESET(X,Y)［,COLOR]

说明:COLOR 为选点的颜色代码,设定的数值为 0～3。PEST 与 PRESET 的区别是前者在屏幕上涌前景色画一个点,后者用背景颜色画一个点。例如:

```
10 SCREEN 1
20 FOR I = 0 TO 100
30 PEST(I,I)
40 NEXT I
50 REN ERASE POINTS
60 FOR I = 100 TO 0 STEP —1
30 PRESET(1,1)
40 NEXT 1
```

这个例子是先沿(0,0)到(100,100)的对角线画点,然后擦除这些点。

(2) 在 VB 中,Pset 方法用来设置指定点处像素的色彩,亦即画点:

［object.］Pset(x,y)［,color]

x 和 y 参数是单精度参数,因此它们可以接受整数或分数的输入。输入可以是任何含有变量的数值表达式。如果没有包括 color 参数,Pset 将像素设置为前景色((ForeColor)。添加 color 参数可提供更多控制。例如:

设置(50,75)点为亮蓝色:Pset (50,75),RGB (0,0,255)

为了"擦除"一个点,只要把其颜色设置为背景色即可:

Pset(50,75),Bac kColor

注意与 Pset 方法密切相关的 Point 方法,只是返回指定位置处的颜色值。例如:

PointColor ＝Point(500,500)

3.2.5 画各种直线和图形

(1)在 Basic 中,LINE 语句用来在屏幕上画一直线或一方框。

格式:LINE ［(X1,Y1)］—(X2,Y2)［,[COLOR][,B[F]]]

说明:(X1,Y1),(X2,Y2)是以绝对形式或相对形式表示的坐标点;COLOR 是颜色代码,设定值为 0～3。在中分辨率的情况下 COLOR 是从当前调色板上选择颜色,0 表示为背景颜色,缺省表示为前景颜色。在高分辨率情况下,0 表示为黑色,明确省和 1 表示为白色。

LINE 语句的最简单形式为

LINE -(X2—Y2)

它将用前景色从上一个引用点到(X2,Y2)点画一直线。

LINE(X1,Y1)－(X2,Y2)

用前景色画一条从(X1,Y1)点到(X2,Y2)点的直线。

LINE(X1,Y1)－STEP(DX,DY)

用前景色画一条从(X1，Y1)点到(X1＋DX，Y1＋DY)点的直线。

LINE(X1,Y1)－(X2,Y2),BF

用 LINE 画一个矩形,矩形的左下角坐标为(X1，Yl),右上角坐标为(X2，Y2),并用前景色填满矩形框内的各点。其方法相同。

(2) 在 VB 中用 Line 方法来画各种直线和形状。其语法如下:

object. Line[Step](x1,y1)[Step」(x2,y2),[color],[B][F]

Line 方法的语法的各对象限定符和部分描述如下:

Object:表示可选的对象表达式,其值为适用的各种对象。如果 object 省略,则该方法所指的当前窗体作为 object。

Step:表示可选的关键字,即指定起点坐标,它们相对于由 Current X 和 Current Y 属性提供的当前图形位置。

(x1，y1):表示可选的参数,为单精度浮点数 Single,即直线或矩形的起点坐标。如果省略,线起始于由 Current X 和 Current Y 指示的位置。

Step:表示可选的关键字,即指定相对于线起点的终点坐标。

(x2，y2):表示必需的 Single(单精度浮点数),直线或矩形的终点坐标。

Color:表示可选的 Long(长整型数),指画线时用的 RGB 颜色。如果省略,则使用 ForeColor(前景色)属性值。可用 RGB 函数或 QBColor 函数指定颜色。

B:为可选的参数。如果选择,则利用矩形对角坐标画出矩形。

F:为可选的参数。如果使用了 B 选项,则 F 选项规定,矩形以矩形边框的颜色填充。不能不用 B,而用 F。如果不用 F 只用 B,则矩形用当前的 FillColor(填充色)和 FillStyle(填充式样)填充。FillStyle 的缺省值为 transparent(透明,即不填充)。

说明:① 画连接的线时,前一条线的终点就是后一条线的起点;② 线的宽度取决于 DrawWidth 属性值,在背景上画线和画矩形的方法取决于 DrawMode 和 DrawStyle 属性值。例如,下列语句可在窗体上画一条斜线:

Line(500,500)－(2000,2000)

以下语句通过三点连接画出一个三角形:

‘设置起点的 x 坐标’

CurrentX＝1500

‘设置起点的 y 坐标’

CurrentY＝500

‘向起点的右下方画一直线’

Line －(3000,2000)‘向当前点的左方画一直线’

Line －(1500,2000)‘向右上方画一直线起点’

Line －(1500－500)

在许多情况下,Step 关键字可免除由于持续不断地记录造成的最后所画点位置的负担。

人们经常最为关心的可能是两点的相对位置,而不是它们的绝对位置。因此可在每个点之前加上 Step 关键字,用来指定要画出的点,就是相对于最后画出点的位置吗,VB 要将 x 和 y 的值加到最后所画的点上。例如,下边这条语句:

Line(100,200)—(150,250)

等价于:

Line(100,200)— Step(50,50)

为了改变直线的颜色,应将可选的 color 参数与图形方法结合一起使用。例如,下述语句将画一条深蓝色的直线:

Line(500,500)—(2000,2000),RGB(0,0,255)

下面是 LINE 方法使用的一个例子,这个示例用 Line 方法在窗体上画了几个同心矩形。要运行这个示例,将此代码放入窗体的 General 部分。按 F5,并单击窗体。

```
Sub form _ Click()
Dim CX, CY, F, F1, F2, 1 '声明变量'
ScaleMode = 3 '设置 ScaleMode 为像素'
CX＝ScaleWidth / 2 '水平中点'
CY＝ScaleHeight / 2 '垂直中点'
DrawWidth＝8 '设置 DrawWidth'
For I = 50 To 0 Step－2
F＝I/50 '执行中间步骤'
F1＝1－F;F2＝1＋F '计算'
Forecolor＝QBColor(1 Mod 15) '设置前景颜色'
Line(CX * F1,CY * F1)—(CX * F2,CY * F2),,BF
Next 1
DoEvents '做其他处理'
If CY＞CX Then '设置 DrawWidth'
DrawWidth＝ScaleWidth / 25
Else
DrawWidth＝ScaleHeight / 25
End If
For I = 0 to 50 step 2 'set up loop'
F = I / 50 '执行中间'
F1＝1－F;F2＝1＋F '计算'
Line(CX * F1,CY)—(CX,CY * F1) '画左上角'
Line—(CX * F2,CY) '画右上角'
Line—(CX,CY * F2) '画右下角'
Line—(CX * F1,CY) '画左下角'
Forecolor = QBColor(1 Mod 15) '每次改变颜色'
Next 1
DoEvents '进行其他处理'
```

End Sub

3.2.6 DRAW 方法和 DRAW 语句

在 Basic 和 VB 中,DRAW 语句和 DRAW 方法有较大的区别。

(1)在 Basic 中,DRAW 语句的用途是按照 String(字符串)所指定的命令画一图形。

格式:DRAWString

字符串所指定的命令:

Un:上移;

Dn:下移;

Ln:左移;

Rn:右移;

En:沿右上对角线方向移动;

Fn:沿右下对角线方向移动;

Gn:沿左下对角线方向移动;

Hn:沿左上对角线方向移动。

N:为数值,表示移动距离。其他字符串命令,请参阅有关语言参考书。

例:画一方框:

    10   SCREENI

    20   A＝20

    30   DRAW"U＝A;R＝A;D＝A;L＝A"

例:画一三角形:

    10   REEN 1

    20   DRAW "E5 F1 L30"

(2)在 VB 中,用 DRAW 方法在一幅图像上执行了一次图形操作后,把该图像绘制到某个目标设备描述体中,例如 Picture Box 控件中:

语法:object. Draw (hDC, x,y,style)

Draw 方法的语法包含下述部分:

Object:为必需的对象表达式。

HDC:为必需的参数,它是一个为目标对象设置的 hDC 属性值。hDC 属性是 Windows 操作系统用来作内部引用到对象的句柄(数值)。可以在任何有 hDC 属性的控件的内部区域画图。在 VB 中,上述控件包括 Form 对象、PictureBox 控件和 Printe 对象。因为应用程序运行时,对象的 hDC 可能会改变,所以最好是指定 hDC 属性,而不是指定一个实际值。例如,下面的代码总能确保将正确的 hDC 值提供给 ImageList 控件:

ImageList 1 · Listlmages(1). Draw Forml. hDC

x,y:为可选的参数,用来指定设备描述体内绘制图像的位置坐标。如果不指定这些,图像将被绘制在设备描述体的起点。

Style:为可选的参数,它指定了在图像上进行的操作,其设置值见表3.2.2。

表 3.2.2　style 参数设置值表

常　　数	值	描　　述
ImlNormal	0	（缺省）表示正常的绘图
ImlTransparent	1	表示透明的绘图。绘制图像时,用 MaskColor 属性来决定图像的哪种颜色将是透明的
ImlSelected	2	表示选定的绘图。用系统突出显示颜色绘制抖动的图像
ImlFocus	3	表示焦点。用突出显示颜色绘制抖动的条带状的图像来产生阴影效果,以表明图像有焦点

下面是一个应用 DRAW 方法的实例,本例把一个图像加载到 ImageList 控件中。单击窗体时,用 4 种不同的样式把图像绘制在窗体上。要试用此例,把 ImageList 控件放置到窗体上,并把代码粘贴到该窗体的声明部分。运行此例,并单击窗体。

```
Private Sub Form _ Load( )
Dim X As ListImage
'把一幅图像加载到 ImageList 中'
Set X = ImageList1. . ListImages. _
Add( , ,LoadPicture("bitmaps\assorted\int1_no. bmp"))
End Sub
Private Sub Form _ Click( )
Dim space, int W As Integer '创建间距变量'
'用 ImageWidth 属性来作间距'
IntW＝ImageList1. ImageWidth
Space ＝ Form. Font. Size ∗ 2 '用 Font. Size 来作高度间隔'
ScaleMode＝vbpoints '把 ScaleMode 设置成一磅为单位'
Cls '清除窗体'
'用 Normal 样式绘制图像'
ImageList. ListImages(1). Draw Forml. hDC, , ,space,inlNormal
'设置 MaskColor 为红色,这种颜色将会变为透明'
ImageList1. MaskColor ＝vbRed
'用红色(MaskColor),即透明色绘制图像'
ImageList1. ListImages(1). Draw Forml. hDC,intW,space,inlTransparent
'用 Selected 样式绘制图像'
ImageList1. ListImages(1). Draw Forml. hDC,intW ∗ 2,space,inlSelected
'用 Focus 样式绘制图像'
ImageList1. ListImages(1). Draw Forml. hDC,intW ∗ 3,space,inlFocus
'为图像打印一个标题'
Print——
"Normal Transparent Selected Focus"
```

End Sub

3.2.7 CIRCLE 语句和 CIRCLE 方法

(1)在 Basic 中,CIRCLE 语句用于在屏幕上以(X,Y)为中心画半径为 r 的圆或椭圆。

格式:CIRCLE(X,Y) r [,Color [,Start,End [,Aspect]]]

说明:X,Y 为圆心坐标;r 为椭圆半径(长轴);Color 是一个 0 到 3 的颜色代码,它与调色板配合选择椭圆的颜色;Start,End 是以弧度表示的起始角和结束角,其范围从 $-2*PI$ 到 $2*PI$(PI=3.141593);Aspect 是椭圆两半径的比率,当其为 1 时,画出的图形为圆。

(2)在 VB 中,用 CIRCLE 方法,在对象上画图形和椭圆形的各种形状。另外,Circle 方法还可以画出圆弧和楔形饼块。使用变化的 Circle 方法,可画出多种曲线。

语法:object. Circle[Step](x,y),radius,[color,start,end,aspect]

Circle 方法的语法有如下的对象限定符和部分描述:

Object:为可选的对象表达式。如果 object 省略,则具有焦点的窗体作为 abject。

Step:为可选的关键字,指定圆、椭圆或弧的中心,它们相对于当前 object 的 CurrentX 和 CurrentY 属性提供的坐标。

(x,y):为必需的参数,为单精度浮点数(Single)。表示圆、椭圆或弧的中心坐标。object 的 ScaleMode 属性决定了使用的度量单位。

Radius:为必需的参数,为单精度浮点数(Single)。表示圆、椭圆或弧的半径。object 的 ScaleMode 属性决定了使用的度量单位。

Color:为可选的参数,为长整型数(Long)。表示圆的轮廓的 RGB 颜色。如果它被省略,则使用 ForeColor 属性值。可用 RGB 函数或 QBColor 函数指定颜色。

start ，end:为可选的参数,为单精度浮点数(Single)。start 和 end 用于指定(以 rad 为单位)弧的起点和终点位置。其范围从 $-2pi$ 到 $2pi$。起点的缺省值是 0;终点的缺省值是 $2pi$。画部分圆或椭圆时,如果 start 为负,用 Circle 画一半径到 start,并将角度处理为正的;如果 end 为负,用 Circle 画一半径到 end,并将角度处理为正的。Circle 方法总是逆时针(正)方向绘图。

Aspect:为可选的参数,为单精度浮点数(Single)。表示圆的纵横长短轴尺寸比。缺省值为 1. 0,表示它在任何屏幕上都产生一个标准圆。aspect 参数既可以是整数表达式,也可以是小数表达式,但不能是负数。aspect 参数较大时,椭圆沿垂直轴线拉长;相反,则沿水平轴线拉长。

说明:想要填充圆,使用圆或椭圆所属对象的 FillColor 和 FillStyle 属性即可,但只有封闭的图形才能填充。封闭图形包括圆、椭圆或扇形。画圆、椭圆或弧时,线段的粗细取决于 DrawWidth 属性值。在背景上画圆的方法,取决于 DrawMode 和 DrawStyle 属性值。

画角度为 0 的扇形时,要画出一条半径(向右画一水平线段),这时给 start 规定一很小的负值,不要给 0。

可以省略语法中间的某个参数,但不能省略分隔参数的逗号。指定的最后一个参数后面的逗号是可以省略的。

例如,下面语句将画出一个以((1200,1000)为圆心、以 750 为半径的圆:

Circle(1200,1000),750

为了用 Circle 方法画出圆弧,应以 rad 为单位,给出定义弧线 start 和 end 的角度参数。
画圆弧的语法是:

[object.] Circle [Step](x,y),radius,[color],start,end [,aspect]

如果 start 参数或 end 参数是负数的话,VB 将画一条连接圆心到负端点的线。

通过设定纵横尺寸比,aspect 可以决定 CIRCLE 方法画圆还是椭圆。例如下面语句将画
一个椭圆。

Cricle(1000,1000),500,,,,2

下列过程说明 aspect 参数值不同时,Circle 方法如何决定对 radius 参数的使用:是将它作
为椭圆的 x 半径,还是作为椭圆的 v 半径。

```
Private Sub Form _ Click( )
'画一个实心椭圆'
FillStyle = 0
Circle(600, 1000),800,,,,3
'画一个空心椭圆'
FillStyle = 1
Circle(1800, 1000),800,,,,1/3
End Sub
```

3.2.8 PAINT 语句和 PAINT 方法

(1) 在 Basic 中,PAINT 语句用于将屏幕的某一区域涂色。

格式 PAINT (X, Y [,,Paint [,Boundary]]

说明:(X, Y)是区域内任一点的坐标,Paint 表示在区域内需要涂的颜色,其范围为 0~3;
Boundary 是边界的颜色,其范围为 0~3。

(2) 在 VB 中,没有与 PAINT 语句类似的 PA1NT 方法,对对象颜色的填充是通过 FILL-
COLOR 属性来实现的。VB 中的 PAINT 事件与 Basic 中的 PAINT 语句有不同的意义。

PAINT 事件应用于 Form 对象、Forms 集合、PictureBox 控件、PropertyPage 对象、User-
Control 对象、UserDocument 对象等。它在一个对象被移动或放大之后,或在一个覆盖该对
象的窗体被移开之后,该对象全部或部分暴露时发生。

语法:Private Sub Form _ Paint ( )
　　　　　　Private Sub Object _ Paint([index As Integer])

Paint 事件语法包括下列部分:

Object:为一个对象表达式,其值是上述应用于列表中的一个对象。

Index:为一个整数,用来唯一地标识一个在控件数组中的控件。

说明:如果需要将代码对象中各种图形输出,则 PAINT 事件过程就很有用。使用
PAINT 过程,可以确保这样的输出在必要时能被重绘。使用 Refresh 方法时,PAINT 事件即
被调用。如果对象的 AutoRedraw 属性被设置为 True,则会自动进行重新绘图,于是就不需
要 PAINT 事件。在 Resize 事件过程中使用 Ref resh 方法可在每次调整窗体大小时,强制对
整个对象进行。

3.2.9　设置绘图属性

在 VB 中,可以通过一系列方法来设置绘图属性,详细内容请见有关参考资料。这里简介如下。

1. Scale 属性

这是与绘图位置和坐标系有关的属性和方法。概括起来有两组属性,即控制大小和位置的属性及与坐标系选择相关的属性,包括 Width 和 Height 属性,这两个属性用于确定控件的实际大小,它们总是用控件容器的单位表示。例如,如果将一个图像控件放在使用缺省坐标系单位为 twip(1 in 为 1440twip)的窗体上,则该图像框控件的 Width 和 Height 属性即表示为 twip。

Left 和 Top 属性:即控件左上角的坐标,用控件容器的坐标系表示。

ScaleMode 属性:设置或返回控件的当前坐标系。

Scale Width 和 ScaleHeighr 属性:这两个属性是当前坐标系单位内部的控件尺寸。改变坐标系时,并不改变控件大小,但会改变控件两个轴向的单位数。例如,一个窗体上宽2880twip、高 2880twip 的图像框,其中 Width 和 Height 属性为 2880。如果将窗体的坐标系(ScaleMode)单位变为 Inches(in),则控件大小不变,但其 ScaleWidth 和 5caleHeight 属性值将变为 2(in)。

ScaleLeft 和 ScaleTop 属性:代表用户定义坐标系中控件左上角的坐标。

CurrentX 和 CurrentY 属性:用于返回或设置下一次打印或绘图方法的水平(CurrentX)或垂直(Current Y)坐标。其语法为:

object. CurrentX [= x]

object. CurrentY [= y]

其中:

object:为对象表达式。

X:确定水平坐标的数值。

Y:确定垂直坐标的数值。

说明:坐标从对象的左上角开始测量。在对象的左边 CurrentX 属性值为 0,上边 CurrentY 为 0。

用下面的图形方法时,CurrentX 和 CurrentY 的设置值按下述方式改变:

Circle:对象的中心。

Cls:0,0。

Line:线终点。

Print:下一个打印位置。

Pset:画出的点。

2. DrawMode 属性

DrawMode 属性用于返回或设置一个值,以决定图形的输出外观或者 Shape 及 Line 控件的外观。DrawMode 属性决定用两种不同颜色的绘图时重叠在一起产生的结果。它的属性值共有 16 种(1~16 种),主要利用布尔代数(Boolean Algebra)运算(如 XOR,AND 等)、比较前景与背景颜色以决定要显现的颜色。其语法和设置值见 VB 用户手册。

3. DrawWidth 属性

DrawWidth 属性用来在图形方法输出时,指定线的宽度。其语法为:

object. DrawWidth [= size]

其中,size 为数值表达式、其范围从 1 到 32,767。该值以像素为单位表示线宽。缺省值为 1,即一个像素宽。

例如,用下列程序可画出几条不同宽度的线。

```
Private Sub Form _Click()
DrawWidth = 1
Line(100,1 000)—(3000,1 000)
DrawWidth = 5
Line(1 00,1500)—(3000,1 500)
DrawWidth=8
Line(1 00,2 0 00)—(3 000,2 0 00)
End Sub
```

4. DrawStyle 属性

DrawStyle 属性用于指定用图形方法创建的线是实线还是虚线。其语法为:

object . DrawStyle [=number]

其中,number 为整数,用于指定线型。其设置值对应线型描述见表 3.2.3。

表 3.2.3 number 参数与线型对应表

常　数	设置值	描　述
Vbsolid	0	实线(缺省值)
VbDash	1	虚线
VbDot	2	点线
VbDashDot	3	点划线
VbDashDotDot	4	双点画线
VbInvisible	5	无线
VbInsideSolid	6	内收实线

说明:若 DrawWidth 属性设置值大于 1,DrawStyle 属性设置值为 1~4,则表示画一条实线(DrawStyle 属性值不改变);若 DrawWidth 设置值为 1 〉DrawStyle 各设置值产生的效果如表 3.2.3 所述。

用下面程序可以获得不同的 DrawStyle 属性线型。

```
Private Sub Form _ Click()
Dim I '声明变量'
ScaleHeight = 8
For I=0 To 6
    DrawStyle=I '改变线形'
```

Line(0，I＋1)—(ScaleWidth,I+1) '画新线'

Next I

End Sub

5. FILLCOLOR 属性

FILLCOLOR 属性用于设置或返回填充图形的颜色。FillColor 也可以用来填充由 Circle 和 Line 图形方法生成的圆和方框。其语法为：

object. FillColor [＝ value]

其中，value 值为整数，用于确定填充图形的颜色，其设置值可以是标准的 RGB 颜色或是 QBColor 函数的颜色集。缺省情况下，FillColor 设置为 0(黑色)。

另一种填充方框的方法，是在 B 之后，指定 F(注意，没有 B，就不能用 F。参阅 3.1.2.5 节)。

当使用 F 选项时，Line 方法将忽略 FiIIColor 属性和 FiIlStyle 属性。使用 F 选项时，方框内总是被填充为实心。

6. FILLSTYLE 属性

FILLSTYLE 属性用来设置或返回填充 Shape 控件以及填充由 Circle 和 Line 图形方法生成的圆和方框的填充样式。其语法为：

object. FillStyle [＝ number]

其中，number 为整数，用于指定填充样式，其设置值对应填充样式描述见表 3.2.4。

表 3.2.4　number 参数与填充样式对应表

常　数	设置值	描　述
VbFSSolid	0	实线
VbFSTransparent	1	透明(缺省值)
VbHorizontalLine	2	水平直线
VbVerticalLinet	3	垂直直线
VbUpwardDiagonal	4	上斜对角线
VbDownwardDiagonal	5	下斜对角线
VbCross	6	十字线

说明：如果 FillStyle 设置为 i(透明)，则忽略 FillColor 属性，但是 Form 对象除外。下面的例子显示不同的 FillStyle 属性的填充样式。

```
    Private Sub Form _ Click()
For 1 ＝ 0 To 7
CurrentX ＝ 100
CurrentY ＝ CurretY＋200
FillStyle ＝ I '选择 FillStyle'
Forrn 1. Line( CurrentX,CurrentY ) — Step (1000,300),,B
Nextl i
```

End Sub

3.2.10 装入和保存图形

(1)在 Basic 中,GET 语句用于存储图像,即把屏幕内指定区域的图像存储在 A 数组中,放在内存中予以保管。

格式:GET (X1,Y1) — (X2,Y2),A

说明:(X1,Y1)和(X2,Y2)为图像方框对角点的坐标。A 为存储图像的数组名,它必须是数值型的。被存储图像所需要的存储空间(以字节数计)可按下式计算:

$$4+INT ((X * K+7)/8) * Y$$

式中,X,Y 代表图像方框的两边长;IC 是系数。当采用中分辨率时,K=2;采用高分辨率时,K=1。

而 PUT 语句是 GET 语句的逆语句。GET 语句用于摄像,PUT 语句用于放像。这两个语句联合动作是快速完成动画显示。

格式:PUT(X,Y),A[,Action]

说明:(X,Y)是放映图像方框的左上角坐标。A 为放映图像的数组名,Action 用来指出显示方式,它有五种选择:

PSET:按动画对象的像元信息原样地在屏幕上显示出来(正像);

PRESET:按动画对象的像元信息取反后,在屏幕上显示出来(负像);

XOR:把动画对象的像元信息与屏幕上像元信息"按位加"后,再显示出来;

OR:把动画对象的像元信息与屏幕上的像元信息进行"或"运算后,再显示出来;

AND:把动画对象的像元信息与屏幕上的像元信息进行"与"运算后,再显示出来。

例如:

```
10 SCREEN 1 中分辨率图形方式
15 COLOR 15,0
20 DIM A(654)                 定义存放图形的数组
30 LINE(0,0) - (50,50)2,BF
40 GET(0,0) — (50,50),A        把 50×50 的红色实框存储在 A 数组中
   50 FOR I=1 TO 250 延迟一段时间
   60 NEXT I
   70 CLS 清屏
   80 PUT(100,100),A,PSET         把 A 数组中存放的红色实框在指定处原样显示
   90 FOR I=1 TO 2500 延迟一段时间
   100 NEXT I
   GOTO 30
```

该程序运行后,先在坐标(0,0)位置上显示 50×50 的红色实框内图形,停一段时间后即消失,又在(100,100)位置重新显示该图形,停一段时间后进行循环。

如果把 80 语句中的 PSET 改为 PRESET,则进行负像动画的循环显示。

(2)在 VB 中,如果应用该程序在执行过程中保存处理显示的图形或者你希望保存的图形,则可用 SavePicture 语句,该语句将图形从对象或从控件(如果有一个图形与其相关)的

Picture或 Image 属性中保存到文件中。其语法为：

SavePicture picture,filename

其中,参数 picture 是要保存其内容的 PictureBox 控件,或 Image 控件的 Picture 属性,filename 是存放图形的文件名。SavePicture 语句只支持 BMP 文件。

例如,要将控件 Picture1 的内容保存到文件中,应用如下语句：

SavePicture picture1. picture,"c:\tmp\image. bmp"

如果要在运行时,向控件中装入图形,可调用 LoadPicture 方法。其语法为：

LoadPicture([filename])

Filename 参数为被载入的图形文件名。

说明：VB 可以识别的图形格式有位图(. bmp)文件、图标(. ico)文件、行程编码(. rle)文件、元(. wmf)文件、增强的元文件(. emf),GIF 文件以及 JPEG(. jpg)文件。

如果用不带参数的 LoadPicture 方法,则清除窗体、图片框及图像控件中的图形,相当于 CLS 方法。

第4章 曲线光滑和网格化模型的插值

4.1 曲线的光滑

在地质制图中,曲线是一种构成比较简单,但用途很广的图形,如各种等值线、地层分界线、地下水动态曲线、各种测井曲线、境界、道路、水系等,这些曲线一般为多值函数,且具有大绕度、连续拐弯的图形特征。要用计算机自动绘制光滑曲线,就必须给出所绘曲线上各点的 (x,y) 坐标值(离散点),这就要求建立曲线的数学表达式。自动绘制光滑的曲线的基本思路,就是把一条曲线看成是由一系列密集的点连接而成的,只要能根据已知结点计算(内插)这些点列的位置,并确保这些点列具有连续的一阶导数或连续的二阶导数,就可以保证得到的曲线是光滑的。

在地质制图中,一般情况下,整条曲线很难用一个统一系数的数学表达式来表达,因此常用分段函数去逼近。如一条曲线的理论数学表达式为 $y=f(x)$,现要求用一个简单的函数 $\phi(x)$ 去逼近 $f(x)$,并要求 $\phi(x)$ 在 x_i 处,与 $f(x_i)$ 相等。这样的函数逼近就是插值,我们把 $\phi(x)$ 称为 $f(x)$ 的插值函数,x_i 称为插值数据点。

在计算机制图中,一般把根据部分特征点生成相应曲线的过程称为"曲线光滑"或"曲线拟合",而把作为光滑依据的特征点称为"结点"或"数据点"。

曲线光滑有两种方式:插值方式与逼近方式。前者所得到的曲线通过原先给定的离散点;后者的曲线与所给的离散点相当"接近"。由于结点数据一般都是直接从实地或已有图形的曲线上采集的,要求光滑后的曲线通过这些采集点显然是合乎逻辑的。因此,地质曲线的光滑多采用第一类方法。只有在等高线光滑或专题地图的等值线内插中才允许采用第二类方法。下面介绍几种曲线光滑的数学方法。

4.1.1 线性迭代法(抹角法)

线性迭代法是一种比较简单的曲线光滑方法。这种方法建立在线性插值的基础上,每迭代一次,抹去一批拐角点,反复迭代以达到曲线光滑的目的,所拟合的曲线除了端点外,不通过给定的离散点。

1. 曲线光滑的原理

现以图 4.1.1 说明用线性迭代法进行曲线光滑的原理。

设平面上有原始数据点序列 A,B,C,D,E,如果顺序将这个点序列连起来,那肯定是一条棱角明显的折线(见图 4.1.1(a))。

(1)假如任意两相邻点连线的长度为 L,在两相邻点连线上内插两个点,此两点分别位于距离原来两点 $L/4$ 处。那么在原来曲线上内插 8 个点,记为 1,2,3,4,5,6,7,8(见图 4.1.1(b))。连接 A-1,1-2,2-3,3-4,4-5,5-6,6-7,7-8,8-E,其结果抹去了 $B,C,D3$

个角(见图 4.1.1(c))。插值区间变为 $A-1,1-2,2-3,3-4,4-5,5-6,6-7,7-8,8-E$。

(2) 在第一次迭代的基础上按同样的方法进行第二次迭代,共获得 18 个插值点,记为 $1'$, $2',3',4',5',6',7',8',9',10',11',12',13',14',15',16',17',18'$(见图 4.1.1(d))。本次迭代的结果抹去了 2,3,4,5,6,7 六个角(见图 4.1.1(e))。

(3) 这样反复进行多次(一般 4 次),就能得到一条光滑的曲线(见图 4.1.1(f))。

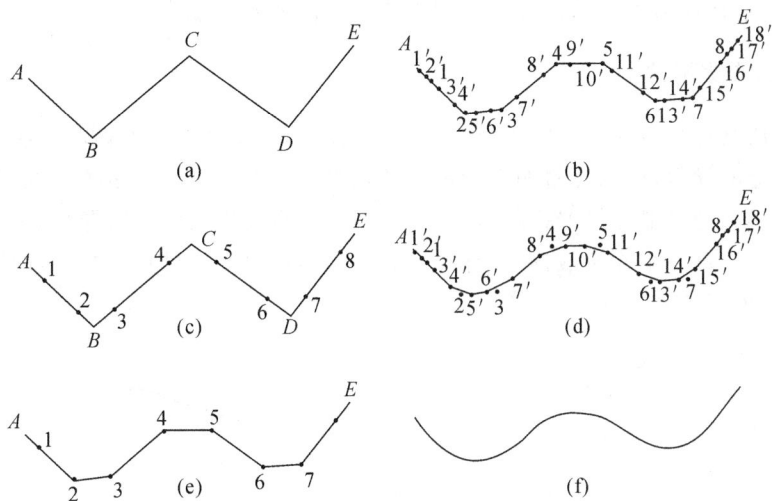

图 4.1.1　线性迭代法原理示意图

在实际计算中,对于开曲线,由于开曲线的两端没有棱角可抹,对于线头可从起点和第一点的连线的 1/2 处开始插值,对于线尾可从终点和倒数第二点的连线的 1/2 处开始插值;对于闭曲线为了能抹去所有的棱角,需要重新对原始数据点序列进行插值。

2.插值点的坐标计算方法

线性迭代法中插值点的坐标计算方法较简单,如图 4.1.2 所示。

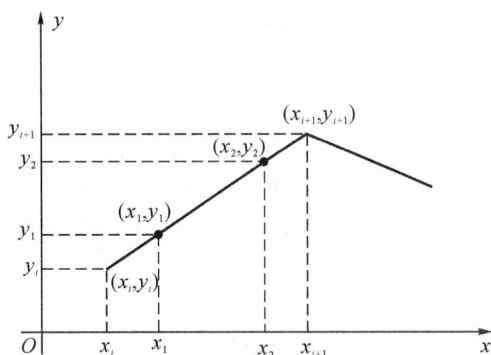

图 4.1.2　插值点的坐标计算方法示意图

设插值段二端点分别为 (x_i,y_i) 和 (x_{i+1},y_{i+1}),在 $L/4$ 处插入的两点为 (x_1,y_1) 和 (x_2,y_2),则坐标计算公式为

$$\left. \begin{array}{l} x_1 = x_i + (x_{i+1}-x_i)/4 \\ y_1 = y_i + (y_{i+1}-y_i)/4 \end{array} \right\} \tag{4.1.1.1}$$

$$x_2 = x_{i+1} + (x_i - x_{i+1})/4$$
$$y_2 = y_{i+1} + (y_i - y_{i+1})/4 \Bigg\} \qquad (4.1.1.2)$$

3. 方法的优、缺点

线性迭代法算法简单,计算量小,且光滑后的曲线向内收缩,可保证曲线间不会相交。但从绘图原理可看出,除了曲线的首尾以外,其实原始数据点都被抹掉了,造成曲线偏离特征点。因此,线性迭代法适用于对曲线定位精度要求不高的制图工作。

4.1.2　五点光滑法

五点光滑法又称分段 3 次多项式插值法。它的基本思想是先用 $AKIMA$ 法估计拟合曲线在每个特征点上的导数,然后在每两个相邻特征点之间拟合一条 3 次多项曲线,如图 4.1.3 所示。这种方法得到的光滑曲线严格通过所有特征点,并且有连续的一阶导数,一般说来效果是令人满意的。在计算各个原始数据点上的一阶导数时,是以该数据点为中心,两边相邻各取两个点,因此称之为五点光滑法。

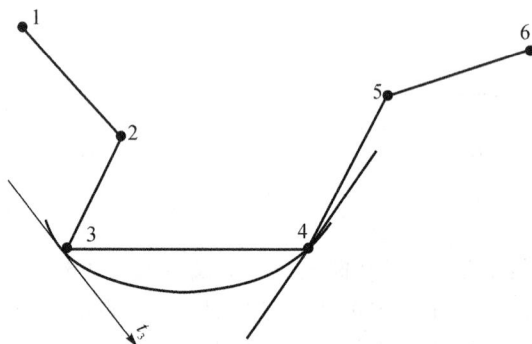

图 4.1.3　五点光滑法示意图

1. 光滑原理

所谓 AKIMA 法是利用 5 个相邻特征点估计中间点的导数。

设图 4.1.3 中的 1,2,3,4,5 为原始数据点序列中的相邻 5 个点,中间点 3 的斜率 t_3 的表达式为

$$t_3 = \frac{|m_3 - m_3|m_2 + |m_2 - m_1|m_3}{|m_3 - m_3| + |m_2 - m_1|} \qquad (4.1.2.1)$$

式中,m_1, m_2, m_3, m_4 分别为 1—2,2—3,3—4,4—5 直线段的斜率。

$$m_i = \frac{b_i}{a_i} \quad (i=1,2,3,4) \qquad (4.1.2.2)$$
$$a_i = x_{i+1} - x_i \quad b_i = y_{i+1} - y_i$$

由于计算每一点的斜率必须有 5 个点,这样开曲线的两端各有两个的斜率不能求出,因为在这 4 个点上总有一侧缺少两个点,这样就要求在端点以外设法补充两个点。一般可采用抛物线方程作为补点的曲线方程。

求出各点的斜率后,就可以顺序地在相邻两点间构造一条曲线,其方程为

$$y = p_0 + p_1(x - x_i) + p_2(x - x_i)^2 + p_3(x - x_i)^3 \qquad (4.1.2.3)$$

式(4.1.2.3)满足的条件是

$$x = x_i, \qquad y = y_i, \qquad \left.\frac{\mathrm{d}y}{\mathrm{d}x}\right|_{x=x_i} = t_i$$

$$x = x_{i+1}, \qquad y = y_{i+1}, \qquad \left.\frac{\mathrm{d}x}{\mathrm{d}y}\right|_{x=x_{i+1}} = t_{i+1} \right\} \qquad (4.1.2.4)$$

根据式(4.1.2.3)、式(4.1.2.4)两式就可以推导出:

$$p_0 = y$$

$$p_1 = t_i$$

$$\left. \begin{aligned} p_2 &= \left(3\,\frac{y_{i+1} - y_i}{x_{i+1} - x_i} - 2t_i - t_{i+1}\right) \Big/ (x_{i+1} - x_i) \\[2mm] p_3 &= \left(t_{i+1} + t_i - 2\,\frac{y_{i+1} - y_i}{x_{i+1} - x_i}\right)(x_{i+1} - x_i)^2 \end{aligned} \right\} \quad i = 1,2,\cdots,n-1 \qquad (4.1.2.5)$$

式中,n 为原始数据点数。

把式(4.1.2.5)代入式(4.1.2.3),就可得到满足一阶导数连续的光滑曲线。

2. 方法的优、缺点

五点光滑法绘制的曲线严格通过原始数据点,如果数据点较密且较均匀,绘制的曲线一般不会相交,但若数据点比较稀疏,或者不满足本方法所要求的连续性条件,也会出现曲线摆动过大,乃至交叉的情况。

4.1.3　正轴抛物线加权平均法

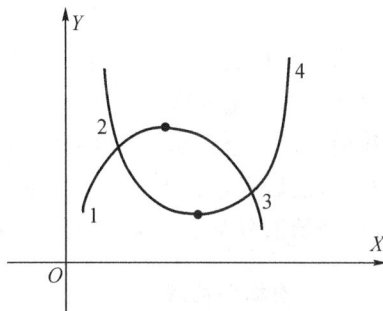

正轴抛物线加权平均法的基本思想是过原始数据点列的所有相邻 3 点分别作一条抛物线:

$$y = a + bx + cx^2$$

这样所有相邻两点(除了开始两点和末尾两点)间都有两段抛物线,取其加权平均的结果作为最终的插值曲线(见图 4.1.4)。

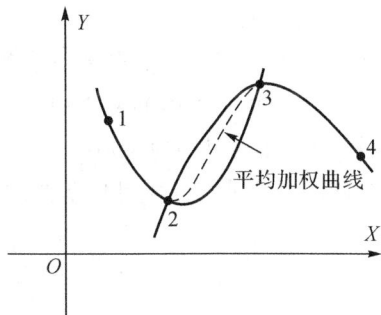

图 4.1.4　正轴抛物线加权平均法　　　　图 4.1.5　正轴抛物线法光滑曲线时的一种特殊情况

这一方法的计算过程亦较简单。曲线可通过每个数据点,当特征点较密集时,绘出的曲线较为满意。但在特殊情况下(见图 4.1.5),或原始数据点过稀,正轴抛物线的顶点往往偏离特征点较远。使最终得到的加权平均曲线摆动较大,并因此可能出现曲线交叉的情况。

针对正轴抛物线的顶点往往偏离特征点的缺点,可以采用斜轴抛物线,即规定过相邻三点作抛物线时,顶点应落在中央数据点上,这样,即使在原始数据点比较稀疏的情况下,绘制的曲线也能获得比较满意的结果,但这一方法的计算比较复杂,程序量较大。

4.1.4　拉格朗日插值曲线

设多项式曲线通过 k 个控制点 $(x_0,y_0,z_0),(x_1,y_1,z_1),\cdots,(x_k,y_k,z_k)$，拉格朗日多项式为

$$p(t_i)=\sum_{i=0}^{k}f(t_i)l_i(t)\quad i=0,1,\cdots,k$$

式中，$l_i(t)$ 称为混合函数，它可写成

$$l_i(t)=\prod_{\substack{j=0\\i\neq j}}^{k}(t-t_j)\Big/\prod_{\substack{j=0\\i\neq j}}^{k}(t_i-t_j)$$

由定义可知

$$l_i(t_j)=\delta_{ij}=\begin{cases}1 & j=i\\0 & j\neq i\end{cases}$$

设 $t_0=-1,t_1=0,t_2=1,t_3=2$，由此可得 4 个混合函数。

由此可见，当 $t=i$ 时，函数 $l_i(t)$ 将对第 i 个控制点具有完全控制权。实际上，参数值 t 的具体值不重要，重要的是正确的次序。例如，可设计混合函数：

$$l_0(t)=\frac{t(t-1)(t-2)}{(-1)(-2)(-3)}=\frac{t(t-1)(t-2)}{-6}$$

$$l_1(t)=\frac{t(t+1)(t-1)(t-2)}{(1)(-1)(-2)}=\frac{(t+1)(t-1)(t-2)}{2}$$

$$l_2(t)=\frac{(t+1)t(t-2)}{(2)(1)(-1)}=\frac{(t+1)(t-2)}{-2}$$

$$l_3(t)=\frac{(t+1)t(t-1)}{(3)(2)(1)}=\frac{(t+1)t(t-1)}{6}$$

利用这些函数及 4 个样本点，可产生通过这 4 个样本点的曲线为

$$\begin{cases}x=x_0l_0(t)+x_1l_1(t)+x_2l_2(t)+x_3l_3(t)\\y=y_0l_0(t)+y_1l_1(t)+y_2l_2(t)+y_3l_3(t)\\z=z_0l_0(t)+z_1l_1(t)+z_2l_2(t)+z_3l_3(t)\end{cases}$$

可见，由 4 个控制点得到的曲线是 3 次多项式，若想用 3 次多项式来得到多于 4 个控制点的曲线，整条曲线可重复这一过程：先取邻近的样本点 (0,1,2,3)，并在中间两点 (1,2) 进行逼近，然后往前推进一个样本点，即在这一边取一个新的样本点，而在另一边丢掉一个点，于是得到 (1,2,3,4)，然后再逼近曲线 (2,3) 部分，如此连续地移动样本点，一直到整条曲线画完为止。曲线的开始部分及最后部分须做特殊处理。

4.1.5　三次样条曲线

一条三次参数曲线是把 x,y,z 分别表示成某个参数 t 的 3 次多项式。为了不失一般性，可令 $0\leqslant t\leqslant 1$。则有

$$\left.\begin{array}{l}x(t)=a_xt^3+b_xt^2+c_xt+d_x\\y(t)=a_yt^3+b_yt^2+c_yt+d_y\\z(t)=a_zt^3+b_zt^2+c_zt+d_z\end{array}\right\},\quad 0\leqslant t\leqslant 1\qquad(4.1.5.1)$$

用矢量形式表示成

$$\boldsymbol{p}(t)=\boldsymbol{a}t^3+\boldsymbol{b}t^2+\boldsymbol{c}t+\boldsymbol{d},\quad 0\leqslant t\leqslant 1\qquad(4.1.5.2)$$

现在的目的是对给定的一组控制点 $\boldsymbol{Q}_0, \boldsymbol{Q}_1, \cdots, \boldsymbol{Q}_n$，找出由 n 段如式(4.1.3.2)形式的 3 次曲线拼合而成，且通过这些控制点的一条 3 次曲线，该曲线上的任一点有直到二阶导数的连续性。现在说明求出 n 组如式(4.1.3.2)所示的方程系数：

设 $\boldsymbol{Q}_{i-1}$ 至 $\boldsymbol{Q}_i$ 之间的 3 次曲线段为 $\boldsymbol{p}_i(t)$，则在 $\boldsymbol{Q}_{i-1}$ 和 $\boldsymbol{Q}_i$ 处，

$$\left.\begin{array}{l} \boldsymbol{p}_i(0)=\boldsymbol{Q}_{i-1} \quad \dfrac{\mathrm{d}\boldsymbol{p}_i(t)}{\mathrm{d}t}\Big|_{i=0}=\boldsymbol{Q}_{i-1} \\[2mm] \boldsymbol{p}_i(1)=\boldsymbol{Q}_i \quad \dfrac{\mathrm{d}\boldsymbol{p}_i(t)}{\mathrm{d}t}\Big|_{i=1}=\boldsymbol{Q}_i \end{array}\right\} \tag{4.1.5.3}$$

由式(4.1.5.2)和式(4.1.5.3)可得到以下关系：

$$\begin{cases} \boldsymbol{p}_i(0)=\boldsymbol{d}_i=\boldsymbol{Q}_{i-1} \\[2mm] \dfrac{\mathrm{d}\boldsymbol{p}_i}{\mathrm{d}t}=\boldsymbol{c}_i=\boldsymbol{Q}'_{i-1} \\[2mm] \boldsymbol{p}_u(1)=\boldsymbol{a}_i+\boldsymbol{b}_i+\boldsymbol{c}_i+\boldsymbol{d}_i=\boldsymbol{Q}_i \\[2mm] \dfrac{\mathrm{d}\boldsymbol{p}_i}{\mathrm{d}t}\Big|_{i=1}=3\boldsymbol{a}_i+2\boldsymbol{b}_i+\boldsymbol{c}_i=\boldsymbol{Q}'_i \end{cases}$$

解上面联立方程组，得

$$\left.\begin{array}{l} \boldsymbol{a}_i=\boldsymbol{Q}'_i+\boldsymbol{Q}'_{i-1}-2(\boldsymbol{Q}_i-\boldsymbol{Q}_{i-1}) \\[1mm] \boldsymbol{b}_i=-\boldsymbol{Q}'_i-2\boldsymbol{Q}'_{i-1}+3(\boldsymbol{Q}_i-\boldsymbol{Q}_{i-1}) \\[1mm] \boldsymbol{c}_i=\boldsymbol{Q}'_{i-1} \\[1mm] \boldsymbol{d}=\boldsymbol{Q}_{i-1} \end{array}\right\} \tag{4.1.5.4}$$

将所得系数代入式(4.1.5.2)，得

$$\boldsymbol{p}_i(t)=[\boldsymbol{Q}'_i+\boldsymbol{Q}'_{i-1}-2(\boldsymbol{Q}_i-\boldsymbol{Q}_{i-1})]t^3+[-\boldsymbol{Q}'_i-2\boldsymbol{Q}'_{i-1}+3(\boldsymbol{Q}_i-\boldsymbol{Q}_{i-1})]t^2+\boldsymbol{Q}'_{i-1}t+\boldsymbol{Q}'_{i-1}$$
$$0 \leqslant t \leqslant 1$$

$$\boldsymbol{p}_{i+1}(t)=[\boldsymbol{Q}'_{i+1}+\boldsymbol{Q}'_i-2(\boldsymbol{Q}_{i+1}-\boldsymbol{Q}_i)]t^3+[-\boldsymbol{Q}'_{i+1}-2\boldsymbol{Q}'_i+3(\boldsymbol{Q}_{i+1}-\boldsymbol{Q}_i)]t^2+\boldsymbol{Q}'_i t+\boldsymbol{Q}_i$$
$$0 \leqslant t \leqslant 1$$

根据三次样条曲线在任一点都有直到二阶导数的连续性可知，在点 $\boldsymbol{Q}_i$ 的二阶导数是连续的，则有

$$\boldsymbol{p}''_i(1)=\boldsymbol{p}''_{i+1}(1)$$

其中　　$\boldsymbol{p}''_i(1)=6[\boldsymbol{Q}'_i+\boldsymbol{Q}'_{i-1}-2(\boldsymbol{Q}_i-\boldsymbol{Q}_{i-1})]+2[-\boldsymbol{Q}'_i-2\boldsymbol{Q}'_{i-1}+3(\boldsymbol{Q}_i-\boldsymbol{Q}_{i-1})]=$
　　　　$2(2\boldsymbol{Q}'_i+\boldsymbol{Q}'_{i-1})-6(\boldsymbol{Q}_1-\boldsymbol{Q}_{i-1}) \quad 0 \leqslant t \leqslant 1$
　　　　$\boldsymbol{p}''_{i+1}(0)=2[-\boldsymbol{Q}'_{i+1}-\boldsymbol{Q}'_i+3\boldsymbol{Q}_{i+1}-\boldsymbol{Q}_i]$

即得　　　　$2(2\boldsymbol{Q}'_{i+1}+\boldsymbol{Q}'_{i-1})-6(\boldsymbol{Q}_i-\boldsymbol{Q}_{i+1})=2[-\boldsymbol{Q}'_{i+1}-2\boldsymbol{Q}'_i+3(\boldsymbol{Q}_{i+1})-\boldsymbol{Q}_i]$

整理得方程　　　　$\boldsymbol{Q}'_{i+1}+4\boldsymbol{Q}'_i+\boldsymbol{Q}_{i-1}=3(\boldsymbol{Q}_{i+1}-\boldsymbol{Q}_{i-1})$

上式方程中，i 可为所有控制点的任一点，故可得 $n-1$ 个这样的方程，联立这些方程，并用矩阵表示可得

$$\begin{bmatrix} 1 & 4 & 1 & 0 & 0 & \cdots & 0 & 0 & 0 \\ 0 & 1 & 4 & 1 & 0 & \cdots & 0 & 0 & 0 \\ 0 & 0 & 1 & 4 & 1 & \cdots & 0 & 0 & 0 \\ \vdots & \vdots & \vdots & \vdots & \vdots & & \vdots & \vdots & \vdots \\ 0 & 0 & 0 & 0 & 0 & \cdots & 1 & 4 & 1 \end{bmatrix} \begin{bmatrix} \boldsymbol{Q}'_0 \\ \boldsymbol{Q}'_1 \\ \boldsymbol{Q}'_2 \\ \vdots \\ \boldsymbol{Q}'_n \end{bmatrix} = 3 \begin{bmatrix} \boldsymbol{Q}_2-\boldsymbol{Q}_0 \\ \boldsymbol{Q}_3-\boldsymbol{Q}_1 \\ \boldsymbol{Q}_4-\boldsymbol{Q}_2 \\ \vdots \\ \boldsymbol{Q}_n-\boldsymbol{Q}_{n-2} \end{bmatrix} \tag{4.1.5.5}$$

式(4.1.5.5)左边有 $n+1$ 个未知量,但只有 $n-1$ 个方程,必须再有两个约束条件才能确定这个方程组。通常可指定两端点 $\boldsymbol{Q}_0$ 和 $\boldsymbol{Q}_n$ 的一切线向量 $\boldsymbol{Q}'_0$ 和 $\boldsymbol{Q}_n$ 为已知,则式(4.1.5.5)可重新排列成下面形式:

$$
\begin{bmatrix}
4 & 1 & 0 & 0 & 0 & 0 & \cdots & 0 & 0 \\
1 & 4 & 1 & 0 & 0 & 0 & \cdots & 0 & 0 \\
0 & 1 & 4 & 1 & 0 & 0 & \cdots & 0 & 0 \\
\vdots & \vdots & \vdots & \vdots & \vdots & \vdots & & \vdots & \vdots \\
0 & 0 & 0 & 0 & 0 & 0 & \cdots & 1 & 4
\end{bmatrix}
\begin{bmatrix}
\boldsymbol{Q}'_1 \\
\boldsymbol{Q}'_2 \\
\boldsymbol{Q}'_3 \\
\vdots \\
\boldsymbol{Q}'_{n-1}
\end{bmatrix}
= 3
\begin{bmatrix}
\boldsymbol{Q}_2 - \boldsymbol{Q}_0 - \dfrac{1}{3}\boldsymbol{Q}'_0 \\
\boldsymbol{Q}_3 - \boldsymbol{Q}'_1 \\
\boldsymbol{Q}_4 - \boldsymbol{Q}'_{n-2} \\
\vdots \\
\boldsymbol{Q}_n - \boldsymbol{Q}_{n-2} - \dfrac{1}{3}\boldsymbol{Q}'_n
\end{bmatrix}
$$

$$(4.1.5.6)$$

利用追踪法可很方便地求出式(4.1.5.6)中的切线向量 $\boldsymbol{Q}'_1, \boldsymbol{Q}'_2, \cdots, \boldsymbol{Q}'_{n-1}$。其追踪计算公式为

$$\boldsymbol{\beta}_i = \frac{1}{4+\beta_{i-1}} \boldsymbol{\alpha}_i = (\boldsymbol{\alpha}_{i-1} - \boldsymbol{\gamma}_i)\boldsymbol{\beta}_i \quad (i=1,2,\cdots,n) \tag{4.1.5.7}$$

其中 $\alpha_0 = 0, \beta_0 = 0, \boldsymbol{\gamma}_i$ 为式(4.1.3.6)等式右边列矩阵的各系数。

追踪过程为

$$\boldsymbol{Q}'_i = \boldsymbol{\alpha}_i + \boldsymbol{\beta}_i \boldsymbol{Q}'_{i+1} \quad (i=1,2,\cdots,2,1) \tag{4.1.5.8}$$

其中 $\boldsymbol{Q}'_i = \boldsymbol{\alpha}_n$。

求出切线向量 $\boldsymbol{Q}'_1, \boldsymbol{Q}'_2, \cdots, \boldsymbol{Q}'_{n-1}$ 后,分别将它们代入式(4.1.5.4),以求出各曲线段的三次多项式系数。

4.1.6　贝齐尔曲线

与拉格朗日插值曲线及 3 次样条曲线不同的时,贝齐尔曲线和后面介绍的 B 样条曲线并不通过给定的控制点,而只是利用这些控制点的改变来达到曲线形状的变化。

贝齐尔曲线是由给定的 $n+1$ 个控制点 $\boldsymbol{Q}_i$ 来定义的,其形式为

$$\boldsymbol{p}(t) = \sum_{i=0}^{n} \boldsymbol{Q}_i B_{i,n}(t), \quad 0 \leqslant t \leqslant 1 \tag{4.1.6.1}$$

其中 $B_{i,n}(t)$ 是个一混合函数,则

$$B_{i,n}(t) = C(n,i)t^i(1-t)^{n-i}$$

而 $C(n,i)$ 是多项式系数,有

$$C(n,i) = \frac{n!}{i!\,(n-i)!}$$

实际计算过程中,可将式(4.1.6.1)矢量方程分别写成其 3 个分量的表示式:

$$
\left.
\begin{aligned}
x(t) &= \sum_{i,n}^{n} x_i B_{i,n}(t) \\
y(t) &= \sum_{i,n}^{n} y_i B_{i,n}(t) \\
z(t) &= \sum_{i,n}^{n} z_i B_{i,n}(t)
\end{aligned}
\right\}
\tag{4.1.6.2}
$$

4.1.7　B 样条曲线

前文所述的贝齐尔曲线可通过调整控制点的位置来改变,但调整一个控制点会影响整条曲线,这正是贝齐尔曲线的不足之处。20 世纪 70 年代初研究出的 B 样条曲线是在贝齐尔曲线的基础上发展而来的,且有更多的优势:生成的曲线与控制多边形的外形更接近;具有局部控制的特性;整体上有一阶导数的连续性。B 样条曲线的定义为

$$p(t) = \sum_{i=0}^{n} Q_i N_{i,k}(t) \tag{4.1.7.1}$$

$k-1$ 阶的混合函数 $N_{i,k}(t)$ 可递归地定义为

$$N_{ij}(t) = \begin{cases} 1 & t_i \leqslant t \leqslant t_{i+1} \\ 0 & \text{其他情况} \end{cases}$$

$$N_{i,k}(t) = \frac{(t+t)N_{i,k-1}(t)}{t_{i+k-1} - t_i} + \frac{(t_{i+k} - t)N_{i+1,k-1}(t)}{t_{i+k} - t_{i+1}} \tag{4.1.7.2}$$

式(4.1.7.2)由于分母可能为零,故这里采用 $0/0 = 0$ 这个约定,参数 t 的变化是沿曲线 $p(t)$ 从 0 至 t_{max},选定结点值 t_0 至 t_{n+k} 的规则如下:

$$\begin{cases} t_i = 0, & \text{当 } i < k \text{ 时} \\ t_i = i - k - 1, & \text{当 } k \leqslant i \leqslant n \text{ 时} \\ t_i = n - k + 2, & \text{当 } i > n \text{ 时} \end{cases}$$

4.2　网格化模型的插值

在地质制图中,原始数据点一般呈离散分布状态,因此用计算机绘制等值线,关键的一步是对原始数据进行网格化插值。网格化是指采用一定的网格化方法(即数学模型)对不规则分布的原始数据点进行插值,生成在原始数据分布范围内具有规则间距的数据点分布(见图 4.2.1)。因此,数学模型是绘制等值线的核心。离散数据网格化方法主要有 3 类,即趋势面拟合法、插值法、综合法(残差叠加法)。

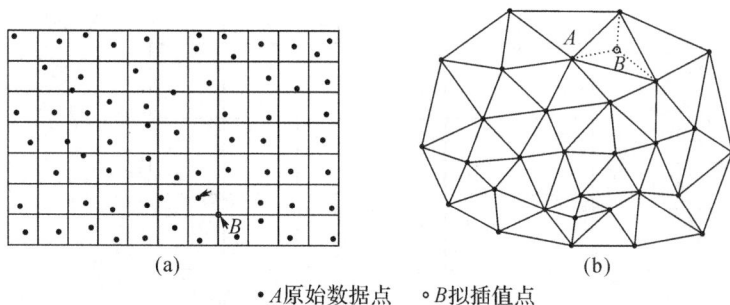

•A 原始数据点　◦B 拟插值点

图 4.2.1　网格化插值示意图

(a)矩形网;　(b)三角网

插值法不改变原始数据点的值,而是根据原始数据点值来插补空白区的值,因此当数据分布较均匀时有很高的逼近程度。距离加权平均法和按方位取点加权平均法(简称方位法)是两种常用的插值方法。前者假定已知数据点值对网格值的影响与距离有关,越靠近网格点的

已知数据点值对网格数据点值的影响越大,其影响程度用一个权系数来量化,权系数的大小即为已知数据点到网格数据点的距离的倒数,对众多已知数据点值进行加权即得到了网格点的数值。这种方法没有考虑方向,当某个方向上的数据点很集中时,其他方向上已知数据点的影响就有可能被忽略,从而造成较大的误差。因此作为对前一种方法的改进,方位法以网格点为中心把区域划分成若干个象限,从每个象限内各取一点作加权平均,这样就克服了距离法的上述不足。

趋势面拟合法使用数学曲面来近似逼近变化复杂的地层界面,拟合曲面未必通过原始数据点,忽略了局部性变化,却能从全局范围内十分平滑地反映地层界面的空间形状。这种方法通常具有很强的外推能力,可以较精确地预测研究区域外的未知数据点值。

综合法(残差叠加法)是针对趋势面拟合法和插值法的优、缺点,吸取了这两种方法各自的优点,是对趋势面拟合法和插值法的综合应用。残差叠加法对各已知数据点值和趋势面之间的残差作进一步的加权处理后分配到各网格点,于是网格点值即为趋势面值和残差拟合值之和,因此绘出的图形既能反映总体的变化趋势,又能反映局部的起伏变化。

现在简要介绍地质制图中常用的网格化方法。

4.2.1　近点按距离加权平均法

假如平面与网格点分布最近的 n 个数据点,这 n 个数据点对插值点值的影响与距离有关,距离网格点越近,影响越大,距离网格点越远,影响越小。对于矩形网来说,原始数据点一般不会位于网格的交点,而网络的交点正是要求的插值点。

图 4.2.2 中,原始数据点 (x_i, y_i, z_i) 距插值点 S 的平面距离为 d_i,则有

$$d_i = \sqrt{(x_i - x_S)^2 + (y_i - y_S)^2}$$

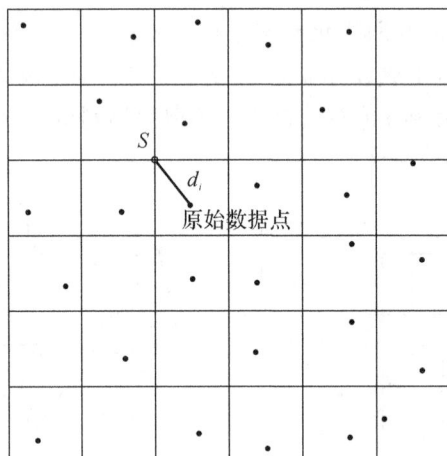

图 4.2.2　近点按距离加权平均法示意图

求出离网格点 S 最近的 n 个数据点的距离 $d_i (i = 1, 2, \cdots, n)$ 后,就可以求出 S 点的内插估计值为

$$\hat{Z}_s = \frac{\sum\limits_{i=1}^{n}\left(\dfrac{Z_i}{d_i}\right)}{\sum\limits_{i=1}^{n}\left(\dfrac{1}{d_i}\right)}$$

式中　$\hat{Z}_s$——插值点的计算值；

　　　Z_i——原始数据点上的观测值；

　　　d_i——距插值点 S 最近的 n 个数据距 S 点的距离。

4.2.2　按方位取点加权平均法

近点按距离加权平均法计算插值点计算方法简单,在数据分布均匀的情况下会取得较好的插值效果,但如果数据分布不均匀,由于该方法仅考虑距离,就有可能在取数据点时有可能集中于插值点的一侧,而其他方向上的数据点取不上。为了克服这种不足,而改为按方位取点,然后再按距离加权平均,即以插值点为中心,把区域分成若干个象限,从每个象限内取一点,然后再按距离加权平均法计算插值点的值。

如对某一网格点(i,j)插值时,则以(i,j)为原点将平面分成 4 个象限,再把每个象限分成n_0份,这样就将整个平面分成了 4 n_0份,如图 4.2.3 所示。然后在每个区域(等份)内寻找与插值网格点(i,j)最近的一个点。

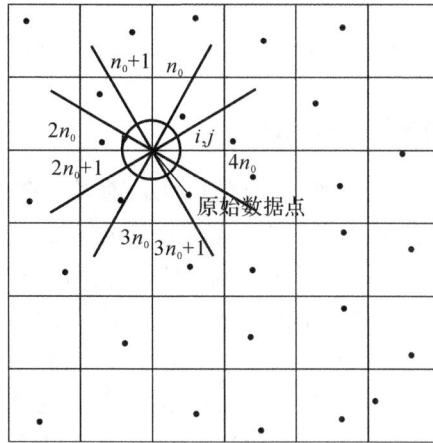

图 4.2.3　按方位取点加权平均法示意图

设找到的数据点的坐标为(x_i,y_i,z_i),它距插值点 S 的平面距离为r_i,则(i,j)点的插值表达式为

$$Z(i,j) = \sum_{i=1}^{4n_0} c_i z_i$$

式中

$$c_i = \frac{\prod\limits_{\substack{j=1\\j\neq i}}^{4n_0} r_j^2}{\sum\limits_{k=1}^{4n_0}\prod\limits_{\substack{l=1\\l\neq k}}^{4n_0} r_l^2}$$

$$r_j^2 = (x_j - x_S)^2 + (y_j - y_S)^2$$
$$r_l^2 = (x_l - x_S)^2 + (y_l - y_S)^2$$

可以看出，$4n_0$ 个 c_i 之和满足：

$$\sum_{i=1}^{4n_0} c_i = \frac{\sum_{i=1}^{4n_0} \prod_{\substack{j=1 \\ j \neq i}}^{4n_0} r_j^2}{\sum_{k=1}^{4n_0} \prod_{\substack{l=1 \\ l \neq k}}^{4n_0} r_l^2} = 1$$

当 $r_i = 0$ 时，即插值点的坐标与某一原始数据点(如 t 点)的坐标正好相等，那么，该插值点的值应等于该原始数据的值。从上述计算公式来看，由于 $\prod_{\substack{l=1 \\ l \neq k}}^{4n_0} r_l^2$ 中 $k \neq i$ 时，$\prod_{\substack{l=1 \\ l \neq k}}^{4n_0} r_l^2 = 0$，故得

$$c_i = \frac{\prod_{\substack{j=1 \\ j \neq i}}^{4n_0} r_j^2}{\sum_{k=1}^{4n_0} \prod_{\substack{l=1 \\ l \neq k}}^{4n_0} r_l^2} = 1$$

即

$$\hat{z}_S = \sum_{i=1}^{4n_0} c_i z_i = 1 \cdot z_t + 0 + 0 + \cdots + 0 = z_t$$

4.2.3 趋势面和残差叠加法(综合法)

地学特征在空间的变化既有规律性，又有随机性。前者是在区域性因素控制下地学特征变化的主流或总的动向，一般表现为区域内大范围的系统性变化，称为区域性变化趋势，简称趋势；后者是在局部性因素和随机因素影响下地学特征在小范围内产生的波动，称为局部性变化。这两种变化叠加在一起，多数情况下不易区分。事实上，地学特征在空间任意一点的观测值都可以看作是区域性变化特征(趋势)与局部变化特征(异常)之和。为了研究地学变量在空间的变化规律和成因，经常需要将一组实际观测数据(某一地学特征的空间观测值)分成区域性分量与局部性分量分别加以研究。趋势分析(Trend Analysis)为解决上述问题提供了重要方法。它是通过对地学变量在空间的观测值拟合(线:一维、面:二维或超曲面:三维空间)来识别、分离和度量其趋势和异常的一种多元统计分析方法。

趋势面和残差叠加法吸取了趋势面拟合法外推能力强的优点，同时吸取了加权平均法逼近程度高的优点，是一种较好的网格化方法。

趋势面和残差叠加法的基本方法：

(1)首先利用所有的原始数据点拟合一个二维 n 次(一般采用二维二次)趋势面方程：

二维一次趋势面方程：$z = a_0 + a_1 x + a_2 y$；

二维二次趋势面方程：$z = a_0 + a_1 x + a_2 y + a_3 x^2 + a_4 xy + a_5 y^2$；

二维 n 次趋势面方程：$z = a_0 + a_1 x + a_2 y + a_3 x^2 + a_4 xy + \cdots + a_k y^n, k = \dfrac{(n+1)(n+2)}{2} - 1$。

(2)用该趋势面方程计算出所有的待插值网格点的特征值。

（3）用趋势面方程计算所有原始数据点的残差值。

（4）用残差值作为数据源，用近点按距离加权平均法或按方位取点加权平均法计算插值网格点的残差分配值。

（5）以插值网格点的趋势计算值和残差分配值之和作为最后的插值。

4.2.4　线性内插法

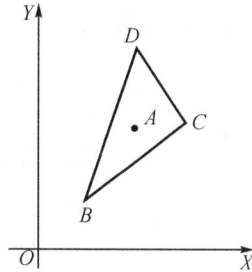

线性内插法是一种用于已连接的三角形网的网格内的插值（见图 4.2.4），假设 $ABCD$ 为一平面，3 个顶点的 x,y,z 坐标已知，现求 A 点的插值 Z_A。插值函数为

$$Z_A = a_0 + a_1 x + a_2 y$$

把 B,C,D 3 项点的坐标代入上式，联立就可解出 a_0,a_1,a_2 3 个系数，从而求出 A 点的内插入值。

例如：已知三角形网中一三角形的 3 个顶点 X,Y,H 坐标为 $B(2,2,4)$，$C(5,5,8)$，$D(4,8,6)$，现要在 $x=4,y=5$ 处内插一点，请用线性内插法计算插值点的 H 值（见图 4.2.5）。

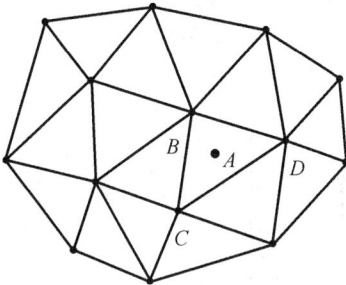

图 4.2.4　线性内插法　　　　图 4.2.5　插值点计算

解　将 B,C,D 的坐标代入方程 $Z_A = a_0 + a_1 x + a_2 y$，建立方程组，有

$$\begin{cases} 4 = a_0 + 2a_1 + 2a_2 \\ 8 = a_0 + 5a_1 + 5a_2 \\ 6 = a_0 + 4a_1 + 8a_2 \end{cases}$$

解此方程组，得 $a_0 = 4/3$，$a_1 = 3/2$，$a_2 = -1/6$

将 3 个系数代入方程 $Z_A = a_0 + a_1 x + a_2 y$，得

$$Z_A = 4/3 + 3/2 x - 1/6 y$$

将 A 点的坐标 $(4,5)$ 代入方程 $Z_A = 4/3 + 3/2 x - 1/6 y$ 得 $Z_A = 6.5$。

4.2.5　双线性多项式内插法

双线性多项式内插法是一种用于矩形网格内的插值（见图 4.2.6），假设 $CDEF$ 为一网格的四个网格点，其 x,y,z 坐标均已知，现要在网格内插入一 A 点。假设插值点 A 在与 x 轴或 y 轴平行的方向上分别与坐标 y 和 x 成直线比例关系，其表达式为

$$Z_A = a_0 + a_1 x + a_2 y + a_3 xy$$

利用网格的基本单位长度 a,b 以及矩形的 4 个顶点 C,D,E,F 的坐标来计算 Z_A。

假设 E 为坐标原点，$EF=a$，$EC=b$。过 A 点作 EC 的平行线，它们与 EF,CD 边分别交于 G,H。

利用 $E,F,C,D4$ 点的坐标线性内插出 Z_G,Z_H。

$$z_G = z_E + (z_F - z_E)\frac{x}{a}$$

$$z_H = z_C + (z_D - z_C)\frac{x}{a}$$

利用 Z_G,Z_H 的值再次进行线性内插就可得到 Z_A，则

$$Z_A = Z_G + \frac{y}{b}(Z_H - Z_G)$$

联立以上两式，可得

$$Z_A = Z_E\left(1-\frac{x}{a}\right)\left(1-\frac{y}{b}\right) + Z_F\left(1-\frac{y}{b}\right)\frac{x}{a} + Z_C\left(1-\frac{x}{a}\right)\frac{y}{b} + Z_D\frac{y}{b}\frac{x}{a}$$

该式如果用网格的标识加以表示，则为

$$Z_A = Z_{(i,j)}\left(1-\frac{x}{a}\right)\left(1-\frac{y}{b}\right) + Z_{(i+1,j)}\left(1-\frac{y}{b}\right)\frac{x}{a} + Z_{(i,j+1)}\left(1-\frac{x}{a}\right)\frac{y}{b} + Z_{(i+1,j+1)}\frac{y}{b}\frac{x}{a}$$

一般情况下，采用双线性多项式内插法可获得较好的插值效果，如果要取得精度更高的插值，可采用双 3 次样条函数，即对每一个小矩形拟合一个 3 次多项式曲面，然后计算拟插值点的值。

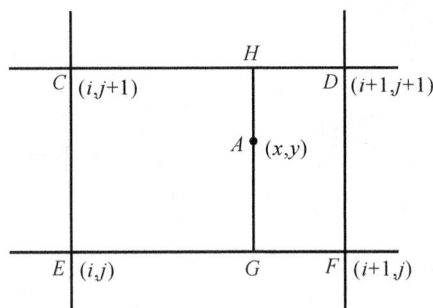

图 4.2.6　双线性多项式内插法原理示意图

第5章 等值线图的自动绘制技术

5.1 概　　述

等值线图一般用来表示那些具有连续分布特征的自然现象，它在地学分析、工程设计以及各种辅助决策中有着十分广泛的应用。

在地学领域，等值线所表示的物理意义是多种多样的，其绘图原始数据的获得途径主要有：

① 取自各种图件，如地图、航空摄影相片等；

② 实地测量获得的数据；

③ 科学实验或自然现象的观测值。

计算机制图中的等值线应符合下述要求：

① 每条等值线通常为一条连续的曲线；

② 给定值的等值线在相应的区域内互不相交；

③ 给定值后，相应区域上的等值线不限于一条；

④ 在一定的绘图区域内，等值线可以是闭曲线，也可以是开曲线。

在地学领域中绘制等值线图的原始数据一般为离散数据，其绘制等值线图的方法归纳起来不外乎有两种，即矩形网方法和三角网方法，它们所代表的绘图算法差别较大，各自均有其本身的特点，但均要先将离散数据网格化（见图5.1.1），然后再自动绘制。

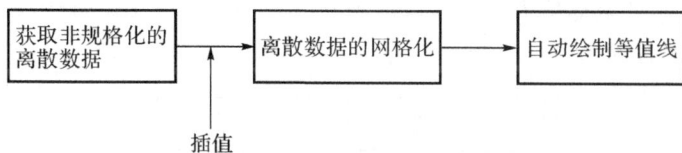

图 5.1.1　等值线图绘制步骤示意图

离散数据网格化时，网格尺寸不宜过大或过小。因为，网格如果过密，不但不会提高等值线的精度，反而会产生冗余的"游离"数据，即相邻网格点值差别微小且不包含有效的对象特征的信息。网格过大则不仅丢失了对象特征信息且会造成等值线扭曲。

5.2 矩形网方法绘制等值线图

根据等值线追踪算法的不同又可分为两种方法。一种方法是直接在网格边上作线性内插得到等值点，然后按一定的法则追踪出构成一条等值线的全部离散等值点，再利用曲线光滑算法完成等值线的绘制。这种算法有以下特点：

① 程序设计简单；

② 因网格尺寸的差异，有时会造成同一幅图的输出结果出现微小的差别，其原因是网格尺寸太大，常会忽略一些微小的地质变化区域；

③ 如果网格尺寸过大，曲线光滑时可能发生相交现象。

绘制等值线图的另一种方法是利用已有的网格点数据拟合一个光滑曲面，该曲面有一个统一的数学表达式，然后根据函数关系，追踪出当前要生成的等值线，最终给出等值线图。这种方法的优点是曲线追踪容易、很光滑，且不会出现相交现象。

由于地质过程的复杂性和随机性，实际研究的地质变量的(x,y,z)之间很难准确满足某一数学函数表达式。所以，本书介绍用第一种方法自动绘制等值线图的方法步骤。

用矩形网绘制等值线图，可分为以下 4 个过程。

① 内插当前等值点；

② 追踪等值点；

③ 开、闭曲线线头、线尾的寻找；

④ 曲线光滑和等值线图的注记。

为了便于描述用矩形网法自动绘制等值线的原理，先作如下必要说明。

① 用网格法绘制等值线图，是以网格点数据或将离散的数据网格化后的网格点数据作为绘制等值线图的原始数据。设绘图区域由 $M \times N$ 个网格点组成，x 方向分割为 $i=1,2,\cdots,m$；y 方向分割为 $j=l,2,\cdots,n$。这样，网格区域内就有 $(N-1) \times M$ 条纵边和 $(M-1) \times N$ 条横边。假设矩形区域左下角的坐标为$(0,0)$，x 和 y 方向网格基本单位长度分别为 a 和 b。

如图 5.2.1 所示，$M=7$，$N=6$：

$$纵边 = (6-1) \times 7 = 35$$
$$横边 = (7-1) \times 6 = 36$$

则有

任一纵边左下角的坐标值为：$xy(i,j,1) = X_i, j = (i-1) \times a \quad i=1,2,\cdots,M$

任一横边左下角的坐标值为：$xy(i,j,2) = Y_i, j = (j-1) \times b \quad j=1,2,\cdots,N$

如：O 点的 x 坐标为 $(4-1) \times a = 3a$，y 坐标为 $(3-1) \times b = 2b$

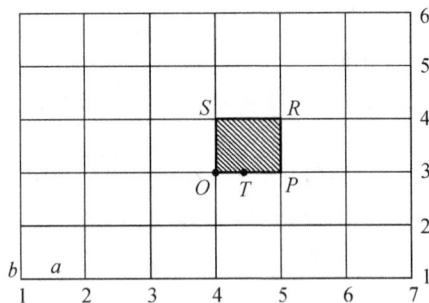

图 5.2.1　矩形网有关说明示意图

② 在自动绘制等值线图的程序设计中，为了方便、正确地搜索等值点，对于矩形网中的任一网格都要进行标识。同时，对网格上的每一条边也应进行标识，标识的方法很多，这里采用网格左下角点在 x,y 方向的分割序号值来标识网格，以边的左边端点（横边）或下部端点（纵

边）在 x,y 方向的分割序号值标识每一条边。同时,网格交点的 z 值用 $H(i,j)$ 表示。

如图 5.2.1 所示,阴影网格的标识为(4,3),OP 边的标识为(4,3),PR 边的标识为(5,3)。

③ 对于任一矩形网格,假定网格边的 z 值在二网格交点间是线性变化的。

5.2.1　内插等值点

计算机自动绘制等值线的第一步是要在每条网格边上判断是否存在当前所绘等值线的等值点,如果不存在当前等值点,则标识该边,若存在当前等值点,用线性内插法计算等值点的坐标。

1.判断是否存在等值点

假如当前插值点为 ZW,O 点的 Z 值为 $H(I,j)$,P 点的 Z 值为 $H(I+1,j)$,那么首先要判断在 OP 边上是否具有 ZW 值的点,实际上,只有当 ZW 介于相邻两个格网点特征值之间时,该边上才有当前等值点,否则没有当前等值点。

判断公式如下:

1) 当 $(H(i,j)-ZW)(H(i+1,j)-ZW)\leqslant 0$ 时,横边上有当前等值点。

或

$$r = \frac{ZW - H(i,j)}{H(i+1,j) - H(i,j)}$$

当 $0\leqslant r\leqslant 1$ 时,横边上有当前等值点 ZW。

例如,O 点的值为 15,P 点的值为 5,$ZW=10$,则 $(10-15)/(5-15)=0.5$,说明有当前等值点。

2) 当 $(H(i,j)-ZW)(H(i,j+1)-ZW)\leqslant 0$ 时,纵边上有当前等值点。

或

$$r = \frac{ZW - H(i,j)}{H(i,j+1) - H(i,j)}$$

当 $0\leqslant r\leqslant 1$ 时,纵边上有当前等值点 ZW。

2.计算当前等值点的坐标

通过上述判断公式断判出某边有当前等值点 ZW 后,就需要计算等值点的坐标(见图5.2.2)。

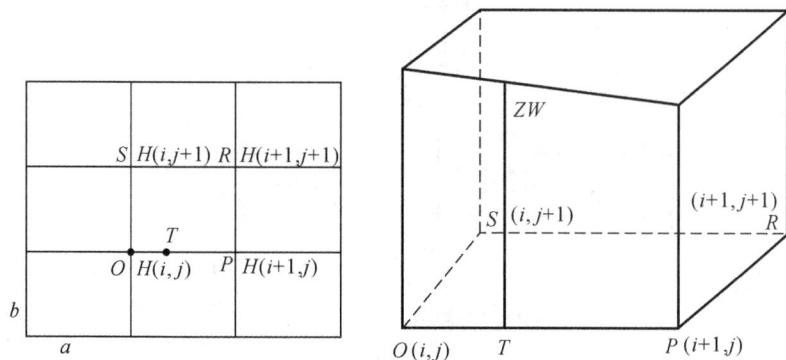

图 5.2.2　插值点坐标计算示意图

假设 OP 边上有等值点 T 存在,现要计算 T 点的坐标 x_T,y_T。

从图 5.2.2 可以看出,由于 T 点位于横边上,其 x 坐标应等于格网点 O 点的 x 坐标加上 T 点到 O 点的距离 D,y 坐标应等于格网点 O 点的 y 坐标。

由于

$$D = \frac{ZW - H(i,j)}{H(i+1,j) - H(i,j)}a$$

则有

$$x_T = x_O + D = x_O + \frac{ZW - H(i,j)}{H(i+1,j) - H(i,j)}a$$

因

$$\frac{ZW - H(i,j)}{H(i+1,j) - H(i,j)} = r$$

故

$$x_T = x_O + D = x_O + ra$$

同样,可以计算纵边上的插值点坐标。

5.2.2　追踪等值点

等值点的追踪是自动绘制等值线图的关键。正确的追踪方法才能保证追踪出的等值线与实际情况最大限度地保持一致,才能保证等值线的合理连接和不相交。为了达到这些目的,就必须正确地选择等值线的追踪方向和对若干相邻等值点的连接方式。

1. 确定等值线的追踪方向

由于等值线是由一系列位于矩形网格纵横边上的等值点序列组成的,而这些等值点又是由 x,y 的坐标值表达的,所以在研究等值线的追踪方向时,要从已追踪出的等值点的 (x,y) 坐标值着手,研究这些点坐标与追踪方向的相关关系,从而找出计算机自动确定追踪方向的算法。由于等值点位于网格边上,而任一网格边又被相邻的两个矩形网格所共有,每一网格周围有 4 个网格,所以等值线通过相邻网格的走向只有 4 种可能(见图 5.2.3),即自下向上、自左向右、自上向下、自右向左。

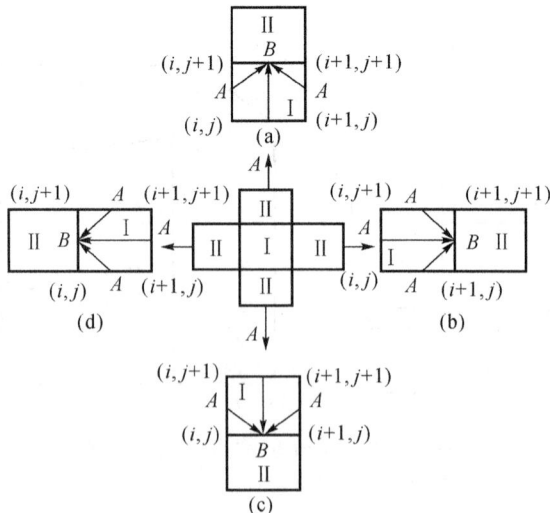

图 5.2.3　追踪等值点的 4 种可能方向

(1) 自下向上追踪。假设 A,B 是当前追踪等值线序列中的最新两点(见图 5.2.3(a)),B 在 A 点之后,B 在网格 I,II 的邻边上,A 在网格 I 的其他三边的任一边上,即位于网格 I 的 (i,j),$(i+1,j)$ 纵边和 (i,j) 横边上。而 B 点只能位于 $(i,j+1)$ 横边。比较 A,B 两点的纵坐标,不难发现:

A 点 y 值与 y 方向网格基本单位 b 相除所得商的整数值,小于 B 点 y 值与 b 相除所得商的整数值,即:$\mathrm{int}(yA/b) < \mathrm{int}(yB/b)$。

如果 A,B 两点所在边满足这一条件,就说明当前等值线的追踪方向是由下向上的。如果记 A,B 所在边的标识分别为 (i_1,j_1) 和 (i_2,j_2),则 A,B 两点所在边满足 $j_1 < j_2$ 这一条件,就说明当前等值线的追踪方向是由下向上的。

例:如果网格 I 左下角(S)的 $i=4$,$j=6$(见图 5.2.4),那么,网格 I 左边纵边的标识为 $(4,6)$,面网格 I 右边纵边的标识为 $(5,6)$,网格 I 下边横边的标识为 $(4,6)$。网格 I 上边横边的标识为 $(4,7)$,$j_1=6$,$j_2=7$ 满足 $j_1 < j_2$,因此是自下向上追踪。

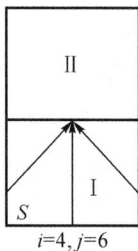

图 5.2.4　自下向上追踪　　　　　图 5.2.5　自左向右追踪

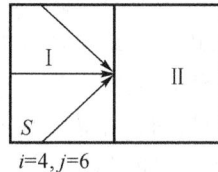

(2) 自左向右追踪。这种情况下,A 位于网格 I 的 (i,j),$(i,j+1)$ 横边和 (i,j) 纵边上(见图 5.2.3(b))。而 B 点只能位于 $(i+1,j)$ 纵边上。比较 A,B 两点的横坐标,不难发现:

A 点 x 值与 x 方向网格基本单位 a 相除所得商的整数值,小于 B 点 x 值与 a 相除所得商的整数值。即:$\mathrm{int}(xA/a) < \mathrm{int}(xB/a)$

如果 A,B 两点所在边满足这一条件,就说明当前等值线的追踪方向是由左向右的。如果记 A,B 所在边的标识分别为 (i_1,j_1) 和 (i_2,j_2),则 A,B 两点所在边满足 $i_1 < i_2$,这一条件,就说明当前等值线的追踪方向是由左向右的。

如果网格 I 左下角(S)的 $i=4$,$j=6$(见图 5.2.5),那么,网格 I 下边横边的标识为 $(4,6)$,而网格 I 上边横边的标识为 $(4,7)$,网格 I 左边纵边的标识为 $(4,6)$。网格 I 右边纵边的标识为 $(5,6)$,$i_1=4$,$i_2=5$ 满足 $i_1 < i_2$,因此是自左向右追踪。

(3) 自上向下追踪。这种情况下,A 位于网格 I 的 (i,j),$(i+1,j)$ 纵边和 $(i,j+1)$ 横边上(见图 5.2.3(c))。而 B 点只能位于 (i,j) 横边。比较 A,B 两点的 x,y 坐标,就会发现它们不满足上述两种情况的判断条件。实际追踪等值线时,先进行自下向上、从左向右两种情况的判断,如不满足各自的条件,那么追踪方向就属于自上向下和由右向左两种情况。区分自上向下、从右向左两个追踪方向的条件是很简单的,只要 B 点 x 坐标值满足如下条件:

$\mathrm{int}(xB/a)a < xB$,就证明当前的追踪方向是自上向下的。

(4) 自右向左追踪。如果上述 3 种都不满足,则只能是由右向左(见图 5.2.3(d)),也可用 $\mathrm{int}(yB/b)b < yB$ 来判断。

2.追踪等值点

确定追踪方向的目的,是为了正确地追踪下一等值点 C。由于下一网格的3个边上均可能有等值点(见图5.2.6),那么就可能出现不同的连线方式,从而生成不同效果的等值线图。

为了避免连线的多解性,必须制定一些法则,使之成为追踪等值点的算法基础。综合手工作图的经验,结合计算机自动成图的特点,可以给出保证等值点连接唯一性的法则:

先考虑等值线原来的前进方向,再考虑 C_1,C_2,C_3 的分布情况及它们与 B 点距离的远近。具体如下:

①C_1,C_3 都存在时,选取与 B 点所在矩形边垂直距离最短的点作为 C 点。

②只有在 C_1,C_2 或 C_2,C_3 存在时,选取 C_1 或 C_3 作为 C 点;

③只有 C_1 或 C_2 或 C_3 存在时,它们即为 C 点。

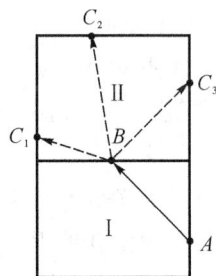

图 5.2.6　追踪等值点

根据这些规定,就可以完成不同方向对等值点的追踪。

具体追踪时的判别方法:

① 当 $j_1 < j_2$ 时,表明当前追踪等值点的方向是由下而且上,C 点位于 (i_2,j_2),(i_2+1,j_2) 纵边和 (i_2,j_2+1) 横边。根据追踪等值点的三条规则,可得选取等值点 C 的顺序,如果两条纵边都有等值点,选取 $SS(i_2,j_2)$,$SS(i_2+1,j_2)$ 最小的点作为 C 点,如果两条纵边只有一个等值点,此点即为 C 点;如果两条纵边都没有等值点,那么 C 点一定位于 (i_2,j_2+1) 横边上。

② 当 $i_1 < i_2$ 时 ,表明是由左向右追踪等值点,C 点只能位于 (i_2,j_2),(i_2,j_2+1) 横边、(i_2+1,j_2) 纵边上。追踪等值点 C 的算法同样遵循3条规则

③ 排除以上两种情况后,如果 $\text{int}(x_B/a)a < x_B$,表明当前追踪方向是自上向下,此时,等值点 C 只能位于 (i_2,j_2-1),(i_2+1,j_2-1) 纵边和 (i_2,j_2-1) 横边。同理,追踪等值点的3条规则仍是其算法的基础。

④ 如果上述3种条件都得不到满足,那么目前追踪的方向就只能是由右向左,此时,等值点 C 位于 (i_2-1,j_2+1),(i_2-1,j_2) 横边和 (i_2,j_2-1) 纵边,利用3条规则就可正确地追踪出等值点 C。

5.2.3　开、闭曲线线头线尾的寻找

为了让计算机能够按照上述规则自动追踪等值点,首先必须找出拟追踪等值线的两个起点 A,B,以便追踪第3点 C 点。在 A,B 两点确定以后,后续的追踪则是将 B 点变为 A 点,C 点变为 B 点方法连续追踪。因此,每次追踪等值点是在 A,B,C 3个点之间递推进行的。因为制图区域总是有范围的,对于矩形网而言,它的四边即为制图边界。在制图区域内由于有开曲线和闭曲线之分,其起始两点 A,B 的确定方法也有差异。

为了能够完全追踪完所有等值点,不发生漏点或重复追踪的情况,一般在等值线追踪时,先追踪开曲线(线头和线尾均在网格边界上),等全部开曲线追踪完成后,再追踪闭曲线(线头和线尾均不在网格边界上)。

1.开曲线线头的寻找

因线头位于制图区域的边界,故无需制图区域的所有纵横边都参加运算和判断,只讨论位

于边界上的纵横边,其顺序为底边 → 左边 → 上边 → 右边。

在网格边界上找到拟追踪的当前等值点,则将该点作为 B 点,这时虚设 A 点存在(见图5.2.7)。

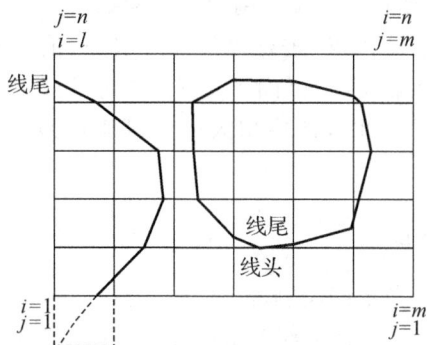

图 5.2.7　线头线尾的寻找

具体方法如下:

(1)从底边上寻找开曲线线头($j=1$ 的边界上)。令 $i=1,2,\cdots,M-1$,在此循环过程中,逐边判断是否存在当前等值点,如果找到一个当前等值点,计算出此点的坐标,使之作为开曲线的线头(B 点)。为了统一追踪算法,这里需假设 A 点的存点,它所在边的标识为 $(i,0)$,即 $i_1=i,j_1=0$。这样,就可根据从下向上的追踪算法进行等值点的追踪。A,B 点确定后,便可按前面的规则开始等值线的追踪,由于是开曲线,线尾一定是在网格边界上,只要追踪到一点为网格边界上的点,则整条曲线追踪完毕。然后继续在底边上寻找当前等值点,直到底边全部寻找完毕,再从左边开始寻找。为防止已追踪过的点重复参加追踪,每追踪完一个点后,应标识该边,使之不参与后续的追踪,以免重复使用这些点。

(2)从左边界寻找开曲线线头($i=1$ 的边界上)。令 $j=1,2,\cdots,N-1$,在此循环过程中,同样逐边判断是否存在当前等值点,如果找到一个当前等值点,计算出此点的坐标,使之作为开曲线的线头(B 点)。找到线头后,令 $i_1=0,j_1=j$。

(3)从上边界寻找开曲线线头($j=n$ 的边界上),令 $i=1,2,\cdots,M-1$,在此循环过程中,找到了等值线线头后,令 $i_1=i,j_1=N+1$。

(4)从右界寻找开曲线线头($i=m$ 的边界上)。令 $j=1,2,\cdots,N-1$,在此循环过程中,找到线头后,令 $i_1=M+1,j_1=j$。

2.闭曲线线头的寻找

在开曲线追踪完后,在网格的四边上再不会有当前追踪的等值点,只有位于网格内部的等值点,为了寻找闭曲线的线头,只需从一个方向寻找即可。规定寻找方向是从左向右,具体算法中,令 $i=2,3,\cdots,M-1,j=1,2,\cdots,N-1$,逐边判断是否存在当前等值点,如果找到一个当前等值点,计算出此点的坐标,使之作为开曲线的线头。找到线头后,便可按前面的规则开始等高线的追踪,由于是闭曲线,追踪的终结的条件是 C 点与线头的坐标值相等,说明闭曲线追踪完毕。

5.3 三角网方法绘制等值线图

用三角网绘制等值线图,是指直接根据离散分布的数据点来建立不规则形状的三角形网,然后在三角形的每条边上内插等值点,进行等值点的追踪,最后连接这些等值点成光滑的曲线。此方法由于直接利用离散点构成三角形网,不需要再进行离散数据的网格化,可大大提高等值线自动绘制的速度。此外,此方法模拟人工绘制等值线图的方法,可取得较好的绘制效果。

5.3.1 三角网的自动连接

三角网的自动连接是用三角形网绘制等值线图关键的一步,直接影响绘图效果。

设平面上有 N 个离散点,要求将全部数据连接构成三角形网,为保证内插点的精度,尽量做到:

① 形成的三角形尽可能成锐角三角形,或者 3 条边的长度大体相等;

② 各个三角形之间互不相交;

③ 三角形不能重复。

为满足上述要求,连网时应遵循以下规则。

1. 角度最大准则

在连接三角网时,要尽量考虑数据点之间的相关性,尽量将相关性大的数据连接到一个三角网中。从数据的平面分布分析,两个点距离越近,其相关性越大。由于三角网扩展的基本单位是三角形的扩展边,所以判断两两数据点之间的相关性问题就转化为判断点与扩展边相关性问题。判断某一点与某一边的相关性的方法较多,常用的且方法简单的有最小距离法和最大角度法。最小距离法是以扩展边的中点与某一数据点连线的长度大小作为判断的依据。角度最大法是指对于当前扩展三角形的某一扩展边,其扩展点与扩展边两点连线的夹角最大(见图 5.3.1),利用余弦定理就可以确定该点的角度,有

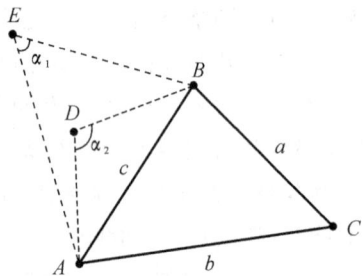

图 5.3.1 用角度最大准则求扩展边示意图

$$a^2 = b^2 + c^2 - 2bc\cos A$$
$$b^2 = c^2 + a^2 - 2ca\cos B$$
$$c^2 = a^2 + b^2 - 2ab\cos C$$

如图 5.3.1 所示,如三角形 ABC 为已构成的一个三角形,当前扩展边为 AB 边,在 AB 边的外侧有 D,E 两个原始数据点,如果与 D 点相连,则构成三角形 ABD,如果与 E 点相连,则构成三角形 ABE,按角度最大准则,由于 $\alpha_2 > \alpha_1$,所以只能和 D 点相连,AB 边扩展形成三角形 ABD。

2. 正负区判断准则

对于某一直线 AB(见图 5.3.2),它的判别方程为

$$F(x,y) = \begin{cases} y - Ax - B & (x_2 \neq x_1) \\ x_1 - x & (x_2 = x_1) \end{cases}$$

$$A = (y_2 - y_1)/(x_2 - x_1)$$
$$B = (y_2 x_2 - y_1 x_1)/(x_2 - x_1)$$

判断某一点 C 所处正负区的具体表达式为

$$F(x,y) = \begin{cases} > 0, & C \text{ 点位于正区} \\ = 0, & C \text{ 点位于直线上} \\ < 0, & C \text{ 点位于负区} \end{cases}$$

3. 异号扩展准则

如三角形 ABC 的 AC 边是当前扩展边,那么 AC 边的扩展点一定位于与 B 点相对的 AC 边的另一侧,如 F 点(见图 5.3.3)。根据正负区判断准则,扩展点 F 满足:

$$F_f(x,y)F_h(x,y) < 0$$

$F_f(x,y)F_h(x,y)$ 分别代表 F,B 点以 AC 为分界线的正负区判别值。

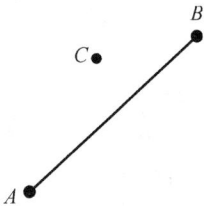

图 5.3.2　正负区判断准则示意图　　　　图 5.3.3　异号扩展准则示意图

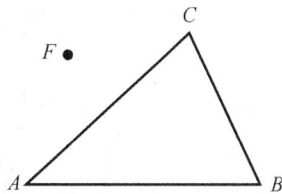

具体连接方法如下:

设 S 为已自动连接成的三角形的编号,m 为当前扩展三角形的编号,$Sm_1(S)$,$Sm_2(S)$,$Sm_3(S)$ 分别表示第 S 个三角形的 3 个顶点的编号。

① 以联网区域内任一数据点为基础,求出与此最近的点,此两点的连线就是第一个三角形的第一边。根据角度最大准则找出第一边的扩展点,这样就形成了第一个三角形,令 $S=1$,$m=1$。把三角形三个顶点数据 $Sm_1(1)$,$Sm_2(1)$,$Sm_3(1)$ 记录到一个数组中。

② 第一个三角形形成后,三角网的扩展正式开始,由于每一个三角形都有 3 条边,所以对任一当前扩展三角形,都需分别对 3 条边加以扩展。每扩展一条边并形成合法的三角形后,令 $S=S+1$,同样把新三角形 3 顶点 $Sm_1(S)$,$Sm_2(S)$,$Sm_3(S)$ 记录到数组中。

③ 扩展三角形以 S 值从小到大的顺序进行,该顺序值也即是当前 m 值。每扩展完一个三角形,令 $m=m+1$,开始下一个三角形的扩展。

④ 每形成一个新三角形,需判断它与已形成的三角形是否重复或交叉。其判断方法是利用三角形任一边只能被两个三角形所共有这一条件进行全等比较。其具体方法如下:判断新三角形的 3 条边是否已被前面形成的三角形用过两次,如果有一边属于这种情况,则此三角形无效,否则,该三角形即为有效或合法。

⑤ 随着三角形的不断扩展,S,m 值都在不断增大,那么什么时候才能终止三角网的自动连接呢?也就是完成制图区域三角形的自动连接呢?判断条件只有一个,$S=m$。此时,第 m 号扩展三角形的 3 条边都无新三角形形成,表明联网结束。事实上,在联网结束之前,S 始终大于 m,只有三角网连接完毕后,S 才等于 m。

5.3.2　内插等值点

在三角形网连接完成后,就可以利用这个三角形网绘制等值线。其中,第一步是在三角形的边上内插等值点,内插等值点的数据基础是记录三角形 3 个顶点的数组。在用三角形网自动绘制等值线的程序设计中,为方便进行等值点的内插和追踪,应有一数据记录原始数据点的 x,y 和特征值(假设为 xyz),另设一数组记录每个已形成三角形的 3 个顶点(假设为 SSS)。只要知道了构成三角形的 3 个顶点及 3 个顶点在 xyz 数组中的记录号(行号),那么,构成三角形的 3 个顶点的所有信息也就确定了,根据这些信息,利用线性内插法就可以找到位于三角形边上的等值点。

图 5.3.4 中,已形成的三角形的顶点为:①—9,10,14;②—9,10,3;③—9,14,8;④—10,11,14;⑤—2,3,9;⑥—3,4,10;⑦—2,9,8;⑧—8,9,14;⑨—10,4,11;⑩—14,11,12;⑪—1,2,8;⑫—1,8,13;⑬—13,14,12;⑭—11,4,5;⑮—11,5,12;⑯—2,13,7;⑰—13,12,6;⑱—12,5,6;⑲—7,13,6。

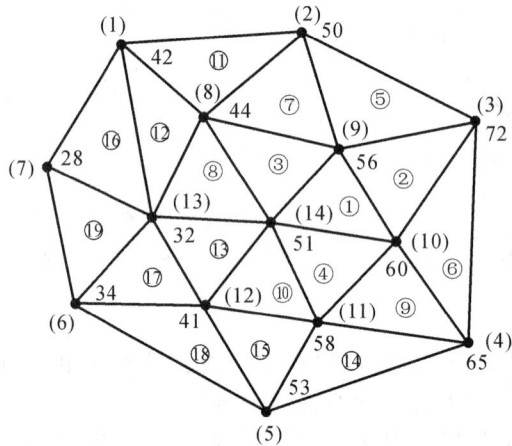

图 5.3.4　根据离散点连接的三角形网

内插等值点的第一步是先判断三角形的边上是否有当前等值点通过,如果存在当前等值点,则计算其坐标,否则标识该边为无当前等值点的边。假如三角形 3 个顶点特征值分别为 H_1,H_2,H_3,ZW 为当前所等值线的特征值,根据三角形 3 个顶点特征值的分布情况,可以划分为以下几种情况:

①三角形 3 个顶点特征值不相等,而且均与当前所绘等值线的值不相等,如果其中一条边上有当前等值点,则其他两边的任一边必有等值点(见图 5.3.5(a))。可根据下式来判断该边是否有等值点存在:

$(ZW - H_1)(ZW - H_2) \geqslant 0$,则该边无等值点,否则必有等值点;

$(ZW - H_1)(ZW - H_3) \geqslant 0$,则该边无等值点,否则必有等值点;

$(ZW - H_2)(ZW - H_3) \geqslant 0$,则该边无等值点,否则必有等值点。

②三角形 3 个顶点特征值都大于或小于当前等值线值,三边上都没有等值点存在(见图 5.3.5(b)(c))。

③三角形 3 个顶点特征值不相等,但其中有一个顶点的值与当前所绘等值线的值相等,如果该三角形的某一边上还存在一个当前等值点,则该点必位于该顶点所对的边上(见图 5.3.5(d))。

④三角形 3 个顶点特征值有两个相等,且与第三点特征值间包含当前等值点,则两个等值

点位于第三点所在的两相邻边上(见图 5.3.5(e))。

⑤ 三角形 3 个顶点特征值至少有两个与当前等值点相等(见图 5.3.5(f)),由于该顶点可能被两个以上的三角形所共有,为了处理这种情况,可采用在相应的数值上加上或减去一个很小的数。

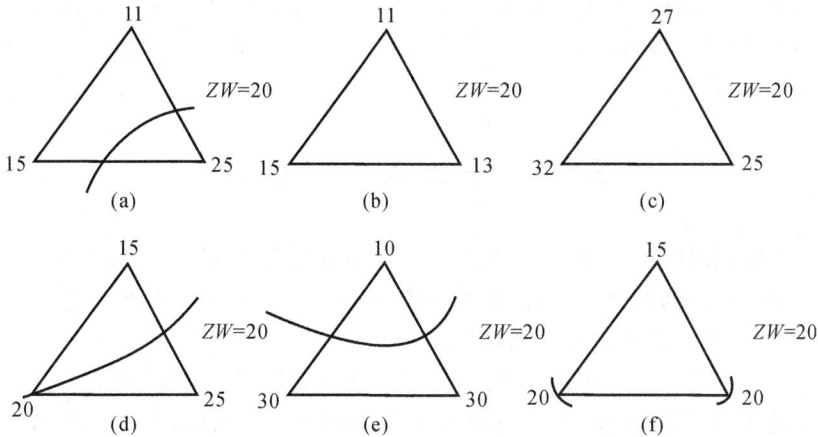

图 5.3.5　三角形网上等值点分布情况类型示意图

确定三角形等值点所在边后,利用线性内插方法就可以求出等值点坐标(见图 5.3.6),其数学计算公式为

$$x_C = x_A + (x_B - x_A)\frac{zw - h_A}{h_B - h_A}$$

$$y_C = y_A + (y_B - y_A)\frac{zw - h_A}{h_B - h_A}$$

式中,zw 为当前等值线值。

在矩形网方法中,我们已经论述了处理奇异点的算法。同样,三角网方法绘制等值线图时也会遇到三角形 3 顶点中至少有两点等于当前值线的情况。处理奇异点的算法,仍旧是采用在相应数值上加或减去一个很小的数。

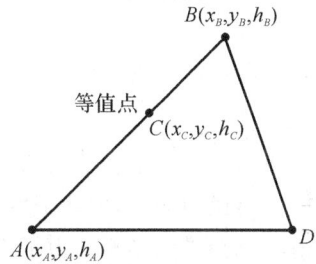

图 5.3.6　计算等值点示意图

5.3.3　追踪等值点

与矩形网自动绘制等值线一样,用三角网自动绘制等值线追踪等值点的第一步是寻找等值线的线头,找到开、闭曲线的线头后,就须顺序地追踪出一条等值线的全部等值点。在三角网中,任一等值点都具有如下特点:它既是等值线进入某一三角形的入口点,又是等值线走出另一三角形的出口点。这说明,除了边界等值点外,等值线上任一等值点都被两个相邻三角形所共有,也就是说,如果一个等值点只有一个三角形所拥有,那么该边一定是三角形网的边界点,也是开曲线的起讫点。根据这一原理,就可以建立追踪等值点的算法。具体方法如下:

① 找到线头、计算出相应的(x,y)坐标值后,使其记录在某一专门的数组中。继续在具有线头的三角形的另两边上寻找另一等值点,内插出等值点坐标,利用 yx 数组记录下其数值。为了说明问题,称最先从同一三角形中找到的等值点为第一点,其后找到的另一等值点为第

二点。

② 如果第二点不是边界点,那么它就被两个三角形所共有,这就需找出另一拥有此等值点的三角形。寻找到新三角形后,第二点就变成了第一点,然后按 ① 中的方法寻找第二点。以此循环往复,就可完成一条等值线的追踪。

追踪的结束与矩形网方法中的相应算法完全相同,对于开曲线,只要找到的下一点只为一个三角形所拥有,则开曲线追踪结束。对于闭曲线,只要追踪的下一点的坐标与线头的坐标相等,则闭曲线追踪结束。

5.4　等值线图的注记

为了便于等值线图的阅读,通常都要在等值线的合适位置上写上注记,注记的格式、密度等因图种及比例尺的不同有所差异,但总是遵循一定的定向和布局规则。这些规则对于手工绘图容易做到,但要由计算机自动完成则比较复杂。

计算机在一条等值线上寻找合适的注记位置,必须满足两个条件,首先需注记线段的长度要大于注记字符的总长度,其次,要寻找曲率较小的曲线段,一般情况下,需要相邻 3 个数值点连线的夹角 > 120°,且注记写在 3 点连线的后一线段区间内。需要说明的是,为了注记的美观,在注记与等值线之间要留有一定的间距,因此注记的总长度应等于字符串长度加上两边的间距。

为了达到注记的上述要求,可在等值线点序列中,顺序取 3 点建立一个 2 次曲线,有

$$P(x) = a_0 + a_1 x + a_2 x^2$$

该曲线的斜斜率为

$$k = | y'' / (1 + y'^2)^{\frac{3}{2}} |$$

找出其中满足合适的曲线段,并计算其弦长,确定注记位置。

需要说明的是,因注记的分段,闭曲线被分割成若干开曲线段,这样首尾两点所处位置的光滑性就会受到影响。为了克服这一缺点,需将等值点的顺序重新整理。

第6章 钻孔柱状图的自动绘制技术

在地质图件中,柱状图是一类很重要的图件,种类有很多种,用途也各不相同,例如反映区域地层构造情况,需绘制区域综合柱状图,钻探工程中需绘制单孔柱状图,反映区域水文地质情况需绘制水文柱状图,等等。这些图件用途不同,其样式也有很大差别。

6.1 钻孔数据的预处理

自动绘制钻孔柱状图的数据基础是钻孔数据库。在钻孔数据库中存放的是钻探资料的原始编录数据、地球物理测井成果数据或钻探成果和测井成果的综合成果数据,这些成果在处理时(如分层)一般不考虑制图因素,但在绘制柱状图时,由于某些分层厚度太小,或绘图比例过小,致使有些薄层不能表示。在手工制图时,地质人员可根据实际需要进行合并或放大。那么,要用计算机自动绘制柱状图,就必须按一定的规则进行合并或放大。

6.1.1 岩石图例的特点与绘制技术

目前煤炭系统制图中采用的图例为能源部 1989 年批准的《煤矿地质测量图例》,该岩性符号一般为基本单体符号规则的品字形排列而成(见图 6.1.1),上、下单体符号间的垂直距离为 0.3 cm(见图 6.1.2(a))。

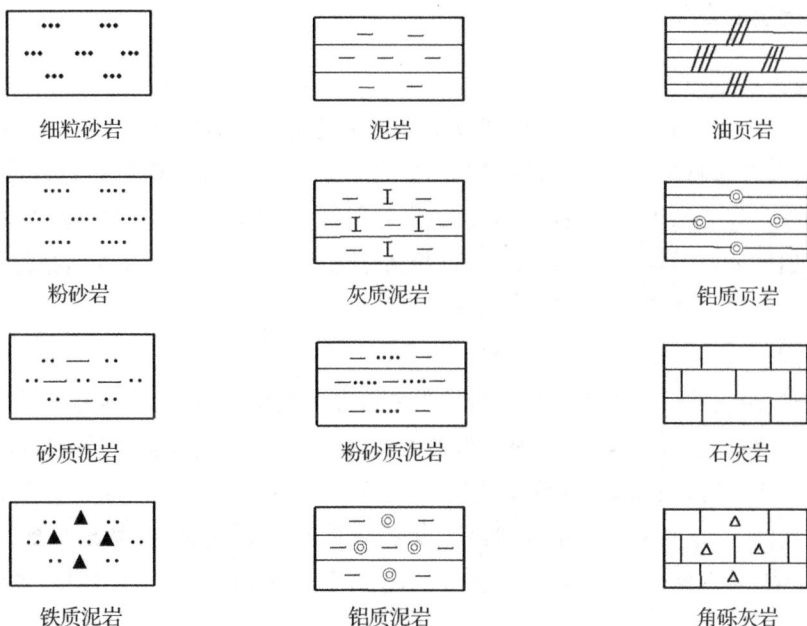

细粒砂岩	泥岩	油页岩
粉砂岩	灰质泥岩	铝质页岩
砂质泥岩	粉砂质泥岩	石灰岩
铁质泥岩	铝质泥岩	角砾灰岩

图 6.1.1 部分岩石图例

需要说明的是,这个 0.3 cm 只是一个基数,具体处理时会因岩厚变化的影响而在 0.3 cm 左右摆动。因为实际绘图时,在绘制某一具体的岩层时,需要将该岩层分成若干个 0.3 cm 的分层,但实际情况时,岩层厚度一般不会正好被 0.3 cm 整除,会有一个余数。为了美观、正确地表示岩性,要实际计算分层厚度,将岩层分成若干个相当的分层厚度。

设岩层的绘图高度为 d(同一岩层,其绘图比例尺不同,绘图高度也不相同),d 除以 0.3 所得整数为 m,余数为 n,分层的厚度为 h。

如果 $n \geq 0.30/2$,那么 $\qquad\qquad h=d/(m+1)$

例:某岩层的绘图进厚度为 2.32 cm,即 $d=2.32$,$m=\text{int}(2.32/0.3)=7$,$n=0.22$,则 $n \geq 0.30/2$,那么实际分层厚度 $h=2.32/(m+1)=2.32/8=0.29$ cm(见图 6.1.2(b));

如果 $n<0.30/2$,那么 $\qquad\qquad h=0.3+n/m$

例:某岩层的绘图进厚度为 2.5 cm,即 $d=2.5$,$m=\text{int}(2.5/0.3)=8$,$n=0.1$ 则 $n<0.30/2$,那么实际分层厚度 $h=0.3+n/m=0.3+0.1/8=0.3125$ cm(见图 6.1.2(c))。

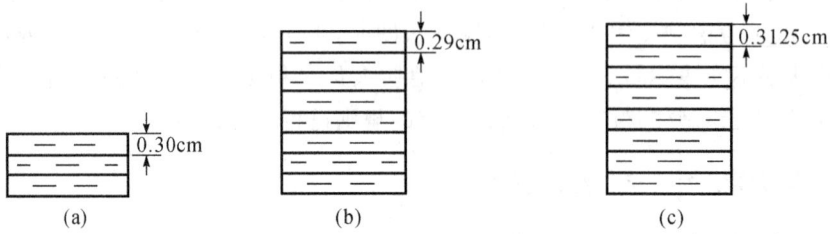

图 6.1.2　岩层分层厚度计算示意图

6.1.2　地层的合并与放大

1. 地层合并

为了能清楚地表示岩石分层,在绘图设备可表示的范围内,应以表示一个单体符号为准,不同类型的岩石单体符号的高度有所区别,如果某一岩层的绘图高度小于相应岩性单体符号的高度,且该岩层为非标志层(以标志层代码库中的标志层为准),就需将该岩层合并到相邻底层的地层中,如果该层为钻孔的最底层,则合并到相邻顶层的地层中,合并后地层的总厚度保持不变。

2. 地层的放大

如果某一岩层的绘图高度小于相应岩性单体符号的高度,但该岩层为标志层,则该层必须放大表示,由于要求放大后地层的总厚度保持不变,这就需要从其他相邻"较厚地层"中去借厚度,程序中具体实现时,假如规定"较厚地层"的绘图厚度为 0.6 cm,若某一地层需要放大表示,则就在该层的上、下相邻地层中寻找绘图厚度大于 0.6 cm 的地层,如果找到,则在该层中借取某一厚度值(这一厚度值可称为补偿厚度),使得原厚度值加上"补偿厚度"能表示标志层的一个单体符号。

例:如某一标志层的单体符号高度为 0.15 m,该标志层的实际绘图厚度为 0.08 cm,则需要从"较厚地层"中借取的"补偿厚度"为 0.07 cm。

如果在相邻的地层中找不到满足"较厚地层"的地层，即没有绘图厚度大于 0.6 cm 的地层，则需要将"较厚地层"的标准降低，一般减去 0.05 cm，这样"较厚地层"的绘图厚度变为 0.55 cm。以此类推，直到能找到"较厚地层"为止。

6.2　钻孔柱状图自动绘制的对象模型设计

各种柱状图在样式上互补相同，但组成它们的基本图元形状均有类似，不管是综合柱状图、单孔柱状图或是水文柱状图。它们基本都包含了直线、矩形、文字、曲线等几种基本图元。知道这一点就能发现，利用 OTM 面向对象设计方法是再合适不过了，因为在它们中找到了共同的东西，这就是面向对象设计方法的基本思路，找出共有的属性，抽象为类，因此柱状图类层次中，最基层的类应该包括：

1)直线类，图件中文字下划线、坐标轴等均为直线。

2)矩形类，这是柱状图中最主要的组成部分，即柱状图主体部分是由一个个大小不一的矩形组成的，只不过矩形中具体的内容不同而已，矩形中的内容可以是文字注释，可以是图案，如地层柱状；可以是曲线，如测井曲线、含水量变化曲线等；也可以是空白的。因此矩形作为类只能抽象为基类，由其派生出其他的子类，包括文字矩形类、曲线矩形类、图案矩形类等。而文字、曲线、图案均作为其属性包含在相应的矩形类中。即构造函数的形参应该包括每一种属性，构造这些矩形对象时，相应的应该在实参中考虑到每一种属性。

3)柱状图列类，由于柱状图反映到图纸上其主体部分是由一列列、一行行的矩形组成的，所以可以将整个一列或一行视为一个单独的对象，而其组成部分是多个矩形，这些矩形在同一列可以相同也可以不同。因此列类和矩形类应该是一种包含和被包含的关系，这和实际图纸中的情况是一致的。

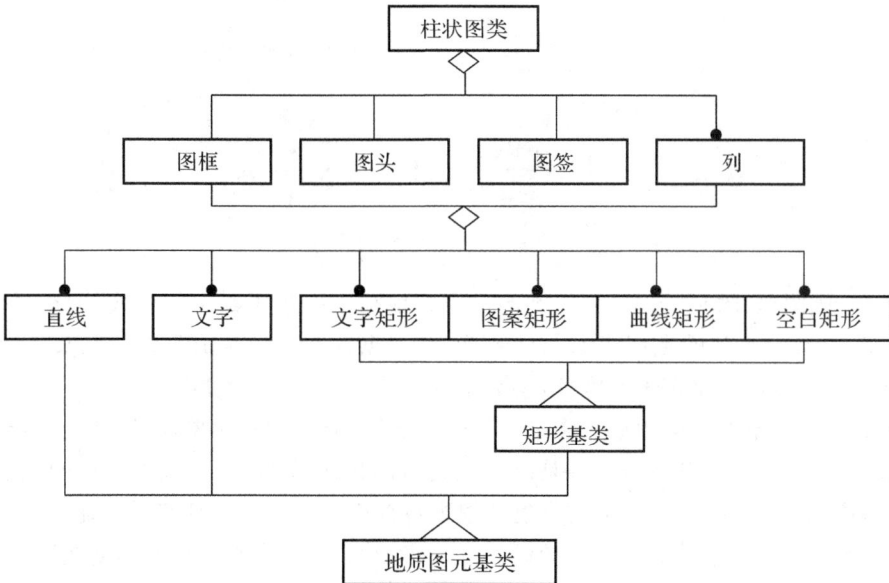

图 6.2.1　柱状图类结构简图

4)图框、图签、图头类,各种柱状图格式不一,对图框、图头、图签的格式也要求不一,但组成这些图形要素的基本图元是一样的,因此在设计中可将其归为独立类,这些类和柱状图列类处于同一级别上,其中也包含了直线类、文字矩形类等。制图时根据需要产生不同的对象,这些对象只是直线、文字矩形等的组合方式不同而已,只需提供各种格式所要求的参数即可。

5)柱状图类,这是柱状图模块级别最高的类,包含了列、图框、图签、图头等对象,如果需要绘制特定种类的柱状图,只需由柱状图类产生对象,如综合柱状图对象、水文柱状图对象、单孔柱状图对象等,再根据其种类的不同,赋予这些对象不同的属性值。柱状图类层次结构如图6.2.1所示。

6.3 柱状图生成模块方法的设计

在柱状图方法设计中,仍然采用在上级类中存储次级图形对象链表的办法,逐步生成整个柱状图,而且在图形基类中声明虚函数,在派生类中重新定义,利用基类的指针调用派生类的方法。具体程序流程如下:

第一步,确定柱状图的种类,具体有综合柱状图、单孔柱状图、水文柱状图等。

第二步,根据所绘制柱状图的种类定义对应的柱状图类对象,同时定义图框、图签、图头的格式,如图6.3.1所示。

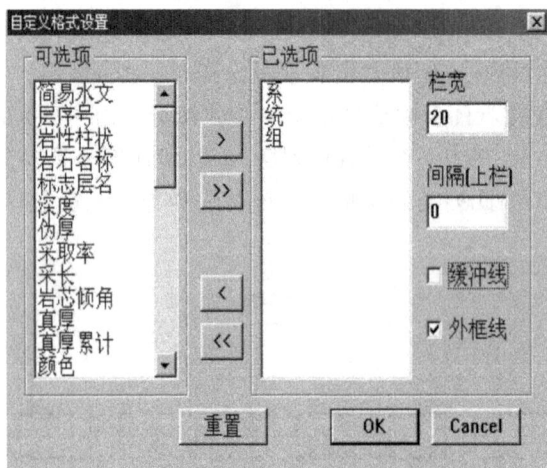

图 6.3.1 图头格式自定义

第三步,生成图框、图头、图签、列等类的对象。根据上一步中给定的格式,图框的高、宽,图签的高、宽,图头中每列的宽度等参数已经确定,根据这些参数生成具体的图头、图框等对象。列对象在这一步已经确定了其宽度,参数来源于图头的第 i 列宽度。

第五步,直线、矩形对象的生成。在上一步中生成了图框、列等对象,根据其类中定义的方法,生成直线、矩形等对象,其参数有些是统一规定的,如图框的线宽、图头的字体的大小,有些需从数据库中得出,如列中每一矩形的高度须根据数据库中该地层的真实厚度确定。

第六步,列对象中文字类矩形高度的调整,因为列对象中文字类矩形的厚度在调整之前和对应的图案矩形高度是一样的,但因为有些地层厚度太小,已经不能够正常地输出文字,所以应该进行厚度的调整,调整的规则是以满足文字输出的最小厚度为准。具体方法是,找出厚度不足的层位,向上或向下厚度较大者借厚度。若上面或下面层位厚度也不够出借,再继续向更上一层或更下一层借,直到满足条件为止,再根据所借厚度的大小,对借者和被借者之间的层位进行平移。文字矩形和图案矩形中间须用缓冲线连接,如图 6.3.2 所示。

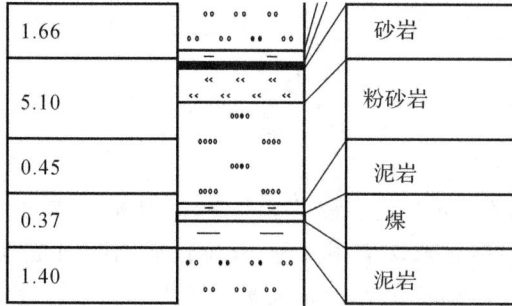

图 6.3.2　柱状图薄层处理

　　第七步,存储直线、矩形类对象的图元指针,将其存入图元链表,在文档类中进行重画处理,输出图形。

　　柱状图的设计总体只是逐层对象的生成,没有涉及算法,这种逐层生成对象的方法正是面向对象设计的主体思路,反映了面向对象设计对客观世界的模拟性。当开发者需要再新增柱状图种类时,只需提供所需的数据和主体方法,无须再为设计基层的图元基类而浪费时间精力。

第7章 地质剖面图的自动绘制技术

7.1 概　　述

地质图件是对地质现象图示化的一种科学手段,工程施工、矿山开采、城市规划等各个方面都要用到复杂的地质图件,地质图有很多种,其中地质剖面图是地质内容最基本的表示形式,是整个地质工作成果的基础和先导图件,是地质工程师经常性绘制的图件。

地质剖面图中的内容有图框、地层、断层、图签等等(见图7.1.1),最直观的分析就是它们都是组成剖面图的必要图形元素,它们与剖面图体现了一种包含和被包含的关系,而直线、曲线、矩形这些组成地层、图框等的基本图元,也和其组成对象体现了这种关系,因此利用OTM对象建模技术中的泛化和聚合方法能很好地体现这种关系。

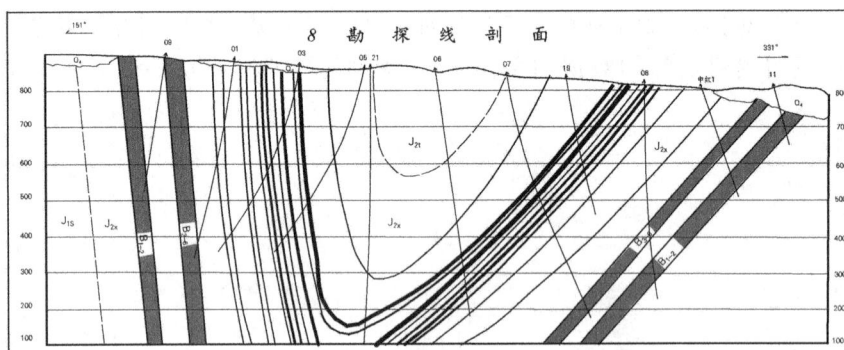

图7.1.1　地质剖面图

在面向对象的程序设计中,采用层层递进的办法来设计类结构层次,尽量达到对现实世界的最佳模拟。其中第一级包含第二级,第二级包含第三级,以此类推。

(1)第一级类,剖面图类为剖面图设计中的最高级别类,由于剖面图有好多种类,所以应该将剖面图视为一个类,由其定义具体每一种剖面图的对象,如图切剖面图对象、勘探线剖面图对象、水文剖面图对象等。

(2)第二级类,即剖面图中的组成部分。包括以下几种对象:

①图框类,因为图框是组成剖面图不可缺少的部分,而且每种剖面图图框结构不尽相同,所以应将其归为单独的类,由其定义出各种不同类型剖面图的图框对象。

②图头类,图头在剖面图中主要反映图名,如"1—1号剖面图"。

③图签类,图签反映了制图人、制图时间、比例尺等制图因素,将它也归为一类。

④地层类,剖面图中地层为最主要的一个类,这里所说的地层可以定义为,连续的最小地

层块段,即处于图幅边界中间或尖灭点与断层之间等的连续地层段。虽然地层形态千变万化,但反映在剖面上总可以由一系列地质曲线构成,而且有其自己的属性如厚度、颜色、岩性、地质年代等。

⑤断层类,由于断层的形态多种多样,而且算法需要处理断层与地层之间的关系,因此将它也归结为断层类,和地层同处一个类级别。

⑥钻孔小柱状,绘制剖面图时必须绘制出钻孔形态,而且不能用一条简单的线条表示,还得表示出它每一层的岩性、厚度等,因此将其归入第二级类中。

3)第三级类,即组成地层、断层、剖面小柱状等的基本图形元素,包括:

①直线类,主要组成对象为断层,钻孔名下划线等。

②曲线类,主要组成地层的上、下边界,断层等。

③矩形类,主要组成图框,图签的单元格等。

④四边形类,主要组成钻孔小柱状的每一层单元格。

⑤文字类,实现剖面图文字注释功能。

由这三级类,即可构成完整的剖面图,它们之间次级类作为高级类的对象成员,存储在链表中,实际剖面图的自动生成可以看做是这些类逐级生成。最后在文档类中进行链表遍历,实现重画。

剖面图的类结构图如图 7.1.2 所示。图中 ♢ 表示聚合, ⋎ 表示泛化。

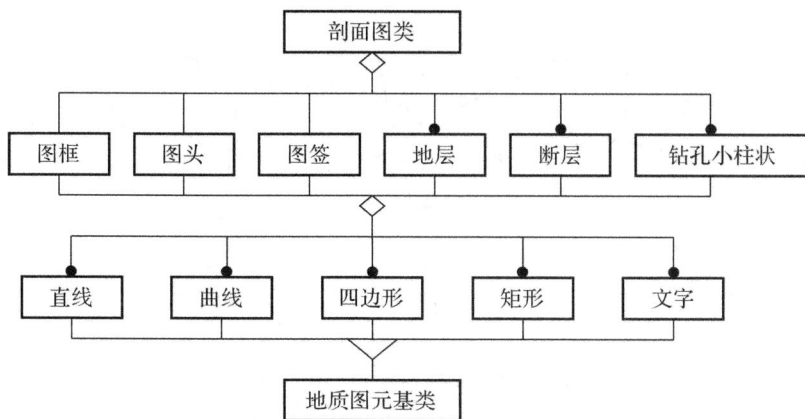

图 7.1.2　剖面图为结构层次简图

7.2　断层处理技术

断层处理是剖面图生成算法中的难点,由于地质形态经过断层的切割,使得地层形态变得复杂异常,而勘探技术不可能全面反映一条剖面线上的全部地层形态状况,只能通过有限的钻孔数据来推测钻孔间的地层形态,而且断层切割地层后,断层两侧的地层不仅在空间位置上会发生变化,而且在形态上也会发生变化,例如逆断层对地层的牵引作用,但用计算机处理这些问题时,无法对这些微小的变形做出最佳的模拟,只能以一种近似的方法来处理,断层处理的

基础假设就是地层的断裂是一种刚性断裂,即断裂前后地层的形态没有发生变化。

7.2.1 断层处理技术的数学基础

断层将原来连续的地层切成了不连续的块段。如何确切地描述这种空间上不连续但成因上有联系的地层形态？设有平面有序点集：

$$P^0,P^1,P^2,P^3,P^4,L_1,L_2$$
$$P^i=\{P_1^i,P_2^i,\cdots,P_j^i,\cdots,P_{ni}^i,\}$$
$$i=0,1,\cdots,4 \qquad 1\leqslant j\leqslant ni$$
$$L_1=P^1\bigcup P^2 \qquad L^2=P^3\bigcup P^4$$

其地质含义为地层 A 和 B 被一条断层 F 切错,断层控制点的全体为 P^0;断层左盘地层 A 的控制点以 P^1 表示,地层 B 的控制点以 P^3 表示;断层右盘地层 A 以 P^2 表示,地层 B 以 P^4 表示。现令

$$\{P_{n1}^1\}=P^0\bigcap P^1, \quad \{P_1^2\}=P^0\bigcap P^2$$
$$\{P_{n3}^3\}=P^0\bigcap P^3, \quad \{P_1^4\}=P^0\bigcap P^4$$

$S_1(P)\sim S_4(P)$ 分别为 $P^1\sim P^4$ 的全部点所生成的3次参数样条函数,即 $P_{n1}^1,P_1^2,P_{n3}^3,P_1^4$ 分别为地层 A,B 与断层 F 的4个交点;$S_1\sim S_4$ 分别表示地层 A,B 在断层两盘的曲线形态函数,如图7.2.1所示。

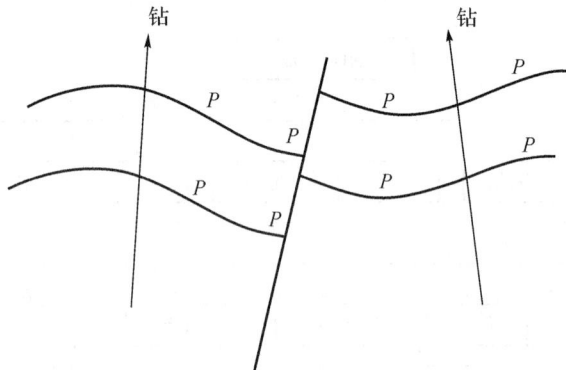

图 7.2.1　剖面断层处理数学基础

在制图过程中,可以认为 $S_1\sim S_4$ 均为简单曲线,且满足下列条件：

$$S_1'\mid_P=P_{n1}^1=S_2'\mid_P=P_1^2$$
$$S_3'\mid_P=P_{n1}^3=S_4'\mid_P=P_1^4$$

这就是断层处理技术的基础,即地层断裂是刚性断裂的数学表达式。

因此,构造 $S_1\sim S_4$ 使之满足上述两个条件就是剖面处理中的两个主要问题。

7.2.2 剖面断层处理的平移法

由以上数学理论分析可以引申出剖面断层的处理方法之平移法,平移法的基本思路是,利用断层两侧地层的钻孔控制点拟合出地层形态函数,将断层右盘地层向上或向下平移一个断层的落差,然后与断层左盘地层控制点进行曲线拟合,求出地层与断层的交点及交点出的参数,再恢复地层断裂。

　　先考虑简单断层的情形,即剖面上平错和落差处处相等,其形态可用两点或点斜式直线方程描述的直线状断层。由于地层是由其上下两条顶底板曲线和中间的区域填充图案所构成,则对地层断裂做处理实质上是对其顶底板曲线做处理,平移法处理地层时,每次处理一层,顺序直到处理完所有地层为止。假设断层左盘某层顶板控制点为 P_{11},P_{12},底板控制点为 P_{21},P_{22},断层右盘地层顶底板控制点分别为 P_{13},P_{23},断层的倾角为 α。据上述思路按以下步骤(见图 7.2.2)。

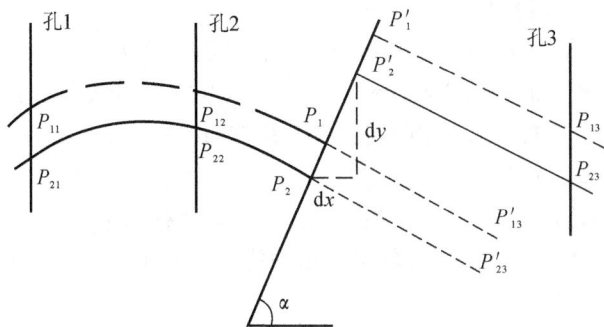

图 7.2.2　平移法示意图

　　第一步,读入一层控制点数据,求数据点的断层关系字 Id：即判断数据点与每一断层线(折线)的左右关系字,左侧控制点和右侧控制点分别存入数组。判断一个点和一条直线的左右关系可用垂线法判断,即由此点引水平线,求水平线和断层线的交点,判断交点的 X 坐标和数据点的 X 坐标的大小关系,如果大于则数据点在断层的左边,如果小于则在右边,算法如图 7.2.3 所示。

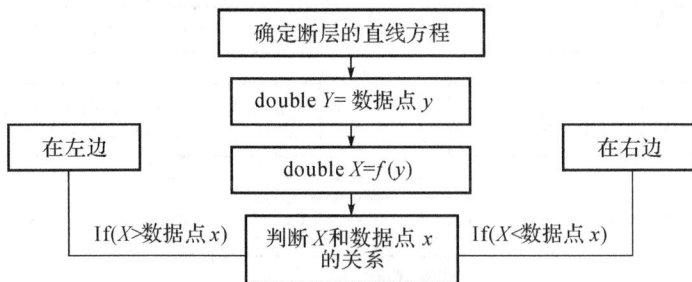

图 7.2.3　判断点线关系算法图

　　第二步,断层左、右侧所有本层控制点进行拟合,求出控制地层形态函数。这时断层与孔 2 之间及断层与孔 3 之间的地层形态函数未知。由于孔 2 和孔 3 控制点的斜率即地层的倾角已知,则断层与孔 2 之间,断层与孔 3 之间的地层形态为直线。

　　第三步,恢复地层连续：将断层右盘的 P_{13},P_{23} 按 dx,dy 值平移到 P'_{13},P'_{23} 处。若断层的落差为 h,平错 dx 和倾角 α 的关系为 $dx = h * \cos\alpha$。经过这一步,可以认为地层已恢复到断裂前的构造形态。

　　第四步,求断层与地层交点：将 P_{12},P'_{13} 和 P_{21},P'_{23} 进行曲线拟合,求出每一点处的地层倾角参数 —— 一阶导数向量。然后求出地层曲线与断层线的交点 P_1,P_2 以及交点处的地层倾角参数。

第五步，恢复地层断裂：可以认为上一步求出的地层与断层线交点 P_1，P_2 之间的每一点都与左右盘地层与断层的交点重合。将应属右盘的 P_1，P_2 和 P'_{13}，P'_{23} 平移到 P'_1，P'_2 和 P_{13}，P_{23} 处，这样就把连续的地层 P_{11}，P_{12}，P'_{13} 和 P_{21}，P_{22}，P'_{23} 恢复为现在的构造面貌。它是第三步的逆过程。

第六步，输出地层。

平移法的算法流程可概括如下：

设断层左侧控制点集合为 $L_i(i=0,1,\cdots,n)$，各点斜率为 $Lk_i(i=0,1,\cdots,n)$，右侧控制点为 $R_i(i=1,2,\cdots,n)$，各点斜率为 $Rk_i(i=0,1,\cdots,n)$，左侧控制点存储于链表 M_LposList，各点斜率存储于 M_LkList，右侧控制点存储于链表 M_RposList，各点斜率存储于 M_RkList 中。则算法流程如图 7.2.4 所示。

图中 $PosL$ 为左侧地层最靠近断层的控制点，$PosR$ 为右侧地层最靠近断层的点。K_1，K_2 分别为这两点的地层斜率，dx 和 dy 为断层的错动值，$PosJ$ 和 K_J 分别为地层和断层的交点和交点处的斜率。

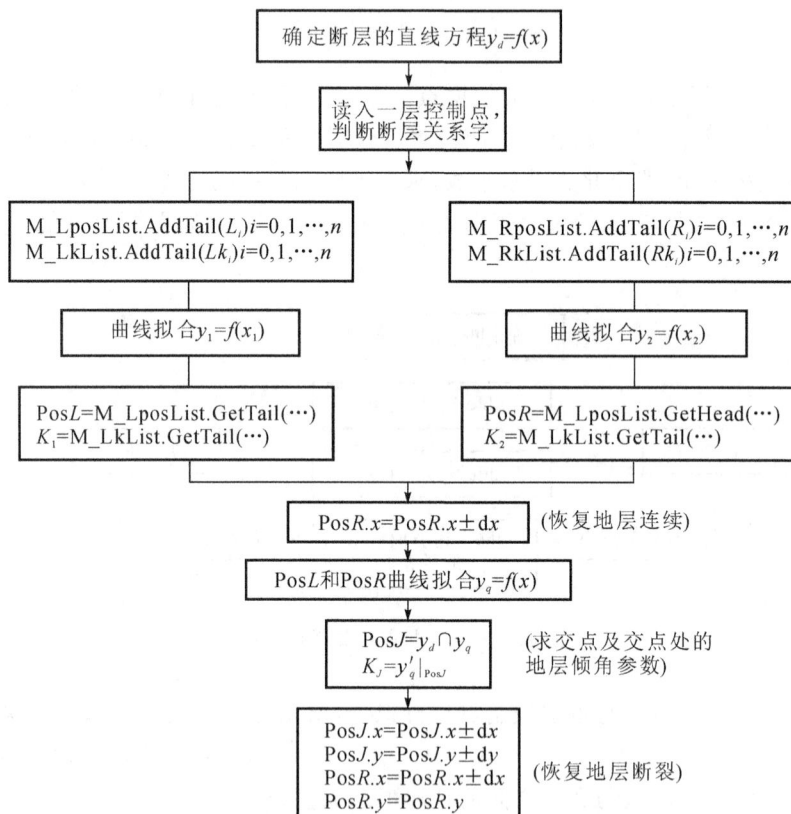

图 7.2.4　平移法算法流程图

若断层的形态不是简单的直线，即断层存在变落差、变倾角的现象。且断层间存在多个断层互相切割。则在恢复地层连续时不能简单地求得断层的 dx，dy。这时需要用另外的方法来求断层的落差——迭代法。

如图 7.2.5 所示,首先按 F_1 和 F_2 的总体落差和总体倾角分别求得 dx_1, dy_1 和 dx_2, dy_2;将 1~6 点按其与断层 F_1 和 F_2 的关系平移至 $1, 2', 3', 4', 5', 6''$ 点;求平移后的 $1, 2', 3', 4', 5', 6''$ 的断层关系字,这时发现 $2'$ 现在断层 F_1 的左盘(原在右盘);将 $2', 3', 4', 5', 6''$ 点作适当二次平移以消除该类错误。根据调整后的 $1, 2', 3', 4', 5', 6''$ 点求各点倾角参数;视所求地层倾角为 $1, 2, 3, 4, 5, 6$ 点处的真实地层倾角,求出本层与 F_1, F_2 断层的交点及交点处断层的平错及交点处断层的落差 dx_1', dy_1' 和 dx_2', dy_2'。以 dx_1', dy_1' 和 dx_2', dy_2' 取代 dx_1, dy_1 和 dx_2, dy_2,重复上述过程直到前后两次求得的平错与落差充分接近为止。

众所周知,迭代法必须赋以迭代初值,这里为求得某一地层和某一断层的交点处的平错和落差,首先取断层的总体落差和平错作为迭代初值,在此基础上作迭代运算。

其他步骤和一般的平移法处理步骤相同。

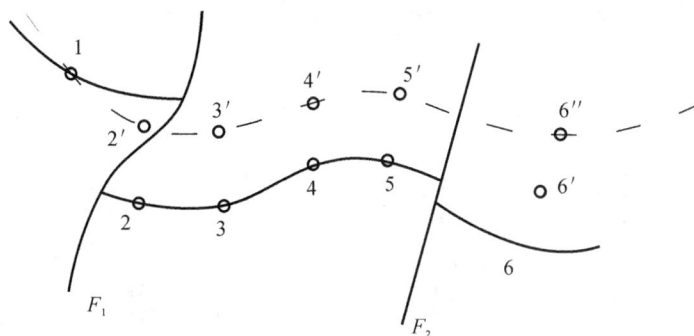

图 7.2.5　特殊情况下平移法示意图

平移法能够对断层切割地层的情况做很好地处理,尤其对断层变落差、变倾角、断层间相互切割的情况能够很好地处理,是剖面图生成断层处理的较好方法。这种建立在地层断裂为刚性断裂的基础上的算法,能够很好地解决地层在断层两侧形态上的一致性,由于本次设计断层处理是作为地层形态协调性处理的基础,所以后文中涉及断层处理时不再赘述其基本算法。

7.2.3　地层形态协调性的处理

1. 处理目的

地层协调性的处理即处理地层在地质空间中受断层切割或受其他层位限制、自身尖灭等,断层与地层及断层与断层之间的关系利用平移法能够很好地处理,但地层限制和地层尖灭得寻找新的方法来进行处理。

2. 处理思想

地层在实际中,不可能始终连续,但总有最小的连续地层块段存在,如断层两侧与控制点之间、尖灭点与控制点之间、尖灭点与断层之间。本次设计中就是将这每一段连续地层视为一个个对象,并根据断层和这些块段的位置关系,分别相应处理,这是本次剖面图类方法设计的主要思想,可以称之为最小地层块段搜索法。通过这种方法的设计,结合平移法的思想,不仅能较好地解决断层对地层的切割问题,而且解决了地层尖灭、地层限制等地质现象。

3. 地层在地质空间中存在形态的抽象

在解决上述问题之前,首先得明确知道地层在空间位置中的组合关系,虽然由于地层相互间的关系存在局部不可知性,但由于受沉积规律的控制,还是体现出一种必然的关系,利用钻探技术只能以点代面地揭露地层形态,不能做出精确的描述,但可以从这些钻孔中推测相邻钻孔中的地层覆盖状况,总结归纳地层在剖面线上任意两个钻孔之间的几种表现形态如下:

- 两个钻孔中均存在控制点(见图 7.2.6(a))。
- 两个钻孔中均无控制点(见图 7.2.6(b))。
- 第一个钻孔有而第二个钻孔缺失(见图 7.2.6(c))。
- 第一个钻孔缺失而第二个钻孔有孔控制点(见图 7.2.6(d))。

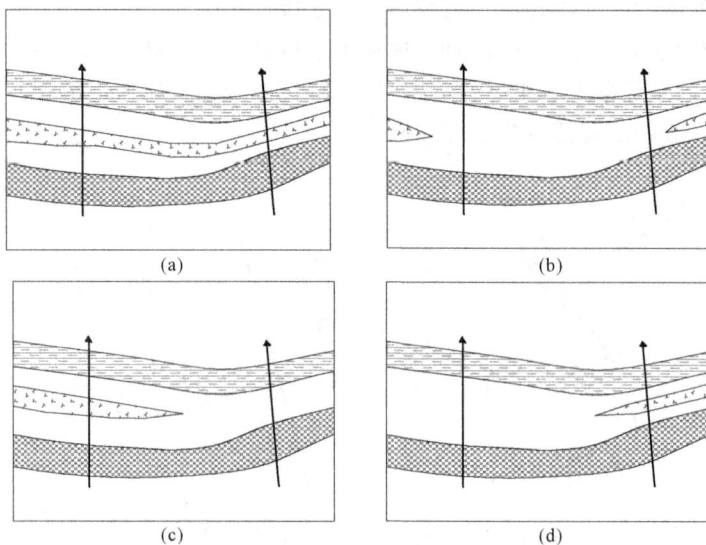

图 7.2.6　地层块段在两钻孔中的几种抽象形态

若将断层影响因素考虑进去,在两个钻孔之间,则可出现以下几种情况:

- 有一个钻孔存在控制点,另外一个缺失,断层切割尖灭体(见图 7.2.7(a))。
- 两个钻孔均有控制点,断层切割中间的处理层(见图 7.2.7(b))。
- 有一个钻孔存在控制点,另外一个缺失,断层未切割尖灭体(见图 7.2.7(c))。
- 两个钻孔均缺失,断层未切割处理层(见图 7.2.7(d))。

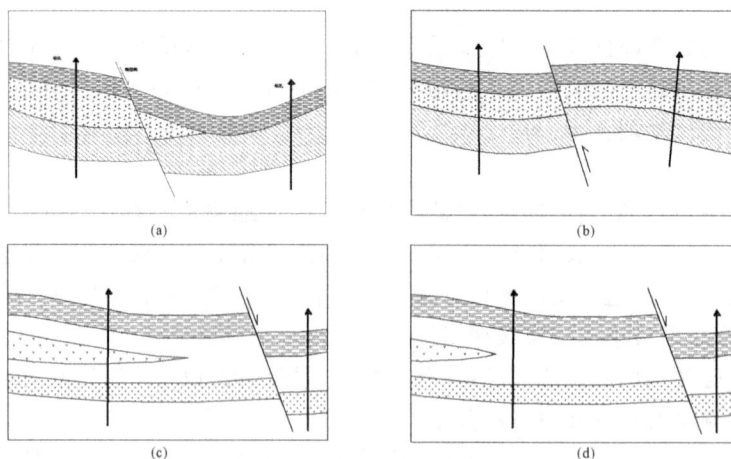

图 7.2.7　断层切割地层模型

当然,这里图 7.2.7 所示的断层只有一条,没有多个断层相互切割,而且断层的形态为直线,在具体程序设计中,需针对每种切割情况根据平移法做出相应的处理。

由于将最小连续的地层视为独立对象来处理,所以要明确每个对象的边界条件,控制点坐标可以由钻探数据而得到,但尖灭点的位置只能通过具体的算法来求得了,因此处理地层形态协调性问题的关键在于尖灭点位置的确定。

4.尖灭点横坐标的确定规则

由于仅仅依靠有限的钻孔数据,尖灭点的横坐标不能用严密的数学方法确定,所以只能根据处理层位的厚度来推测尖灭点和钻孔控制点的相对位置。

设 d 为尖灭点所在两侧钻孔的距离,则尖灭点横向位置的确定应按照下述规则:

若尖灭层在控制钻孔中的厚度小于 2 m,则尖灭点距离控制钻孔 $1/4d$;

若尖灭层在控制钻孔中的厚度在 2～5 m 之间,则尖灭点距离控制钻孔 $1/3d$;

若尖灭层在控制钻孔中的厚度在 5～8 m 之间,则尖灭点距离控制钻孔 $1/2d$;

若尖灭层在控制钻孔中的厚度大于 8 m,则尖灭点距离控制钻孔 $2/3d$。

5.尖灭点的纵坐标确定方法

为了能使尖灭点的位置更为合理,可以利用处理层的上覆层和下覆层来控制尖灭点的纵坐标,方法见下文所述。

6.两孔中各种地层存在情况相应处理方法

(1)两孔间无断层

·两钻孔中均有岩层控制点,这时,只需对两控制点之间地层的顶、底板进行曲线插值,输出地层即可。

·两钻孔中均地层缺失,直接转向下两个钻孔。

·两钻孔中只有一个缺失该地层,这时主要任务是确定地层尖灭点的位置,其横坐标的确定按照上文规定,纵坐标的确定须首先判断该层是不是第一层或最后一层或中间层位。

若该层是第一层,则尖灭点为直线 $X = T. x \pm (1/4d, 1/3d, 1/2d, 2/3d)$ 和下覆层的顶板的交点。若下覆层在另一孔中也缺失,则向下搜寻两孔中均不缺失的层位。

若该层为最后一层,则尖灭点为直线 $X = T. x \pm (1/4d, 1/3d, 1/2d, 2/3d)$ 和该层上覆层位的底板交点。若下覆层在另一孔中也缺失,则向下搜寻两孔中均不缺失的层位。

若该层为中间层位,需用该层和上下层的相对位置来确定。首先在缺失钻孔中虚拟一个控制点,此点在缺失钻孔中的相对位置和该层控制点在控制钻孔中的相对位置相同,如图 7.2.8 所示,可以由上覆层顶板和下覆层底板距钻孔控制中心距离比控制,即 $d1/d2 = p1/p2$。这时如果该层上覆层或下覆层在另一孔中也缺失,须找出两孔中均不缺失的层位,来代替该层上覆层和下覆层参与计算。求出虚拟点后将其和控制钻孔中该层中心控制点进行曲线拟合,此曲线必定和所规定的 $1/4d$ 或 $1/2d$ 或 $1/3d$ 或 $2/3d$ 有一交点,此点便为所求的尖灭点。求出尖灭点后,分别与顶、底板控制点进行曲线拟合,得到曲线形态,再进行插值输出。

(2)两孔间有断层

·两钻孔中均有岩层控制点,这时,运用平移法的思想处理。

·两钻孔中一个钻孔缺失,另外一个有控制点,断层未切割尖灭层。

这时求尖灭点时,应该先将虚拟点进行平移,以消除断层的影响。求出尖灭点后,再和控制钻孔中处理层的上下顶底板控制点进行曲线拟合,然后插值输出,如图 7.2.9 所示。

· 两钻孔中一个钻孔缺失,另外一个有控制点,断层切割尖灭层。

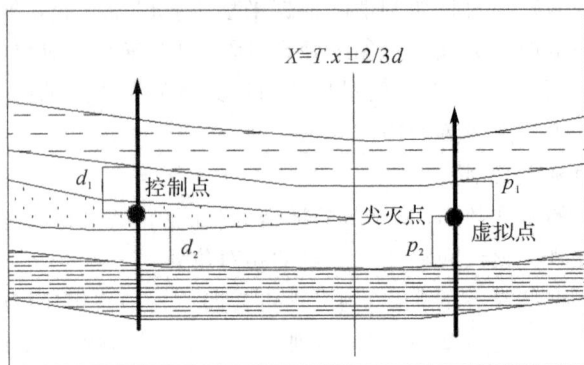

图 7.2.8　尖灭点确定方法示意图

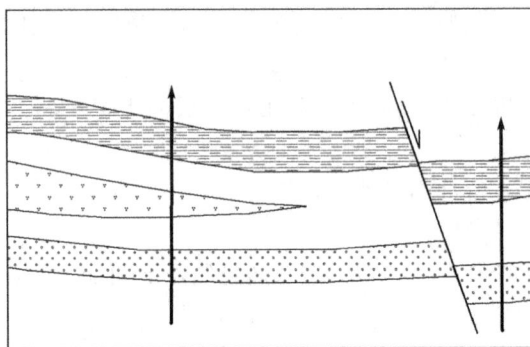

图 7.2.9　断层未切割尖灭体

这时确定尖灭点时,也须将尖灭点一侧的虚拟点平移断层的落差,这时求出的尖灭点为断裂前的伪尖灭点,需将其再进行平移,求出真正尖灭点所在位置,然后利用平移法的思想处理,如图 7.2.10 所示。

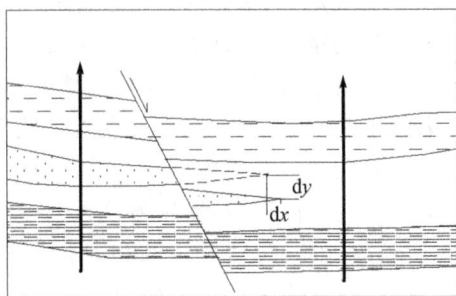

图 7.2.10　断层切割尖灭体

7.2.4　剖面图生成具体步骤

前面已介绍地层及断层在钻孔中各种组合表现形态的处理方法,现将程序中具体的处理步骤总结如下:

第一步,生成该剖面线上断层。

第二步,确定输出地层的名称,如"2 煤""第四系"等。

第三步,从左到右顺序读入剖面线上两个钻孔,判断该两孔对要处理地层的缺失情况。看属于图 7.2.6 中那一种情况。

第四步,上一步对地层的形态进行了确定,这一步判断该两孔之间是否存在断层,是否属于图 7.2.7 中的情况,再根据各种情况的处理方法进行处理。

第五步,转下两个钻孔,即将第二个钻孔作为第一个,新增的钻孔作为第二个。

第六步,若所有钻孔均处理完,转向下一层位,返回第二步。

剖面图自动生成计算机实现方法见图 7.2.11。

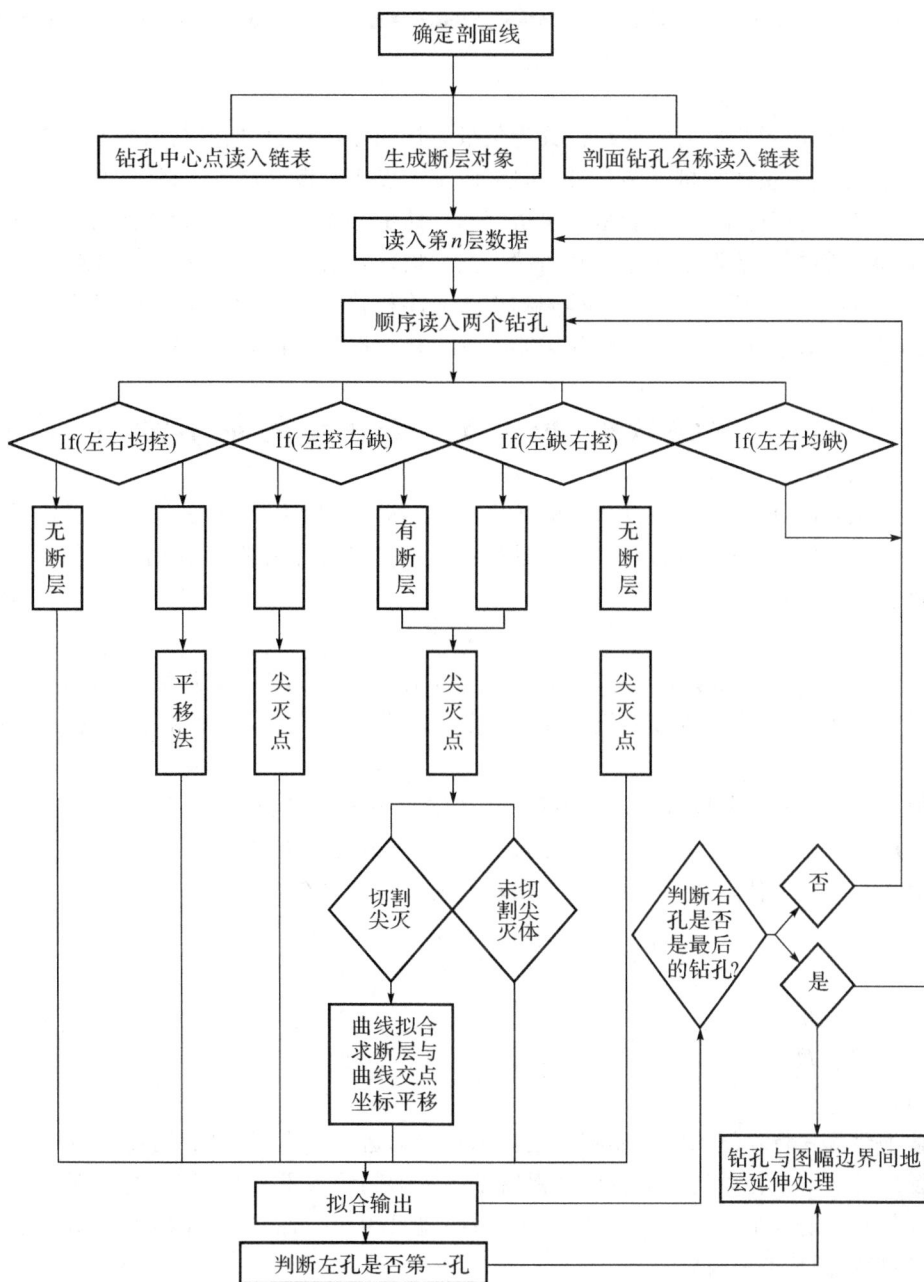

图 7.2.11　剖面图生成流程

第8章 图形矢量化及 R2V 使用方法简介

前文已讲过,图形数据的数据结构分为矢量数据和栅格数据,虽然它们各有其自身的优势和不足,都能方便地被计算机存储、识别和处理,都可以作为数字化成图系统的数据源。然而,就目前实际使用的情况来看,可能是基于精度和存储量方面的考虑,在大比例尺数字化成图系统中,一般很少将栅格数据结构作为其内部数据结构,而是将其作为一种可以支持的外部数据源(例如,扫描仪产生的图像文件)。具体的作法是将栅格数据转化为矢量数据后导入系统之中。在数字化成图系统的外部,一般就需要实现矢量数据与栅格数据的转换。

8.1 栅格数据转化为矢量数据的基本方法

一般情况下,栅格数据到矢量数据的转换(常被称为矢量化)要经过 3 个过程:二值化、细化和跟踪。对于部分工程扫描仪,二值化过程一般是在扫描时完成的,这时矢量化的主要过程就是细化和跟踪。

1. 二值化

由于扫描后的图像是按从 0~255 的不同灰度值量度的不同灰度级存储的,为了进行栅格数据矢量化的转换,需将这种 256 级不同的灰阶压缩到 2 个灰阶,即 0 和 1 两级,这就称为二值化。

二值化的关键是在灰度级的最大值和最小值之间选取一个阈值,如下式所示,当灰度级小于阈值时取值为 0,当灰度级大于阈值时取值为 1。阈值可根据经验进行人工设定,虽然人工设定的值往往不是最佳阈值,但在扫描图比较清晰时是行之有效的。

$$B(i,j) = \begin{cases} 1, & \text{如果 } G(i,j) \geqslant T \\ 0, & \text{如果 } G(i,j) < T \end{cases}$$

式中 T——阈值;

$G(i,j)$——灰度值。

2. 细化

所谓细化就是将二值图像像元阵列逐步剥除轮廓边缘的点,使之成为线划宽度只有一个像元的图形骨架。细化后的图形骨架既保留了原图形的绝大部分特征,又便于下一步的跟踪处理。细化基本要求是:保持原线划的连续性;线宽只为一个像元;细化后的骨架应是原线划的中心线;保持图形的原有特征。

对于栅格线划的"细化"方法,可分为"剥皮法"和"骨架化"两大类。剥皮法的实质是从曲线的边缘开始的,每次剥掉等于一个栅格宽宽一层,直到最后留下彼此连通的由单个栅格点组成的图形。因为一条线在不同位置可能有不同的宽度,故在剥皮过程中必须注意一个条件即不允许剥去会导致曲线不连通的栅格,这是该方法的技术关键所在。

"骨架化"法的细化的基本过程:

①确定需细化的像元集合；

②移去不是骨架的像元；

③重复①，②，直到仅剩骨架像元。

3. 跟踪

跟踪是将细化处理后的栅格数据，整理为从结点出发的线段或闭合的线条，并以矢量形式存储于特征栅格点中心的坐标。跟踪时，从图幅西北角开始，按顺时针或逆时针方向，从起始点开始，根据 8 个邻域进行搜索，依次跟踪相邻点。并记录结点坐标，然后搜索闭曲线，直到完成全部栅格数据的矢量化，写入矢量数据库。需注意的是，已追踪点应作标记，防止重复追踪。

8.2　矢量化软件 R2V 基本操作

目前，矢量化软件非常多，如 R2V，VP，CASS 等，另外，基础地理信息系统软件一般都具有矢量化功能。本节简要介绍 R2V 软件的矢量化操作方法。

R2V(Raster2Vector)是 Windows 环境下一款高级光栅图矢量化软件系统。该软件系统将强有力的智能自动数字化技术与方便易用的菜单驱动图形用户界面有机地结合到 Windows 环境中，为用户提供了全面的自动化光栅图像到矢量图形的转换，它可以处理多种格式的光栅(扫描)图像，是一个可以用扫描光栅图像为背景的矢量编辑工具。由于该软件的良好的适应性和高精确度，加之具有图形校正、输出格式多样的特点，其非常适合于 GIS、地形图、CAD 及科学计算等应用。

8.2.1　R2V 的用户界面

R2V 的用户界面如图 8.2.1 所示。

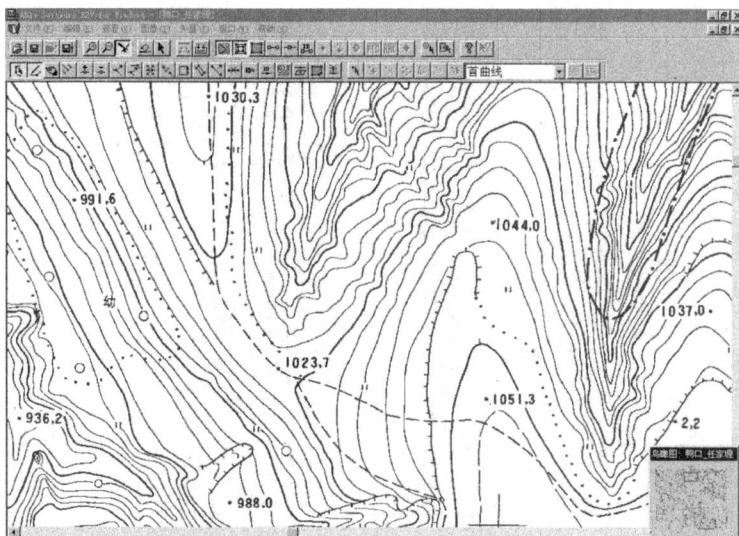

图 8.2.1　R2V 用户界面

1. 菜单

R2V 的菜单主要包括文件(见图 8.2.2(a))、编辑(见图 8.2.2(b))、查看(见图 8.2.2

（c））、图像（见图 8.2.2（d））、矢量（见图 8.2.2（e））、窗口、帮助等。主要子菜单如图 8.2.2
所示。

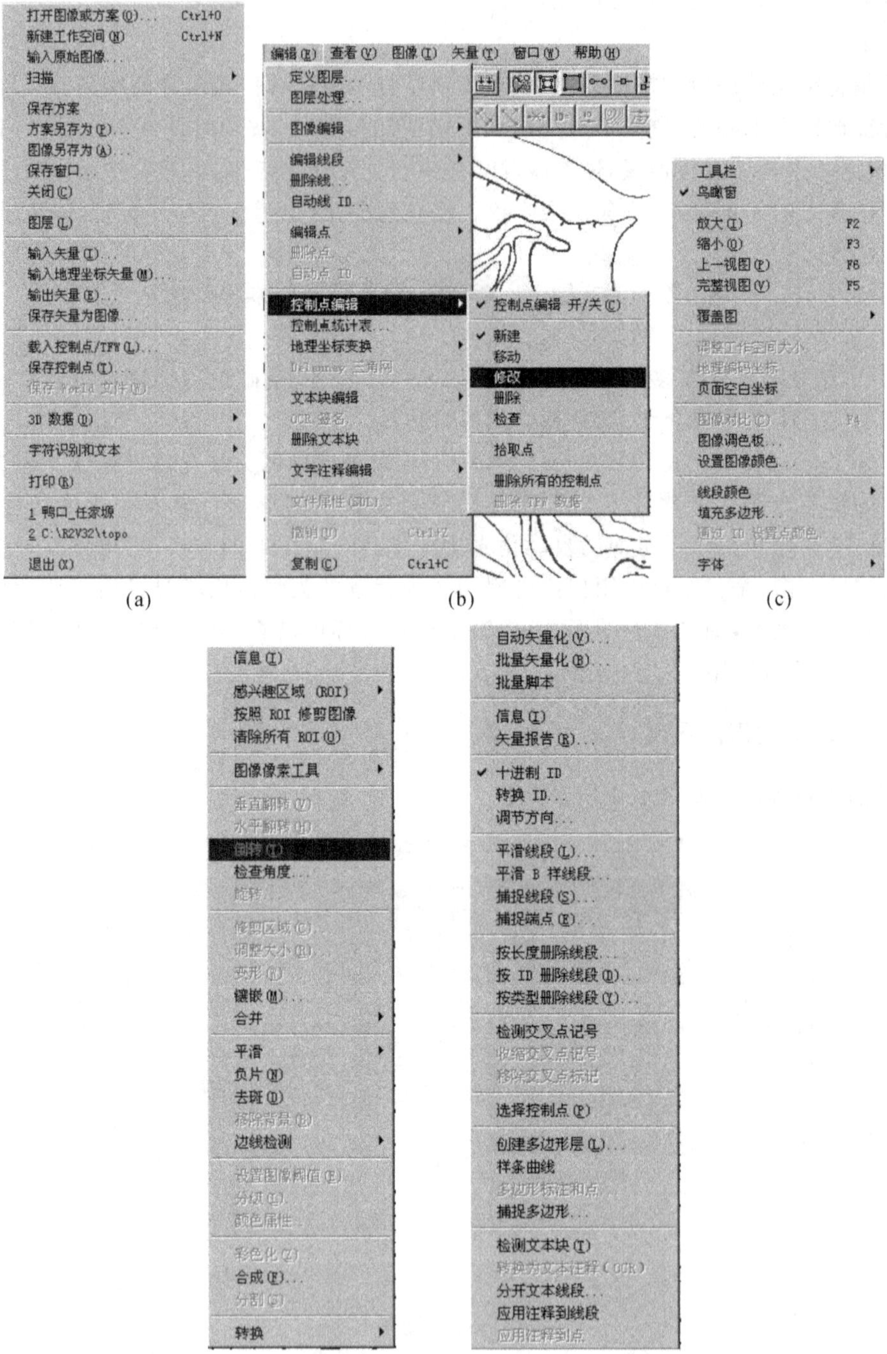

图 8.2.2　R2V 的主要菜单

除了下拉式菜单外，当鼠标在用户工作区时，点单击右键会弹出快捷菜单（见图 8.2.3）。

2．工具栏

除了菜单外，R2V 提供了大量的工具栏，利用这些工具可完成图纸矢量化的大部分操作。

3．工作区

屏幕中间的部分为用户的工作区，在此工作区显示栅格图件，并进行矢量化工作。

8.2.2　R2V 的矢量化步骤

第一步，双击 R2V 图标启动程序。

第二步，选择 File/Open Image or Project(打开图像或工程文件)打开一光栅图像文件，在打开文件对话框中输入图像文件名（＊.TIF，＊.JPG 或 ＊.BMP 等）。原始光栅图像文件显示在图像窗口中。

第三步，通过拖动鼠标调整图像窗口尺寸，图像会按正确的纵横比缩放。

功能键：选定一个矩形区域后按 F2 键可放大窗口，按 F3 键则缩小显示。

光标键及 PgUp 及 PgDn 键可用于在图像的不同部位移动放大的窗口。

第四步，改善图像质量。如果光栅图像为 1 位黑白图像，你可以通过"查看""设置图像颜色"选项调整图像显示颜色。如果是灰度图像，则使用 Adjust Contrast 选项来改变图像显示质量。

可通过图像处理功能来去除图像上的"噪点"等，改变图像的分辨率等。

可通过图像处理功能来提高矢量化的质量，也可通过以使用图像菜单下的"旋转"选项旋转图像等。

第五步，图层设计。根据矢量化图件的类型和用途，做好图层

设计，不同的对象要存放在不同的图层上，这样会对以后图形的编辑、应用带来极大的方便。

使用"编辑"菜单/"图层定义"选项可完成图层的定义（见图 8.2.4），定义图层时，线编辑功能应处于关闭状态，否则，图层定义功能不可选。所需层定义好后，选择一层作为当前层来保存自动或手动矢量化的数据。该层数据矢量化完成后，选择其他层作为当前层，在其上作其他的矢量化工作。矢量化时，建议仅仅打开当前层而关掉所有的其他层，这样在编辑或处理时，仅有当前层的数据才被处理而不致影响到其他层的数据。

如果在矢量化时，矢量化的对象存储的图层不对，可采用 R2V 的图层管理功能修改图层（见图 8.2.5）。

第六步，矢量化。如果扫描图像质量够好，且内容较单一（以线条为主），也可以选择"矢量化""自动矢量化"功能直接进行全自动矢量化。系统会显示一对话框供设置矢量化参数，选择 START 即可开始矢量化处理。识别出的矢量线段将以绿色显示在图像窗口中。

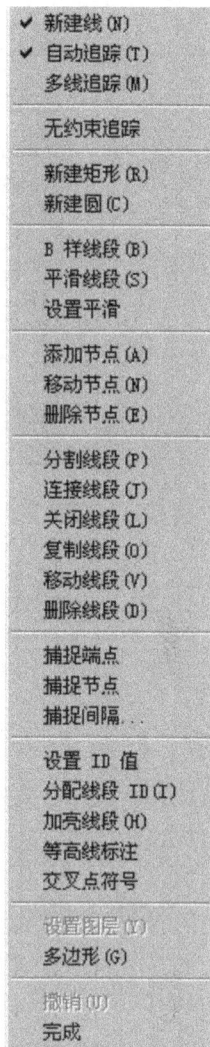

图 8.2.3　R2V 的快捷菜单

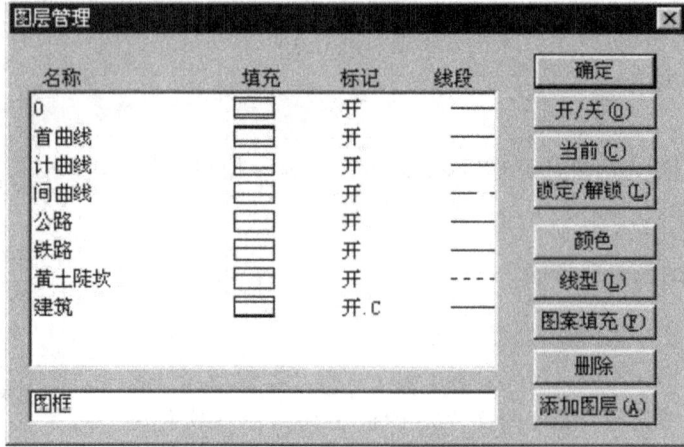

图 8.2.4　R2V 图层管理对话框

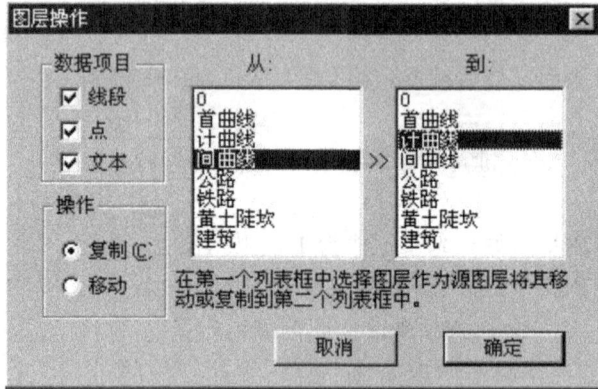

图 8.2.5　图层转换对话框

　　如果图像比较复杂,有各种图素混合在一起,就须使用 R2V 的交互跟踪功能进行有选择的矢量化。为进行交互跟踪,先选择"编辑""编辑线段"选项,进入线编辑器,进入线编辑器后,通过选择主菜单、工具条或弹出菜单条中选项光标处于新线编辑状态,并确认自动跟踪项被选中。先用鼠标左键在要跟踪矢量的线上点一点,再用同样的方法在该线上另点一点,以便系统自动跟踪,在有图像交叉或断裂的地方,跟踪会暂停等候你点下一点继续跟踪。可以用<Backspace>键删除最后的跟踪点,当一条线跟踪矢量完后,按<Space>空格键或其他键结束。重复上面的步骤,跟踪矢量其他的线段。如果要在其他层上进行跟踪矢量化,仅需将其设为当前层,然后进行跟踪处理即可。

　　如果需要同时矢量化一组线,如地形等高线,可以使用线编辑器中的多线跟踪功能。在主菜单、工具条或弹出菜单条中选择多线跟踪(Multi-Line Trace)模式,按下鼠标左键横跨需要跟踪的一组线段画一直线,R2V 会自动矢量化所选择的这些线。对其他的线重复这样操作即可。

　　第七步,使用"编辑""编辑线段"选项编辑矢量化过的线段,用鼠标右键可调出编辑选项弹出式菜单。编辑功能可从主菜单"编辑""编辑线段"选项调用或直接按主菜单下的工具条。使用编辑器,可以添加线,添加、移动、删除结点,断开线,删除线,删除选择区或所有的线。在设置 ID 值参数后,线可被指定的 ID 值标注。各种矢量数据后处理及显示命令在 Vector 菜单项下可选用。

第八步,为了将生成的矢量数据转换到特定的投影坐标系统中,使用矢量化(Vector)/选择控制点(Select Control Points)选项去设定控制点。可以选择 4 点或更多的点并指定其目的坐标。需要注意的是,在矢量数据被输出到矢量文件之前,控制点并未作用于矢量数据。只有在数据输出到文件时,坐标校正才起作用。

具体操作时,先将光标定位到已知点并单击鼠标左键,会弹出控制点对话框要求你输入该点的校准坐标值(见图 8.2.6)。也就是说,如果想将光栅坐标位置(10,10)映射到新的投影坐标系统位置(1000,1000),那么,源坐标应输入(10,10)而目的坐标则应输入(1000,1000)。

图 8.2.6　定义控制对话框

通常情况下,尽管可以选择更多的控制点,但 4 个点已经足够进行坐标校正了。

应该注意的是,坐标校正的精度主要取决于控制点的选择质量而不是选择控制点的多少。

注意:一旦矢量数据被变换到新的坐标系统中,它们不会再与原始光栅图像配准了。因此应保存一份未校正的矢量数据,使以后能够用原图像作背景编辑修改。

当对矢量化图形进行控制点校正时,有 Bi－Linear(双线性法)和 Triangulation(三角网法)两种控制点校正方法。无论 Bi－Linear(双线性法)或是 Triangulation(三角网法)都将产生几何变换,将矢量化数据从一个坐标系统(一般是原始光栅坐标系统)转换到另一个坐标系统(一般是 GIS 或 CAD 软件的坐标系统)。然而,这两种方法处理数据的方法有一定的差异,具体校正时,可根据还需要选择一种方法,下面给出两种校正方法的特点。

1.Bi-Linear(双线性法)

可以有效地修正全局失真,而 Triangulation(三角网法)对于局部误差失真修正效果更好。双线性法运用最小方差生成变换规则并作用于整个图像,而不论选择控制点的多少。控制点的位置在转换后并不能保持在原位。如果图像并没有太大的局部失真,并且只有少量的控制点,如只有角上 4 个,那么建议使用双线性法。

2.Triangulation(三角网法)

采用不同的方法进行变换。该方法按给定的控制点将图像分割为很多小三角形,并为每个小三角形生成变换规则。在变换过程中控制点的位置保持不变,局部失真被有效修正。然而,由于扫描图像的四角(注意不是图纸的四角)在三角网法处理时要被修正,如果在四角没有任何控制点的话,其他控制点离四角太远而又会产生新的失真。因此,必须有足够多的控制点分布在整个图像上,包括图像的四角,才能获得更精确的变换结果。多少才是足够呢?至少应有 4 点分布在四角，另外 4 点分布在其他位置。一般情况下，多于 8 个控制点可以获得较好的结果。

如要将矢量化数据覆盖或补充已有数据，目标变换坐标系统类型对于决定采用何种变换方法同样重要。

如果要将数据用 TFW 文件格式输出到 Arc/Info 和 ArcView 系统中，双线性法是最好的选择，因为 Arc/Info 和 ArcView 系统采用与 R2V 相同的双线性法处理数据。

如果将数据输出到 MapInfo 系统中，将把控制点散布在整个图像上（TAB 文件格式），三角网法则是最好选择，道理相同，MapInfo 采用与 R2V 相同的三角网法处理数据。

第九步，使用"文件""保存方案"（Save Project）命令将所有的数据存储为 R2V 工程（Project）文件，如果已完成了所有的处理及编辑操作，可选择"文件""输出矢量"（Export 度 Vector）输出矢量数据，可打开输出矢量图对话框（见图 8.2.7）。生成的矢量数据可被存储为 Arc/Info(ARC)，ArcView 形文件（SHP），MapInfo(MIF)，XYZ（三维点文件），DXF 及 Map Guide SDL 文件格式。当输出特定的矢量格式文件时，系统会提示设置一些选项，如是否使用控制点校正矢量数据，需要使用何种变换方法等。选择使控制点有效并设置转换方法（如双线性法 Bi-Linear）后，即可输出数据。

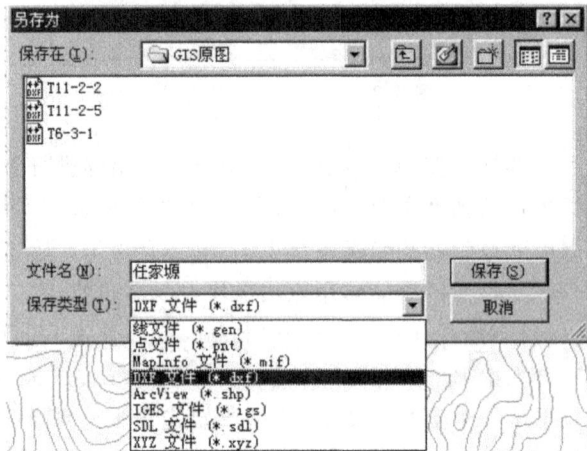

图 8.2.7　输出矢量图对话框

第9章　GRAPHER 软件使用方法简介

GRAPHER 是美国 Golden 软件公司推出的二维绘图软件,1986 年首次推出后,以后不断更新,目前最新的版本为基于 Windows9X/XP/2000 的 32 位 GRAPHER 4。GRAPHER 主要用于绘制各种二维曲线图,并可对离散数据进行多种方式的拟合,可以说,它是科学绘图领域应用最广泛的二维绘图软件。

下面介绍 GRAPHER 4 的基本使用方法。

9.1　GRAPHER 4 操作界面

GRAPHER 4 启动后,其操作界面如图 9.1.1 所示。界面主要包括菜单、工具栏、状态栏、工作区等。

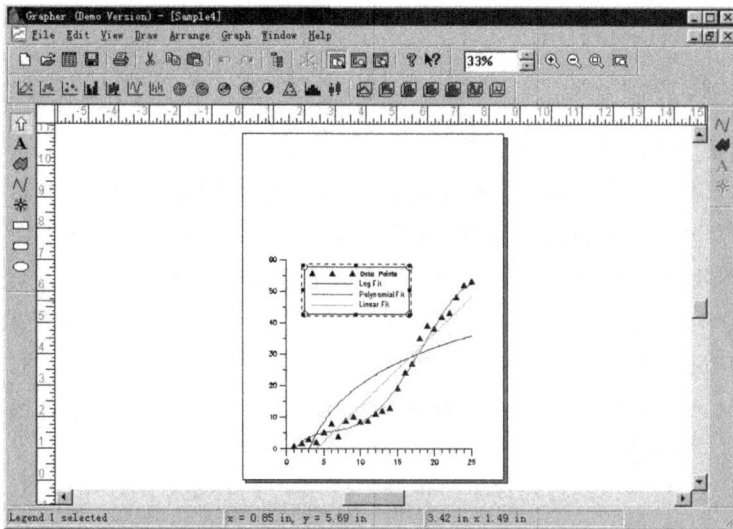

图 9.1.1　GRAPHER 4 操作界面

9.1.1　菜单

GRAPHER 4 采用下拉式菜单,主菜单有 File(文件),Edit(编辑),View(视图),Draw(绘制),Arrange(排列),Graph(图表),Window(窗口),Help(帮助)。主要子菜单如图 9.1.2 所示。

文件子菜单		图表子菜单	
新建(N)...	Ctrl+N	图表向导(G)	2.18%
打开(O)...	Ctrl+O	2D 图表	折线/散点图(L)...
打开 Excel...		3D XYY 图表	函数图(F)...
关闭(C)		3D XYZ 图表	阶梯图(S)...
全部关闭(L)			
保存(S)	Ctrl+S	添加到图表(A)	条形图(B)...
另存为(A)...		图表标题(R)	悬浮条形图(A)...
		清除绕排(C)	直方图(G)...
输入(I)...	Ctrl+I		
输出(T)...	Ctrl+E	显示工作表(D)	极点图(O)...
		列出工作表(C)	极点函数图...
打印(P)...	Ctrl+P	重新载入工作表	玫瑰图(R)...
多重打印(M)...			风图(N)...
页面设置(G)...		指定坐标	
		数字化(I)	箱线图(X)...
参数选择(F)		数字化选定项	气泡图(U)...
			盘高-盘低-收盘(H)...
1 Lesson1.grf		改变图形为(H)	饼形图(C)...
2 Sample1.grf		移动图形标注(M)	三组分图(T)...
3 Sample1.dat		输出图形数据	
4 Sample2.grf		计算区块	
		在图形间填充(B)	
退出(X)		新建最高级图例(T)	
		分离图例(L)	
		3D 查看	

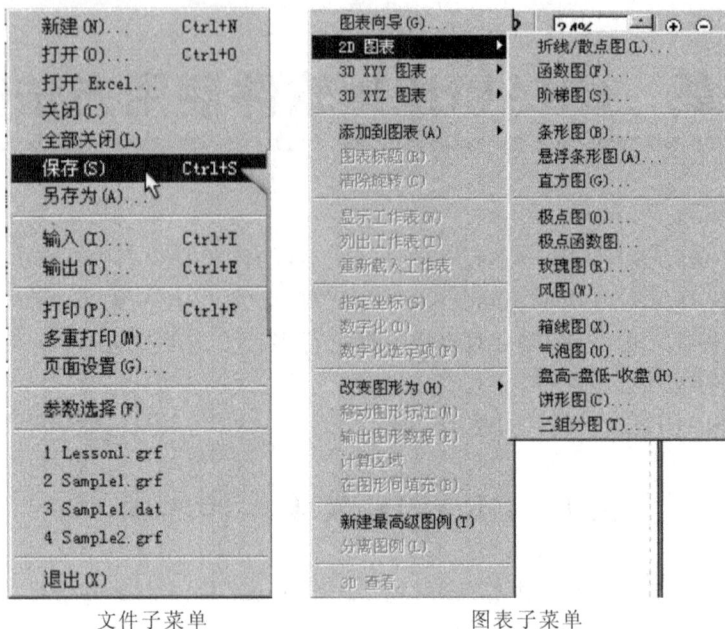

图 9.1.2　GRAPHER 主要子菜单

9.1.2　工具栏

GRAPHER 的工具栏较多,主要有:

常规工具栏(见图 9.1.3(a)):常规工具栏中用竖线将不同的快捷按钮分成不同的组,第一组是文件操作,包括新建、打开、保存等;第二组是打印;第三组是编辑;第四组是对象管理器;第五组是三维视图,用来改变查看角度;第六组是窗口布局设置;最后一组是帮助。

对象缩放操作工具栏(见图 9.1.3(b)):该组工具栏提供对操作对象的缩放。

图表工具栏(见图 9.1.3(c)):与 Graph 菜单对应。

属性工具栏(见图 9.1.3(d)):依次为线条、填充、文本和符号属性,只有选定某一对象时,相应的工具按钮才可使用。

绘图工具栏(见图 9.1.3(e)):提供简单图形绘制和文字输入。

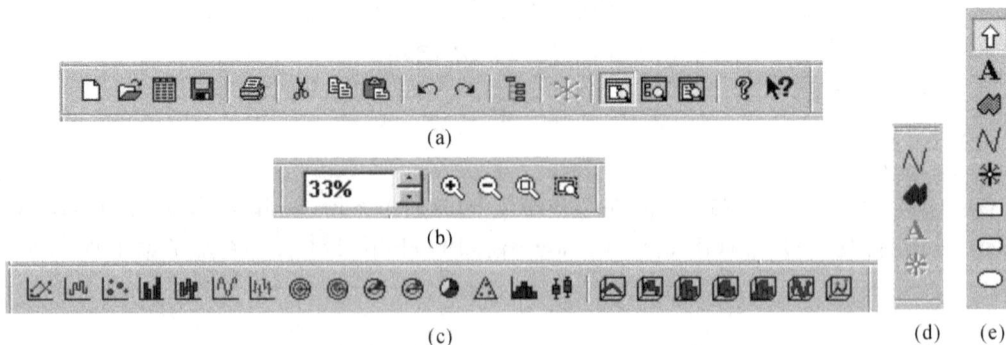

(a)

33%

(b)

(c)　　　　　(d)　(e)

图 9.1.3　GRAPHER 的工具栏

9.1.3　状态栏

状态栏包括 3 个部分(见图 9.1.4),最左边显示的是当前选定了几个对象,中间显示的是光标所在的 X, Y 坐标,单位默认为 in,用户也可设置为 cm,最右边显示的是所选定对象的大小。

| Graph 1 selected | x = -89.20 in, y = -94.50 in | 6.69 in x 6.65 in |

图 9.1.4　GRAPHER 的状态栏

9.1.4　工作区

工作区是窗口中间的空白区,它是 GRAPHER 的图形显示和绘制区,在工作区的上边和左边设有标尺。用户可通过 File 菜单下的 Preferences 的 Rulers/Grid 页面来设置标尺的形式(见图 9.1.5)。

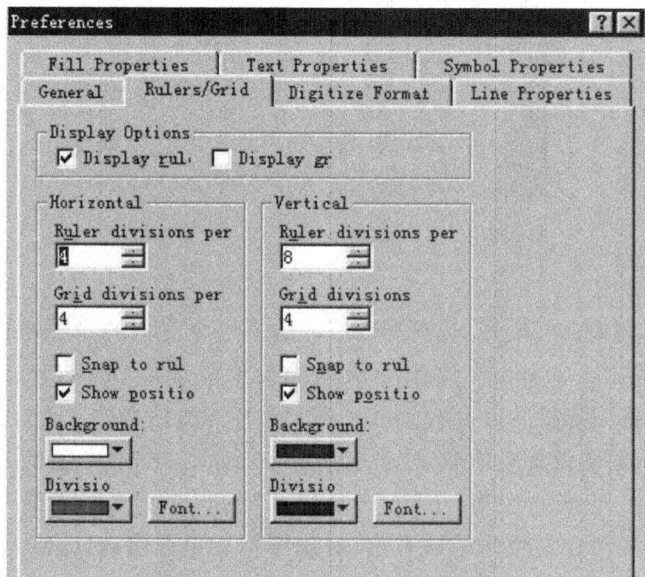

图 9.1.5　标尺、网格设置页面

9.2　图形绘制方法

9.2.1　绘制一个最简单的图形

GRAPHER 能够可绘制直线图(折线图)、描点图、函数图、条状图、高-低图(Hi - Low - Close Graph)、极坐标图、饼图、统计图等,其绘图方式也多种多样,现在通过一个简单的折线图来说明其绘图方法。

假如有一地区月降水量数据见表 9.2.1,现要绘制月降水量折线图。

表 9.2.1　某地区月降水量数据

月份/月	1	2	3	4	5	6	7	8	9	10	11	12
降水量/mm	22.5	28.2	35.9	44.8	55.0	63.8	70.5	66.2	58.6	48.6	36.4	20.3

第一步，创建数据文件。

启动 Grapher 4，选择"File"菜单的"New"，然后选择"Worksheet"即可得到一个与 Excel 非常相似的数据窗口（见图 9.2.1）。一般情况下 A 列代表 X 轴，B 列代表 Y 轴，用键盘在对应的位置上输入实验数据或者从其他文件导入数据，Grapher 4 既可以导入普通的文本文件（.DAT，.TXT），又可以导入 Lotus 的.WKx，.WRx 以及 Excel 各个版本的.XLS（包括 Excel97）等多种格式的数据文件。数据输入并检查无误后，保存文件。

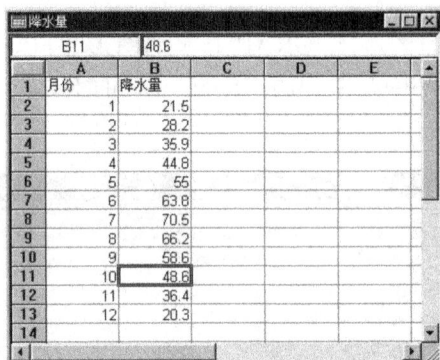

图 9.2.1　Grapher 4，"Worksheet"文件窗口

第二步，绘图。

首先从"File"菜单中选"New"，选择"Plot"将建立一个空白的绘图窗口（Plot）。然后，从"Graph"菜单中选择"2D Graphs"，在下一级图种菜单中选择"Line/Scatter"（折线/离散点图）。选择好要绘制的图形格式后，Grapher 4 将要求打开数据文件。选好数据文件后，GRAPHER 4 将打开一个绘图设置对话框（见图 9.2.2），在该对话框中可选择 X 轴、Y 轴的起始和结束位置，符号、标注、线型、线色等（由于 Grapher 4 对图形的设置非常细致，因此可设置的参数也非常之多，建议对多数参数先用缺省值，看到图形后再作修改）。点击"OK"键即可见到所绘的图件（见图 9.2.3）。

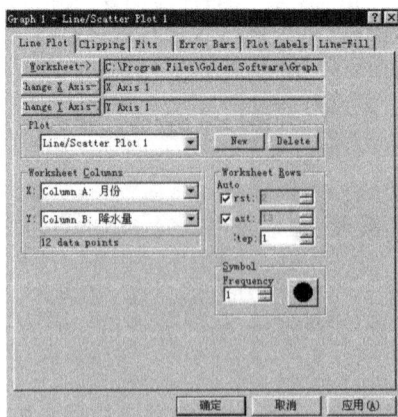

图 9.2.2　"Line/Scatter"图绘制参数设置对话框

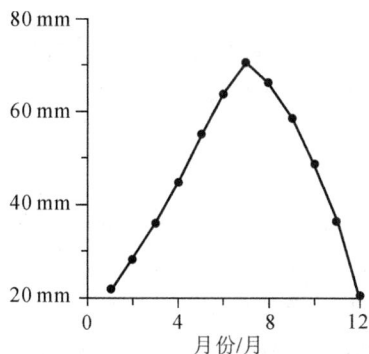

图 9.2.3　用 GRAPHER 4 绘制的月降水量图

第三步,查看和编辑数据。

在 GRAPHER 4 的绘图工作区,可方便地查看所绘图形对应的数据源,当所绘对象较多时,通过这种方法可检查所绘图形是否正确。其方法中,用鼠标左键点击要查看的对象,会弹出一个窗口,显示该图形对象所对应的数据文件、X 轴所对应的列、Y 轴对应的列等信息(见图 9.2.4)。如果要查看数据文件,可选择"Graph"菜单下的"Display Worksheet"项,就查打开相应的数据文件(当所选对象没有对应的数据文件时,"Display Worksheet"项不可用)。

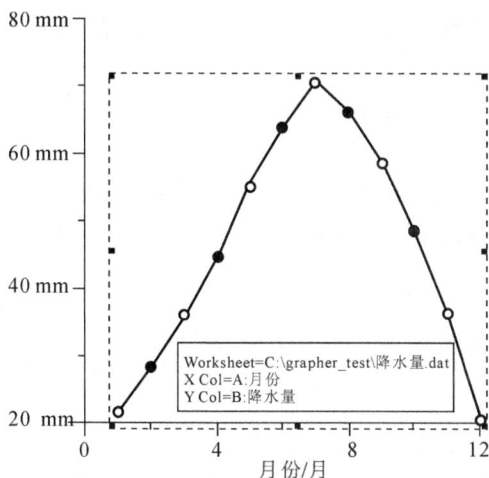

图 9.2.4　查看图形对象的数据源

第四步,对象属性编辑。

直接生成的图形可能不能完全满足用户的需要,这种情况下可通过编辑修改对象的属性来达到要求的效果。

要编辑对象的属性可通过 4 种方法来实现:

①鼠标左键双击对象;

②选定对象,单击右键,选择快捷菜单中的"Properties"选项;

③选定对象,选择"Edit"菜单中的"Properties"选项;

④在对象管理器对话框中,双击相应的对象。

对于不同的对象,其属性也不相同,用户可根据不同的需要进行修改。

第五步,保存图形。

GRAPHER 4 有多种保存文件方式可供用户选择。可选择"File"菜单下的"Save"选项,或通过工具栏保存图形,也可直接通过组合键"Ctrl+S"保存图形。

9.2.2 绘图参数和属性设置

GRAPHER 可绘图种非常多,但基本步骤相同,即:按所绘图形的类型建立相应的数据工作表→选择绘制所需图件的菜命令,或工具栏,或绘图向导→绘图参数和对象属性设置→点击"确定",系统自动绘图→整饰编辑→存盘。在整个绘图过程中,第三步(绘图参数和对象属性设置)是极重要的一步,对于不同的图种,其绘图参数和对象属性设置对话框的内容会有差别,但绝大多数参数是相同的。现在以散点/点线图为例,说明主要参数的含义和设置方法。

1. Line Plot 页框

①Worksheet 显示所用数据文件的路径。

②X Axis/Y Axis X,Y 坐标轴选择(特别当有多个 X,Y 轴时)。

③Worksheet Columns 框确定电子表格数据列 X,Y 轴的对应关系,缺省为 X→A 列,Y→B 列。

④Worksheet Rows 工作表中原始数据范围。

⑤Symbol 点符号的选择。Frequency 设定数据点符号在曲线中出现的频率。频率为零意味着曲线上不标记任何符号;频率为 1 时意味着每个点都标记一个符号;频率为 2 时每隔一个数据点标记一个符号。

⑥Plot 当前所绘图形对象的名称。

2. 坐标轴的设定

坐标轴的正确选择和标注对于绘制一幅用于科学研究目的的二维图形具有十分重要的意义。

点击 X Axis/Y Axis 或激活一个坐标轴后,打开坐标轴编辑对话框。坐标轴编辑对话框中又有 5 页框。

①Axis。

Scale 用于选择数轴的类型,可以是线性(Linear)、对数(Logarithmic)或概率(Probability)3 种类型之一。

Length 用于设定坐标轴的长度。

Position 用于设定被选择的坐标轴的长度和在打印纸上的位置(均为页面单位)。

X,Y 用于设定轴在页面上的起点位置,这个位置是相对于设定型号打印纸的左下角的位置而定位的。

Axis Limits 用于设置坐标轴的范围。Descending 使坐标轴的方向逆转,如使 X 轴从左到右依次减小。

Title 用于输入和编辑坐标轴名称

Automatic,轴名字将自动被安排在轴外侧合适的位置上。

Ralative,使用 X Offset 和 Y Offset 两个偏移量来设定轴名相对于坐标轴中心的位置。

Angle 用于设定轴名的书写角度。

Edit 编辑坐标轴名称

Grid Lines 激活某坐标轴后,可由 Grid Lines 绘制平行于另一个轴的平行线,可选择沿主刻度线或沿次刻度线画平行线。两个轴的平行线相交,构成网格。

Hide Axis 用于选择是否隐藏数轴。

②Tick Marks 用于设置坐标轴上的刻度。

在对话框中,Major 和 Minor 两个命令组中的 top 和 bott 表示,将刻度显示在 X 轴的下面或上面;而 right 和 left 表示将刻度显示在 Y 轴的右面或左面。Tick Length 用于设置刻度线的长短。Major 中的 Spacing 用于设置主刻度的间隔大小,Minor 中的 Divisions 用于设置每一个主刻度之间小刻度的数目。如计划每间隔 5 个用户单位画一条主刻度线,每个用户单位一个小刻度线,则在 Minor 中的数字为 5。

Tick range 用于设置刻度的范围。

③ Tick Labels 设置刻度线标记。

在对话框中,Major Tick Labels 和 Minor Tick Labels 两个命令组可设置是否标记;标记在坐标刻度线的哪个方向;标记的间隔、角度;标记与被标记性刻度线之间的偏移;标记字体的属性等。

按 Format 键打开标记格式对话框,可以对字符格式、数字格式进行设置。

Major Label Text,可用电子表格中某列内容或日期时间作为坐标轴上刻度线的标记。

选择 From Worksheet 后,Worksheet 对话框中被激活,按该键,打开 Open Worksheet 窗口,选取含有准备用来作为坐标轴上刻度线标记的某列内容的电子表格数据文件,这时,对话框中两个下拉列表框加亮。分别选择刻度值(Data Column)和标记内容列号(Label Column),按 OK 键确认,完成标记。

选择 Date/Time 后,Date 对话框被激活。可以设置日期/时间格式;轴 0 点的标记值;每个坐标单位相应的日期/时间增量等。

④Line Properties 用于打开线属性对话框,设置坐标轴线的属性。

3.Fits 页框

对某组图点进行曲线拟合。拟合曲线只适用于点线图或散点图,不适用于棒图或高低闭合数据集。

系统提供了多种曲线拟合模型公式。对同一组数据可以使用多种拟合方式,也可以选取一部分数据进行拟合。

单击 Add 键产生一条拟合曲线,由用户选择合适的拟合公式。多次单击 Add 键将产生多条曲线,这样可以选择多种拟合公式。

主要拟合方法:

① Linear 以线性方程进行拟合　　　$Y=A+BX$

② Log 以对数方程进行拟合　　　$Y=A+Blg(X)$

③ Exponential 以指数方程进行拟合 $Y=Ae^{BX}$

④ Power 以幂函数进行拟合　　　　$Y=AX^B$

⑤ Spline Smoothing 样条平滑产生一条包含所有点的光滑的曲线。在样条平滑拟合中曲线的光滑程度取决于样条张力因数(Spline tension factors)的设置。较高的张力因数使所得的拟合线较直,较低的张力因数使所得的拟合线较弯曲。样条平滑拟合曲线不能外推到数据范围之外。

⑥ Polynomial 以通用的多项式方程为基础进行拟合

$$Y = A_0 + A_1 X + A_2 X^2 + A_3 X^3 + \cdots + A_n X^n, \quad 0 \leqslant n \leqslant 10$$

多项式方程的幂次为从 0 到 10

⑦ Through origin 通过坐标系原点的线性拟合为

$$Y = BX$$

⑧ Running Average 滑动平均，可以隐藏曲线的细部变化，反映曲线宏观的特点。拟合通过对数据点在一定范围内的平均值作图得到。可以设定用于进行滑动平均的数据对象的范围宽度，宽度的大小取值为 3～21 之间的奇数。例如，当宽度为 5 时，将把每一个点之前两点和之后两点及其本身五个点的平均值作为该点的绘图数据来画图。滑动平均所画的图将因为取平均值的原因而使绘图数据个数减少，减少的数目为（宽度－1）。

此外，激活 Define，用户可以自定义拟合方程，设定参数。

激活每一种拟合，按 Properties 键，可再打开下级对话框，对该拟合进行详细设置。

4. Plot Labels 页框

用于对图点进行标记。在选择 Show Labels 打开后，可进行以下设定。

Worksheet Column 显示 X，Y 轴对应的电子表格数据列号；设定图点标记内容所在列号；是否标记在 Y 轴方向。

Worksheet Rows 显示标记数据范围；设定标记间隔。

Position Offset 设定被标记内容的位置。包括相对于数据点的偏移、标记的角度等。

通常，每一条曲线所有图点只有一套标记。如果想对不同的数据段显示不同的标记，可将曲线重画，每一条曲线只用一段数据，分别进行标记。

5. Error bars 页框

当一数据集对于每个 X 值包含不止一个 Y 值（或对于每个 Y 值不止一个 X 值）时，可选择绘制误差棒。误差棒能够显示测量的数据相对于平均值的分布。

6. Line-Fill 页框

用于对线状图形对象的线属性及填充设定。包括线型、颜色、宽度、线端点的样式、填充的图案、前景色、背景色等。

9.2.3　常用图形绘制方法

1. 用图形向导绘图

GRAPHER 4 提供用图形向导绘图的功能，用户通过向导可方便地绘制出不同类型的图形。选择"Graph"菜单下的"Graph Wizard"选项。

第一步，选择"图形的类型"，GRAPHER 将图形类型分为 5 大类（见图 9.2.5），每一类型又有多种图形，在用户选择了某种图形后，在对话框的右侧会出现一个该类图形的一个示例。

第二步，选择工作表，即绘图的数据文件。

第三步，数据参数设置。主要设置 X 轴、Y 轴所对应工作表的列、数据的起始行、终结行等参数。

第四步，完成。

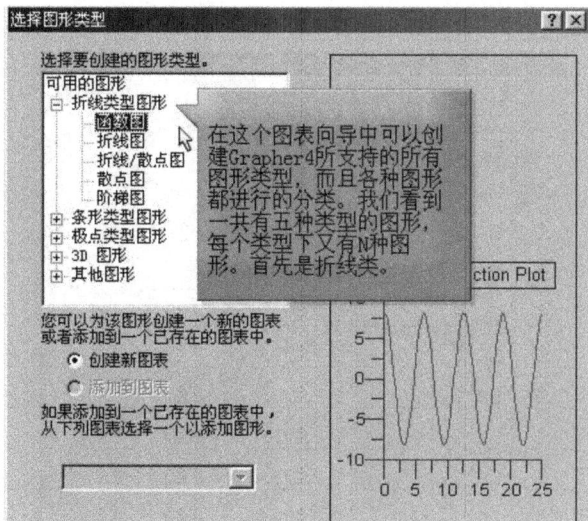

图 9.2.5　向导第一步"选择图形类型"

2. 多变量条形图的绘制

如果对前面讲过的月降水量数据进行分旬统计,在条形图中不仅要反映每个月的总降水量,同时要反映每月上旬、中旬、下旬的降水量,可通过绘制多变量条形图达到要求。首先将数据输入工作表(见图 9.2.6)。

图 9.2.6　多变量条形图的绘制工作表文件

选择"Graph"→"2D Graphs"→"Bar Chart"(或直接选择工具栏中的条形图按钮),在对话框中(见图 9.2.7)选择 X 轴为 A 列(月份),Y 轴为 C 列(上旬),在 Bar Chart1 选择"NEW"按钮后,会在 Plot 文本框中自动出现"Bar Chart2",选择 X 轴为 A 列(月份),Y 轴为 D 列(中旬),单击"NEW"按钮后,会在 Plot 文本框中自动出现"Bar Chart3",选择 X 轴为 A 列(月份),Y 轴为 E 列(下旬),单击"确定"按钮,完成图形绘制。这时绘制的图形为同颜色,为将上、中、下三旬分别用不同的颜色表示,可双击图形对象,选择"Line－Fill"页面,设置不同的颜色即可(见图 9.2.8)。

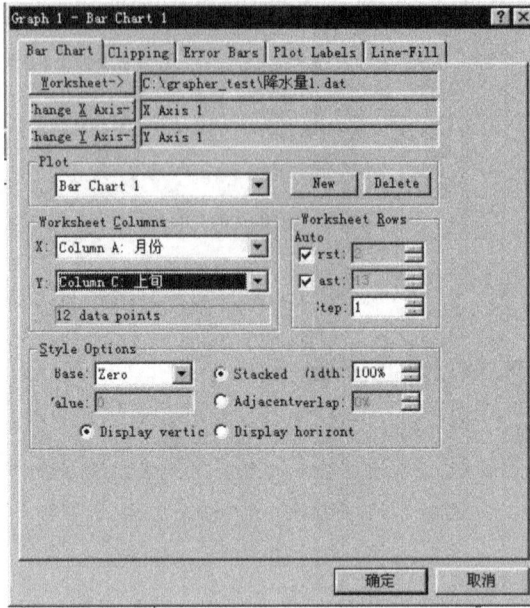

图 9.2.7　多变量条形图的绘制对话框

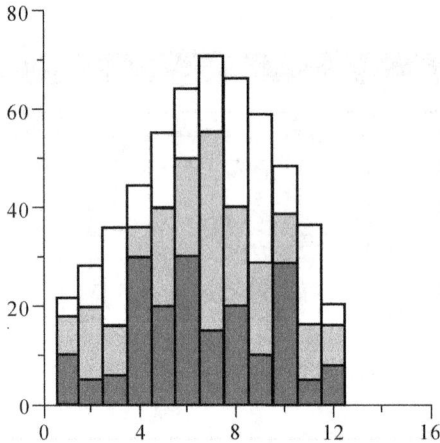

图 9.2.8　用 GRAPHER 绘制的多变量条形图

3. 三角图(三组份图)的绘制

三组份图在地化探研究、矿物岩石学等研究中是一种应用极广的图件,用 GRAPHER 可方便地绘制出三组分图。假如有 11 个岩石样品的成分分析结果如图 9.2.9 所示,现绘制其三组分图。

第一步,将分析数据输入到 GRAPHER 工作表,A 列为石英含量(Quartz),B 列为长石含量(Feldspar),C 列为岩屑含量(Litho lasts)。

第二步,选择"Graph"→"2D Graphs"→"Ternary Diagram"(或直接选择工具栏中的三角图按钮),在对话框中(见图 9.2.10)选择 X 轴为 A 列(石英),Y 轴为 B 列(长石),Z 轴为 C 列

（岩屑），在 Plot Labels 页框中选中"Show Labels"。

图 9.2.9　岩石成分分析结果

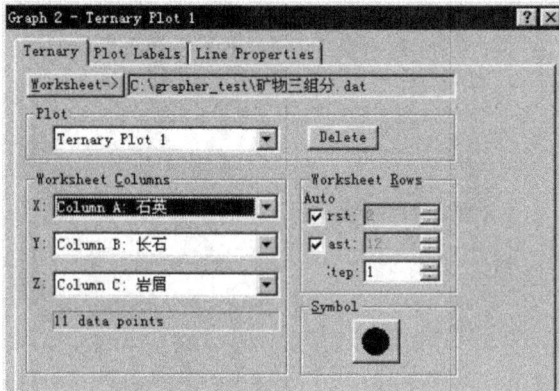

图 9.2.10　三组份图参数设置对话框

　　第三步，单击"确定"按钮，完成图形绘制，并对通过对象属性修改进行图形完善，结果图如图 9.2.11 所示。

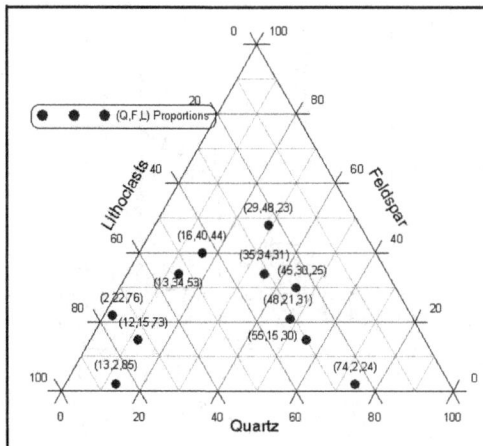

图 9.2.11　石英、长石、岩屑三组份图

4.二维悬浮条形图的绘制

悬浮条形图是用来反映两个 Y 变量之间的差异，悬浮条形图虽然是两维图，但需要三个变量，对于每一个 X 坐标，都有两个 Y 坐标值与之对应。如统计某地区 20 年来每月降水量，设 X 坐标为月份，Y 坐标为降水量。那么，对于每月来说，在 20 年中都有一个最小值和一个最大值。用二维悬浮条形图表示这种差异最为直观。绘制步骤如下：

第一步，将统计数据在 GRAPHER 4 中创建如图 9.2.12 所示的工作表。

第二步，选择"Graph"→"2D Graphs"→"Floating Bar"（或直接选择工具栏中的二维悬浮条形图按

图 9.2.12　绘制二维悬浮条形图原始数据工作表

钮），在对话框中（见图 9.2.13）选择 X 轴为 A 列（月份），Y1 为 B 列（最小值），Y2 为 C 列（最大值），在 Plot Labels 页框中选中"Show Labels"。

图 9.2.13　二维悬浮条形图参数设置对话框

第三步，单击"确定"按钮，完成图形绘制，并对通过对象属性修改进行图形完善，结果图如图 9.2.14 所示。

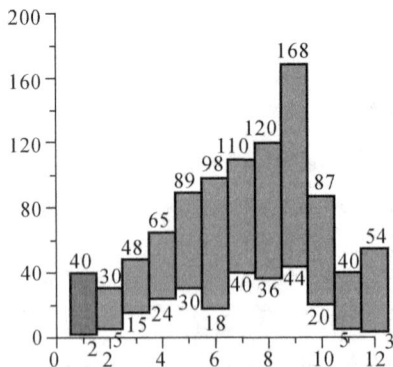

图 9.2.14　GRAPHER 4 绘制的二维悬浮条形图

GRAPHER 4 可绘图形的种类很多,除了二维图外,还可绘制三维 XYZ 图、还可进行曲线拟合、函数图等,这里不一一列举,图 9.2.15～图 9.2.19 是 GRAPHER 4 绘制的几个实例。

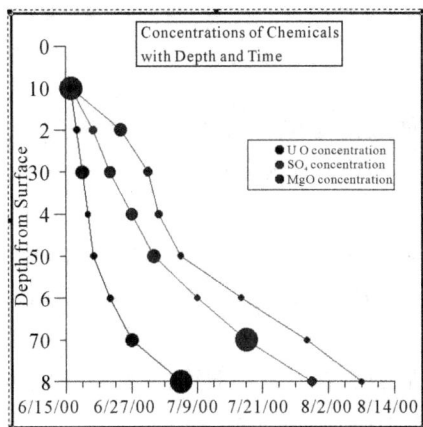

图 9.2.15　GRAPHER 4 绘制实例 1

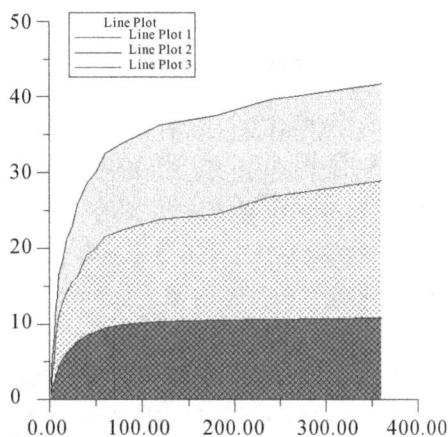

图 9.2.16　GRAPHER 4 绘制实例 2

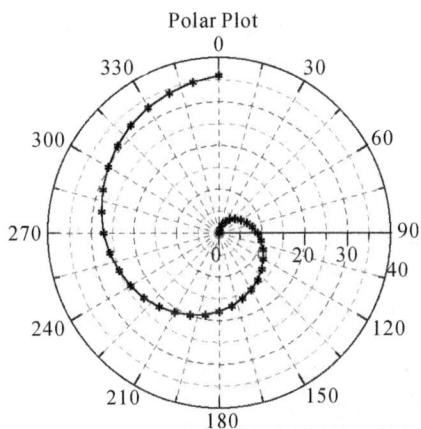

图 9.2.17　GRAPHER 4 绘制实例 3

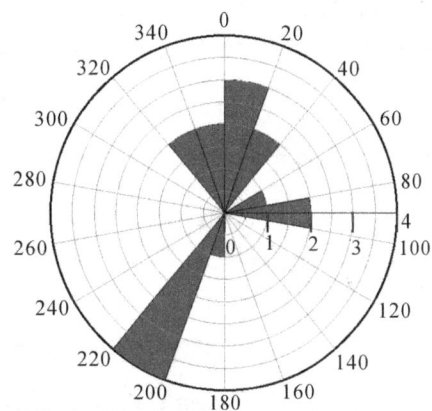

图 9.2.18　GRAPHER 4 绘制实例 4

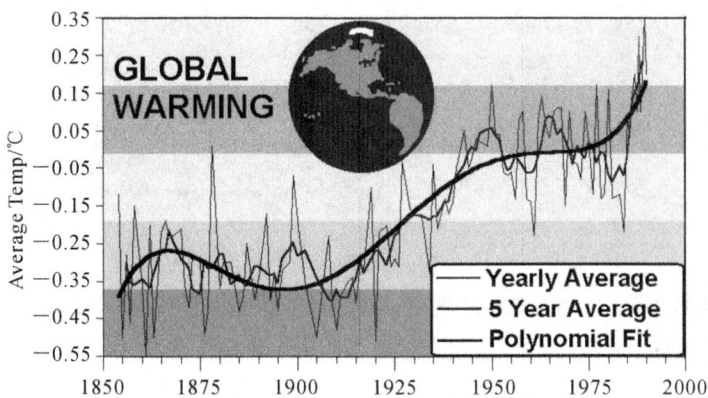

图 9.2.19　GRAPHER 4 绘制实例 5

9.3 其 他 说 明

9.3.1 中文标注问题

由于 GRAPHER 4 没有中文版,该软件对中文不能很好支持,在有些操作系统下可能出现中文乱码现象,从而无法进行中文编辑与显示。现在给出几种解决方法,此方法不一定很好,只能算是一种应急处理。

方法一:GRAPHER 1. XX 版本对中文支持较好,如果用户手头有此版本的软件,可先在该软件下创建一个文本对象,然后将该对象复制到 GRAPHER 4 的图形中,即可正常显示中文。

方法二:在 WORD 下输入要标注的内容,复制到粘贴板,在 GRAPHER 4 图形环境下,选择"Edit"→"Paste Special"即可将标注的内容粘贴到图形中。

方法三:选择"Edit"→"Insert New Object"在当前图形中插入一个图形对象,如 WORD 文档、写字板文档等。

方法四:如果用户手头有 Golden Software SURFER 软件,可先在 SURFER 软件中创建一个文本图形对象,并将该对象复制到粘贴板,在 GRAPHER 图形环境下再粘贴到当前图形中即可。

9.3.2 图形输入与输出

GRAPHER 4 所保存的文件格式是 GRF 格式,如果要在其他软件使用 GRAPHER 4 生成的图形,可选用"File"→"Export"功能,或直接按 Ctrl+E 组合键来实现,GRAPHER 4 可以输出的文件格式多达数 10 种,图 9.3.1 所示为最常用的 DXF 格式的输出设置。

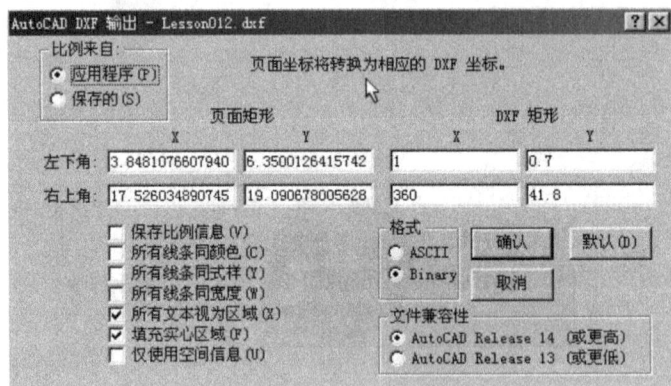

图 9.3.1 DXF 格式输出参数设置对话框

如果要在 GRAPHER 4 中调入其他格式的文件,可选用"File"→"Import"功能,或直接按 Ctrl+I 组合键来实现。

9.3.3 系统初始设置

良好的系统设置,会大大提高绘图速度和绘图质量。系统初始设置的方法是选择"File"

→"Preferences"选项,执行该操作后会打开参数设置对话框(见图 9.3.2)。

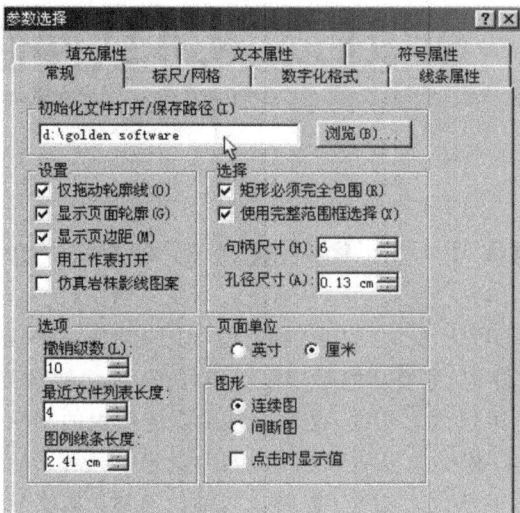

图 9.3.2　GRAPHER 4 参数设置对话框

　　参数设置对话框中共有 7 个页框,可设置 GRAPHER 4 的页面单位(建议设为厘米)、默认工作目录、默认符号及属性、默认文本及属性、默认线条及属性、默认图案及属性等。建议在绘图前对系统参数进行细致的设置,使绘制的图形尽可能地符合用户的习惯和要求,减少图形修改工作量。

9.3.4　创建图例

　　在科技类二维图形中,图例是不可缺少的组成部分之一,否则,别人就很难看懂你的图。在 GRAPHER 4 中,用户可方便地创建图例。其方法是,首先选中要创建图例的图形对象,然后选择"Graph"→"Add to Graphs" →"Legend"(当没有选定图形对象时,"Legend"不可用)。执行该操作后,会打开一个图例对话框(见图 9.3.3),在该对话框中,列出了系统自动创建的图例,用户还可以进一步修改。

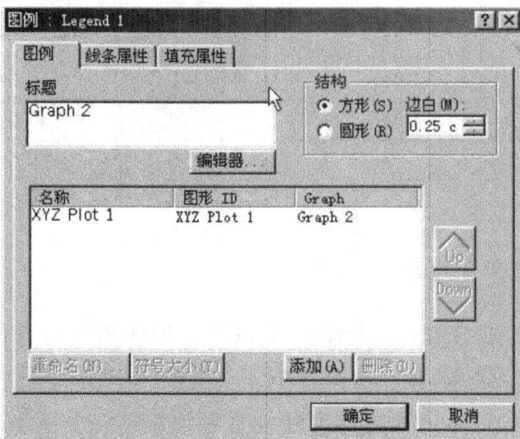

图 9.3.3　图例对话框

第 10 章 SURFER 8.0 软件使用方法

10.1 SURFER 8.0 软件简介

Golden Software SURFER 8.0（以下简称 SURFER）是一款画三维图（等高线，image map，3d surface 等）的软件，其主要功能是绘制等值线图，其功能较强，具有插值功能。因此，即使数据是不等间距的也可以用它作图，是地学领域广泛使用的制图软件。

SURFER 8.0 启动后，其操作界面如图 10.1.1 所示。操作界面主要包括菜单、工具栏、状态栏、工作区等。另外，根据用户需要，查通过 View（视图）菜单下的 Object Manager 来设置是否显示对象管理器。

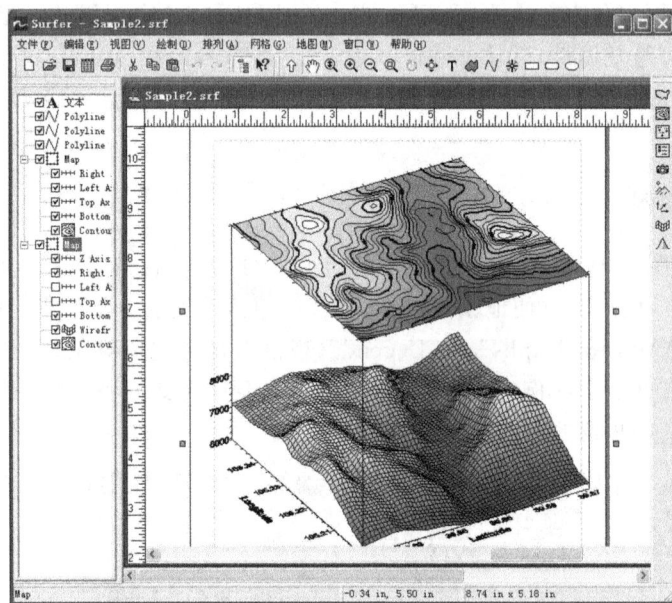

图 10.1.1　SURFER 8.0 操作界面

10.1.1 软件界面及命令菜单

SURFER 软件的界面非常友好，继承了 Windows 操作系统软件的特点。从图 10.1.1 中可以看到，其最上方为命令菜单，在命令菜单的下方是命令菜单中的快捷工具栏（共两行），左侧的空白区域为目标管理窗口，用来更加方便地管理绘制的各个图形要素，右侧的空白区域为工作区，用来绘制图形，最右侧的一个竖条工具栏是绘图命令的快捷方式。下面详细介绍各个命令菜单的主要内容。

1.文件菜单(F)

"文件菜单",主要是对文件进行操作,如文件的建立、加载、打印设置等。

新建——用来新建一个工作窗口,点击后即出现图 10.1.1 所示界面。

打开——打开一个已经存在的 SURFER 可以识别的文件。

关闭——关闭当前窗口。

保存——保存当前窗口内容。

另存为——将当前窗口内容另存为其他文件名。

输入——输入 SURFER 识别的图形格式。

输出——将窗口内容输出到图形等格式文件。

页面设置——设置当前页面的尺寸等属性。

打印——打印当前窗口内容。

参数选择——设置 SURFER 的默认属性,包括缺省单位、线型、字体等。

退出——退出 SURFER。

2.编辑菜单(E)

"编辑菜单",包含看了常用的编辑命令,如剪切、拷贝、粘贴、选择性粘贴、删除、修改目标属性以及撤销上一次操作等。

3.视图菜单(V)

"视图菜单"主要对 SURFER 的编辑屏幕进行设置,如改变视图文档的大小、缩小或放大图像的显示比例,以及控制标尺、参考网格、状态栏和对象管理器的显示或隐藏。

4.绘制菜单(D)

"绘制菜单",主要是对图像进行手工操作,如手工填写文字文本,以及手工绘制多边形、多段直线、缺省符号、矩形、圆角矩形、椭圆等图形。

5.排列菜单(A)

"排列菜单",主要是调整排列图像的前后关系,排列叠置图的上下覆盖关系,以及对齐图像和组合图像,并对图像进行组合、拆分、旋转、变换等。

6.网格菜单(G)

"网格菜单",是 SURFER 软件最核心的菜单之一。主要功能有输入数据文件,并对其进行网格化;变化图命令,采用函数生成网格文件;对网格文件进行数学操作,对网格文件进行微分、地形建模、积分;对网格数据进行滤波,对网格数据进行样条光滑;对网格数据进行白化,将网格化数据转换成其他格式;从网格化数据中取部分区域数据,合并两个以上的同网格范围的网格化文件;计算网格化数据的体积,从网格化数据中取一剖面;计算两个网格化数据的残差,对网格化数据进行编辑。

数据(Data)——从含有 X,Y,Z 的数据文件 [.dat] 中生成一个网格化文件 [.grd],它是绘制 SURFER 图形所必需的。

变量图(Variogram)——用户创建变量图(变差图)。

函数(Function)——根据用户指定的公式产生一个网格文件。

数学(Math)——对已经存在的网格文件的 Z 值进行数学变换,或者合并两个相同网格文件的 Z 值。

微积分(Calculus)——在网格化文件上进行微积分运算。

网格滤波器(Filter)——把数字图像分析的方法应用到网格中,包括低通滤波器、对比增强滤波器、边缘增强滤波器、边缘探测滤波器和一般高通滤波器等。

样条平滑(Spline Smooth)——用样条圆滑算法对网格文件进行圆滑处理。

白化(Blank)——用已有的网格文件和空白文件[.BLN]生成空白网格文件。

转换(Convert)——在 ASCII 码与二进制格式之间转换文件,将网格文件转换成 X,Y,Z 数据文件。

提取(Extract)——提取现存网格文件的一个网格子集。

变换(Transform)——该命令通常包括在网格文件中进行平移、比例、旋转,或对称(X,Y)等项操作。

镶嵌合并网格文件(Mosaic)——将两个或多个相同坐标系的网格文件合并为一个网格文件输出。

体积(Volume)——在两个网格文件确定的表面之间进行体积和面积计算。

切片(Slice)——由网格化文件和边界文件产生剖面(线)。

残差(Residuals)——计算网格表面值与原始数据值之间的差值。

网格结点编辑器(Grid Editor)——可以对网格文件中的网格结点进行修改的编辑器。

7. 地图菜单(M)

"地图菜单",也是 SURFER 软件较为重要的菜单之一。主要功能有:绘制等值线,输入底图;绘制散点图(包括分类散点图)、绘制图像图、阴影地貌图、一维或两维向量、带线框架图、3D 表明图;绘制地图比例尺,对图形进行数字化、调整;以及水平对齐图形、按坐标重叠图形,将重叠图形拆分;等等。

等值线图(Contour Map)——根据网格化文件生成一个等值线图。

基面图(Base Map)——打开边界文件、图元文件(metafile)或位图文件并调入绘图窗口,为生成等值线图或表面图作准备。

张贴图或分类粘贴图形(Post Map)——生成一个显示数据点位置或名称的图形。

影像图(Image Map)——生成一个影像图形。

渐变地形图(Shaded Relief Map)——生成一个由于光源的方位及角度不同而产生的地貌图形。

矢量图(Vector Map)——根据一个或两个网格文件生成矢量图。

线框图(Wireframe)——由网格化数据文件产生一个线框图。

表面图(Surface)——由网格化数据文件产生一个表面图。

比例尺(Scale Bar)——产生一个长度比例尺。

数字(Digitize)——显示、采集所选图形的坐标点数据。

轨迹球(Trackball)——在屏幕上改变选择图形的三维视图,包括水平旋转和倾斜变换。

堆叠图形(Stack Maps)——上下叠置两个或多个选择的图形。

覆盖图形(Overlay Maps)——将选择的两个或多个图形按相同的坐标系叠覆为复合图形。

拆解覆盖图形(Break Apart Overlay)——从叠覆的复合图形中分离出所选的图形。

8. 窗口菜单(W)

"窗口菜单",主要功能是对窗口进行操作。包括对当前窗口的内容重新在新窗口生成、重叠窗口(水平重叠窗口,垂直重叠),以及排列窗口底部的图标等等。

9.帮助菜单(H)

"窗口菜单",用户可以通过它访问 SURFER 在线帮助和在线教程,还可以访问 SURFER 软件的官方网站,以及查看 SURFER 软件的版本,检查软件更新情况等信息。

10.1.2　软件的使用流程

SURFER 绘制等值线图的基本流程:

1.数据准备

用 SURFER 绘制等值线图的数据最少应包括 3 列数据,X 坐标,Y 坐标,Z 坐标(特征值),为了便于标注数据,一般应有数据点名称列。

2.离散数据网格化

有了原始数据后,需要用 SURFER 软件的 Grid 菜单中的命令对此数据进行网格化,将数据格式转换成 SURFER 软件作图时识别的格式,然后再由此网格化的数据用 Map 菜单中的命令绘制相应的各种图形。此外,还可以直接将 XYZ 数据格式用特定的程序语言将其直接转化为 SURFER 识别的网格化数据格式,称之为 ASCII 码 GRD 文件,这样同样可以用此网格文件作图。简单而言,要想用 SURFER 软件进行绘图,首先要讲原始数据文件整理或转换。

3.绘制图形

用生成的网格文件用 SURFER 绘制生成对应的图形,或用1~2维矢量图命令生成1~2维矢量图,也可用 POST 和分类 POST 命令生成 POST 和分类 POST 图形。其流程参见图10.1.2。

4.图形保存与输出

生成的图形可直接保存为 SURFER 文件格式的图形,也可将图形输出为其他格式的图形文件,如 DXF,JPG,FIFF 等。

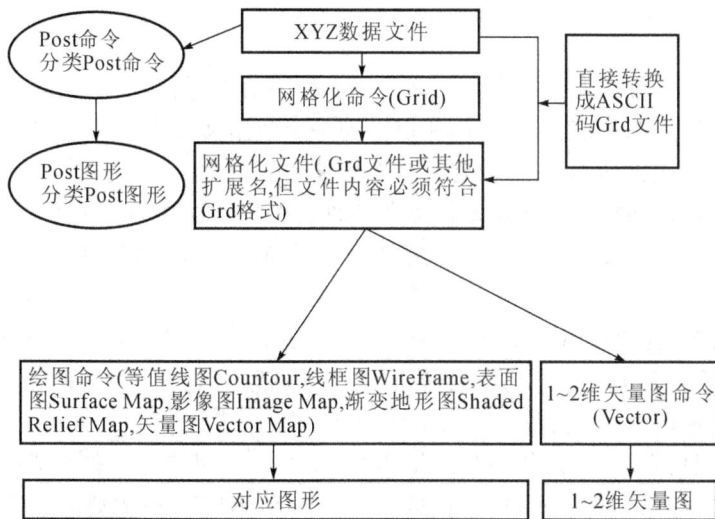

图 10.1.2　SURFER 绘图流程示意图

10.2 SURFER 8.0 基本图形的绘制

10.2.1 建立 XYZ 数据文件

SURFER 常用的数据文件一般是 ASCII 码（文本）格式的数据。对于地质作图来说，SURFER 数据文件常包含四列，分别为点名列、X 列、Y 列和 Z 列，其中 X 列和 Y 列分别表示 x 和 y 坐标，为数据点的平面坐标位置，Z 列是在坐标 (x,y) 处的特征值（例如，高程、煤层厚度、硫份含量等等）。点名列可以放在 XYZ 3 列的前面，也可以放在后面。假如某区研究对象厚度数据见表 10.2.1。

表 10.2.1 某区研究对象厚度数据

x 坐标	y 坐标	地层厚度	钻孔编号	x 坐标	y 坐标	地层厚度	钻孔编号
36623151.7	3893852.8	45.98	ZH01	36624318.5	3893844.8	22.12	ZH02
36625171.5	3893852.8	29.12	ZH03	36625199.6	38932310.2	12.80	ZH04
36624145.5	3893156.8	15.60	ZH05	36623369.0	3893285.5	20.22	ZH06
36622705.2	3893329.8	65.00	ZH07	36623896.1	3893575.2	34.00	ZH08
36624749.0	38932110.1	26.00	ZH09	36624897.9	3892613.6	5.90	ZH10
36623385.1	3892782.6	45.00	ZH11	36622572.4	3892665.9	76.77	ZH12
366227110.2	3892038.3	34.00	ZH13	36623381.1	3891764.7	14.00	ZH14
36623344.9	3892150.9	43.78	ZH15	36624869.7	3892368.2	40.54	ZH16
36625223.8	3891808.9	8.90	ZH17	36623815.6	3892094.6	18.00	ZH18
36624370.8	3892307.8	28.92	ZH19	36624938.1	3891736.5	21.00	ZH21

因为在地质上，常常需要绘制同一坐标下的多种等值线图，比如地层厚度等值线图、煤层厚度等值线图、煤层埋深等值线图等等，所以在同一个数据文件中，对于 Z 列这样的等值数据可以有多列，分别依次排列，而不需要建立多个文件。

SURFER 软件常用的 ASCII 码（文本）数据文件后缀名一般为"＊.dat""＊.txt"，SURFER 可以直接对其读取。此外，SURFER 还可以方便地读取由 Microsoft Office Excel 建立的"＊.xls"工作簿文件。

SURFER 数据文件的建立方式有几种。一般，可以在 SURFER 自带的工作表编辑器中手工输入。其操作方法是，选择 File 菜单下有 New（新建）选项（或选择工具栏中的新建按钮），在新建文件对话框中选择"Worksheet"，打开工作表输入窗口，依次输入数据（见图 10.2.1），检查无误后存盘退出（如保存为 TEST.TXT）。另外其他软件生成的文本文件，例如 Excel 表格数据，通过保存成文本格式，也可以转换成 SURFER 所需的数据文件。通常，任何转换成"＊.dat""＊.txt"结尾的文本数据文件，都可以被 SURFER 直接读取。

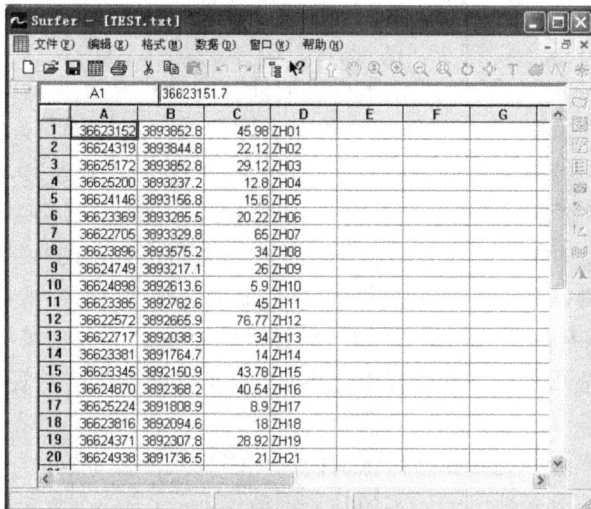

图 10.2.1　数据输入工作表窗口

10.2.2　数据文件的网格化(Grid)

SURFER 最主要的功能是绘制等值线图,但并不是具有了数据文件就可以直接绘制等值线,SURFER 要求绘制等值线的数据有特殊的格式要求,即首先要将数据文件转换成 SURFER 认识的"网格文件"格式,才能绘制等值线。将前面存放的某区研究对象厚度数据 TEST.TXT 转换为网格文件的操作如下:

第一步,打开"网格菜单(G)",点击"数据(D)...",在"打开"对话框中选择已存的数据文件 test.txt,出现散点数据插值法对话框(见图 10.2.2)。

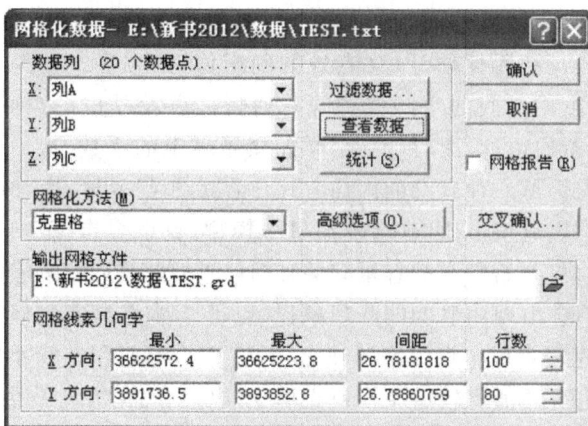

图 10.2.2　"网格化数据"对话框

第二步,在打开"网格化数据"对话框中,对"数据列"进行操作,选择要进行"网格化"的网格数据(X 和 Y 坐标)以及格点上的值(Z 列)。

第三步,选择好坐标 XY 和 Z 值后,在"网格化方法(M)"中选择一种插值方法。SURFER

8.0 提供了 12 种插值方法,现在对这些方法做一简要的介绍。

1. 加权反距离方法(Inverse Distance to a Power)

加权反距离方法是 20 世纪 60 年代末提出的计算区域平均降水量的一种方法,它实际上是一个加权移动平均插值法,可以进行确切的或者圆滑的方式插值。方次参数控制着权系数如何随着离开一个格网结点距离的增加而下降。对于一个较大的方次,较近的数据点被给定一个较高的权重份额,对于一个较小的方次,权重比较均匀地分配给各数据点。

计算一个格网结点时给予一个特定数据点的权值与指定方次的从结点到观测点的该结点被赋予距离倒数成比例。当计算一个格网结点时,配给的权重是一个分数,所有权重的总和等于 1.0。当一个观测点与一个格网结点重合时,该观测点被给予一个实际为 1.0 的权重,所有其他观测点被给予一个几乎为 0.0 的权重。换言之,该结点被赋给与观测点一致的值。这就是一个准确插值。

距离倒数法的特征之一是要在格网区域内产生围绕观测点位置的"牛眼"。用距离倒数格网化时可以指定一个圆滑参数。大于零的圆滑参数保证,对于一个特定的结点,没有哪个观测点被赋予全部的权值,即使观测点与该结点重合也是如此。圆滑参数通过修匀已被插值的格网来降低"牛眼"影响。

2. 克里金法(Kriging)

克里金法,又叫克里格法,是一种在许多领域都很有用的地质统计格网化方法。克里金法试图那样表示隐含在数据中的趋势,例如,高点会是沿一个脊连接,而不是被牛眼形等值线所孤立。

克里金法中包含了几个因子:变化图模型、漂移类型和矿块效应。

克里金插值法又称空间自协方差最佳插值法,它是以法国 D. G. Krige 的名字命名的一种最优内插法。克里金法广泛地应用于地下水模拟、土壤制图等领域,是一种很有用的地质统计格网化方法。它首先考虑的是空间属性在空间位置上的变异分布,确定对一个待插点值有影响的距离范围,然后用此范围内的采样点来估计待插点的属性值。该方法在数学上可对所研究的对象提供一种最佳线性无偏估计(某点处的确定值)的方法。它是考虑了信息样品的形状、大小及与待估计块段相互间的空间位置等几何特征以及品位的空间结构之后,为达到线性、无偏和最小估计方差的估计,而对每一个样品赋予一定的系数,最后进行加权平均来估计块段品位的方法。但它仍是一种光滑的内插方法。在数据点多时,其内插的结果可信度较高。

克里金法类型分常规克里金插值(常规克里金模型/克里金点模型)和块克里金插值。常规克里金插值其内插值与原始样本的容量有关,在样本数量较少的情况下,采用简单的常规克里金模型内插的结果图会出现明显的凹凸现象;块克里金插值是通过修改克里金方程以估计子块 B 内的平均值来克服克里金点模型的缺点,对估算给定面积实验小区的平均值或对给定格网大小的规则格网进行插值比较适用。块克里金插值估算的方差结果常小于常规克里金插值,因此,生成的平滑插值表面不会发生常规克里金模型的凹凸现象。按照空间场是否存在漂移(drift)可将克里金插值分为普通克里金和泛克里金,其中普通克里金(OrdinaryKriging,OK 法)常称作局部最优线性无偏估计,所谓线性是指估计值是样本值的线性组合,即加权线性平均,无偏是指理论上估计值的平均值等于实际样本值的平均值,即估计的平均误差为 0,最优是指估计的误差方差最小。

3. 最小曲率法(Minimum Curvature)

最小曲率法广泛用于地球科学。用最小曲率法生成的插值面类似于一个通过各个数据值的,具有最小弯曲量的长条形薄弹性片。最小曲率法,试图在尽可能严格地尊重数据的同时,生成尽可能圆滑的曲面。

使用最小曲率法时要涉及两个参数:最大残差参数和最大循环次数参数来控制最小曲率的收敛标准。

4. 改进谢别德法(Modified Shepard's Method)

谢别德法使用距离倒数加权的最小二乘方的方法。因此,它与距离倒数乘方插值器相似,但它利用了局部最小二乘方来消除或减少所生成等值线的"牛眼"外观。谢别德法可以是一个准确或圆滑插值器。

在用谢别德法作为格网化方法时要涉及圆滑参数的设置。圆滑参数是使谢别德法能够像一个圆滑插值器那样工作。当增加圆滑参数的值时,圆滑的效果越好。

5. 自然邻点插值法(Natural Neighbor)

自然邻点插值法(Natural Neighbor)广泛应用于一些研究领域中。其基本原理是对于一组泰森(Thiessen)多边形,当在数据集中加入一个新的数据点(目标)时,就会修改这些泰森多边形,而使用邻点的权重平均值将决定待插点的权重,待插点的权重和目标泰森多边形成比例。实际上,在这些多边形中,有一些多边形的尺寸将缩小,并且没有一个多边形的大小会增加。同时,自然邻点插值法在数据点凸起的位置并不外推等值线(如泰森多边形的轮廓线)。

6. 最近邻点插值法(Nearest Neighbor)

最近邻点插值法(Nearest Neighbor)又称泰森多边形方法,泰森多边形(Thiesen,又叫Dirichlet 或 Voronoi 多边形)分析法是荷兰气象学家 A. H. Thiessen 提出的一种分析方法。最初用于从离散分布气象站的降雨量数据中计算平均降雨量,现在 GIS 和地理分析中经常采用泰森多边形进行快速的赋值。实际上,最近邻点插值的一个隐含的假设条件是任一网格点 $p(x,y)$ 的属性值都使用距它最近的位置点的属性值,用每一个网格结点的最邻点值作为抽待的结点值。当数据已经是均匀间隔分布时,要先将数据转换为 SURFER 的网格文件,可以应用最近邻点插值法;或者在一个文件中,数据紧密完整,只有少数点没有取值,可用最近邻点插值法来填充无值的数据点。有时需要排除网格文件中的无值数据的区域,在搜索椭圆(Search Ellipse)设置一个值,对无数据区域赋予该网格文件里的空白值。设置的搜索半径的大小要小于该网格文件数据值之间的距离,所有的无数据网格结点都被赋予空白值。在使用最近邻点插值网格化法,将一个规则间隔的 XYZ 数据转换为一个网格文件时,可设置网格间隔和 XYZ 数据的数据点之间的间距相等。最近邻点插值网格化法没有选项,它是均质且无变化的,对均匀间隔的数据进行插值很有用,同时,它对填充无值数据的区域很有效。

7. 多元回归法(Polynomial Regression)

多元回归被用来确定数据的大规模的趋势和图案。你可以用几个选项来确定你需要的趋势面类型。多元回归实际上不是插值器,因为它并不试图预测未知的 Z 值。它实际上是一个趋势面分析作图程序。

使用多元回归法时要涉及曲面定义和指定 XY 的最高方次设置,曲面定义是选择采用的数据的多项式类型,这些类型分别是简单平面、双线性鞍、二次曲面、三次曲面和用户定义的多项式。参数设置是指定多项式方程中 X 和 Y 组元的最高方次。

8. 径向基本函数法(Radial Basis Function)

径向基本函数法是多个数据插值方法的组合。根据适应你的数据和生成一个圆滑曲面的能力,其中的复二次函数被许多人认为是最好的方法。所有径向基本函数法都是准确的插值器,它们都要为尊重你的数据而努力。为了试图生成一个更圆滑的曲面,对所有这些方法都可以引入一个圆滑系数。你可以指定的函数类似于克里金中的变化图。当对一个格网结点插值时,这些个函数给数据点规定了一套最佳权重。

9. 线性插值三角网法(Triangulation with Linear Interpolation)

三角网插值器是一种严密的插值器,它的工作路线与手工绘制等值线相近。这种方法是通过在数据点之间连线以建立起若干个三角形来工作的。原始数据点的连接方法是这样:所有三角形的边都不能与另外的三角形相交。其结果构成了一张覆盖格网范围的,由三角形拼接起来的网。

每一个三角形定义了一个覆盖该三角形内格网结点的面。三角形的倾斜和标高由定义这个三角形的三个原始数据点确定。给定三角形内的全部结点都要受到该三角形的表面的限制。因为原始数据点被用来定义各个三角形,所以数据是很受到尊重的。

10. 移动平均插值法(Moving Average)

移动平均法认为任一点上场的趋势分量可以从该点一定邻域内其他各点的值及其分布特点平均求得,参加平均的邻域称作窗口。窗口的形状可以是方形或圆形。圆形比较合理,但方形更方便计算机取数。求平均时可以用算术平均值、众数或其他加权平均数。选用大小不同的窗口,可以实现数据的分解,大窗口使区域趋势成分比例增大,小窗口则可突出一些局部异常。逐格移动窗口逐点逐行地计算直到覆盖全区,就得到了网格化的数据点图。

当原始取样点分布较稀且不规则时,可以采用定点数而不定范围的取数方法,即搜索邻近的点直到预定的数目为止。搜索方法可以是四方搜索或八方搜索等。此时由于距离可能相差较大,因此常同时采用距离倒数或距离二次方倒数加权的办法,以便压低远处的点的影响。

这么多种插值方法各有优、缺点,笔者认为比较好的是克里金法(Kriging)。在绘图时它兼顾了区域化变量参数值的随机性和相关性,还考虑了参数空间分布的结构特征。因此以克里金法为基础绘制的地质图件,更能反映实际的地质特征。

第四步,在"输出网格文件(Output GridFile)"中输入输出文件名 test.grd,然后在"网格线索几何学(Grid Line Geometry)"中设置网格点数。用户手动改正 X 和 Y 的"间距(spacing)"或"行数",这二者是相关的,改动一个,另一个自动改正。如果原始数据是等间距的,这里的 X 和 Y 的"间距(spacing)"或"行数"最好与原数据一致,这样可以减少插值带来的误差。最后,点击"确定"按钮,画等值图所需的网格文件 test.grd 就生成了。

10.2.3 绘制和设置等值线

1. 绘制等值线

打开"地图菜单(M)",点击"等值线图(C)",选择"新建等值线图(N)",在"打开网格"对话框中选择刚才输出的网格文件 test.grd,点"确定"按钮,则一幅等值线图就完成了(见图10.2.3)。

2. 等值线图的修改和设置

用上述方法直接生成的等值线图,一般不能满足实际需要,需要进一步对生成的等值线图进行修改和设置，以达到需要的效果。

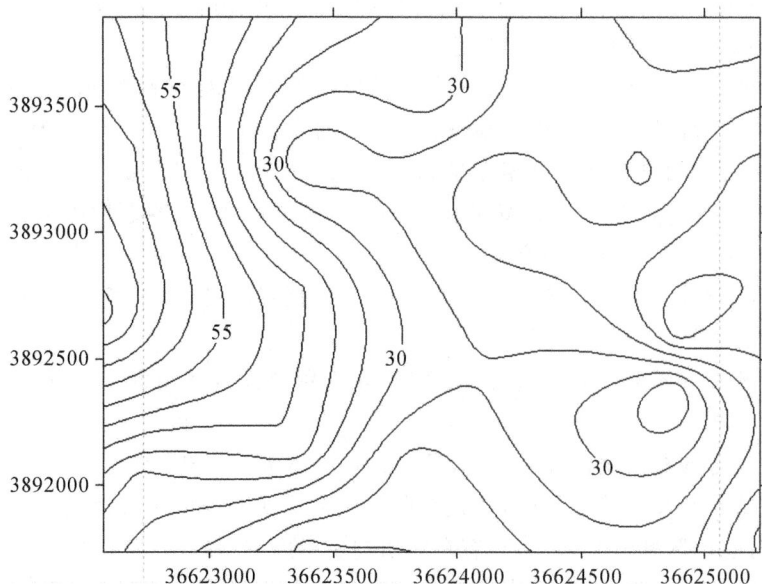

图 10.2.3　由 test 数据完成的等值线图

对等值线图的修改和设置是在"等值线图属性对话框"中完成的，调出设置"等值线图属性对话框"有 3 种方法：鼠标左键双击左边目标管理窗口里面的"☑▨ Contours"；或在所画等值线图的图中心位置双击鼠标；或在等值线图的图中心位置点击鼠标右键，选中"属性"，就会出现设置等值线属性的各种选项，可以进行修改和设置（见图 10.2.4）。

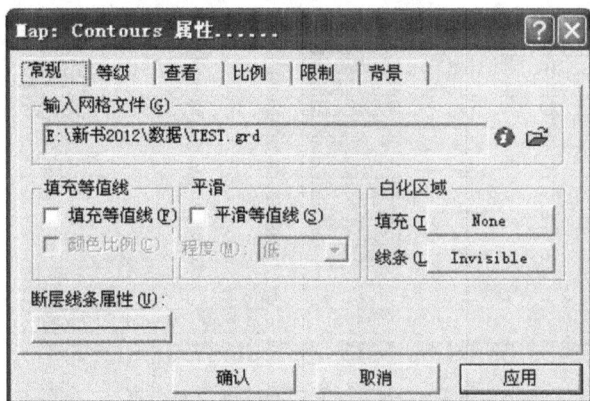

图 10.2.4　等值线图的属性对话框

各属性选项介绍如下：

(1)"常规 General"选项卡

①"输入网格文件(G)input grid file"。为打开的等高线图的 grid 文件名，也可以点击"打开文件图标"🗁，打开其他不同的文件，另外点击一下打开文件图标旁的"❶"图标，则可以看到当前网格文件的基本统计信息，如最大最小值等。

②"填充等值线 filled countours"。有时，为了某种需要，在等值线间填充不同的颜色和图

案,可通过"填充等值线 filled countours"来实现,选中"填充等值线(F)fill countour"(在前面的方框中点一下鼠标),就可以画着色的等值线图了,如果再选中下面的"颜色比例(C)color scale"的话,则可以在等值线图旁边给出色彩棒。

③"平滑等值线(S)smothing"。选中的话可以对等值线进行平滑,圆滑选项有助于使等值线趋于圆滑。圆滑操作也可以通过 Grids 菜单中的 Spline Smooth 命令和 Filter 命令实现。已经用这些方法进行圆滑处理的网格不能再进行圆滑处理。在"程度(M)amount"中有"低、中、高"3 种选择。这一项可以不选,除非画出的等值线图中的等值线非常地不平滑。这项只起到美化图形的结果,没有更大的意义。

提示:这种圆滑方法可能会导致等值线交叉。当等值线在空间上接近时,若选择高度圆滑往往容易出现这种问题。

④"白化区域 blanked regions"。白化区域,允许用户设置空白区域的充填样式和空白区边界线的属性。

"填充"按钮:打开充填属性设置框,设置空白区域的充填样式、前景和背景充填颜色。

"线条"按钮:打开线属性设置框,设置空白区域边界线的线型、颜色和线粗等属性。

这项可以对空白区域进行着色,只有在等值线中有空白区域时才有意义,一般不用。

⑤"断层线条属性(U)fault line"。如果网格文件包含断层线信息,可点击断层线(Fault line)按钮,设置断层线的线型、颜色和粗细。

(2)"等级 Levels"选项卡。"等级 Levels"选项卡下有 5 个选项:"等级 level""线条 line""填充 fill""标注 labels"和"影线 hach",如图 10.2.5 所示。

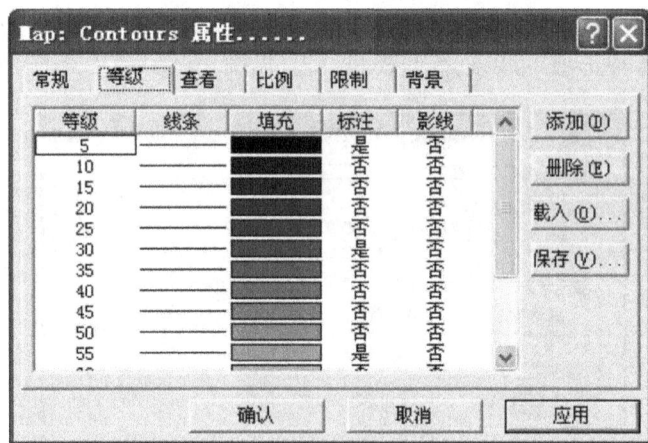

图 10.2.5　等值线图的等级对话框

①"等级 level"。点击"等级 level"可以设置等值线的最大最小值和等值线间的等值距,这可以对所有的等值线发生作用,通过调节此项可以使等值线分布均匀,易于看清楚,作图更美观(见图 10.2.6)。如不想人为改动,可用缺省值。如果要修改单个的等值线,可双击"等级 level"下面的数字,可以单独更改等值线的值,也可以通过点击对话框右侧的"添加""删除"按钮增加或删除等值线,但要注意等值线从小到大的规律。

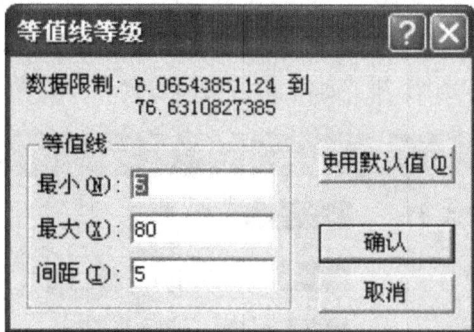

图 10.2.6　等值线图的等级属性设置对话框

②"线条 line"。点击"线条 line"可以设置等值线的线型。"线条 line"的"属性 properities"
选项卡下有几项可以进行设置(见图 10.2.7)。

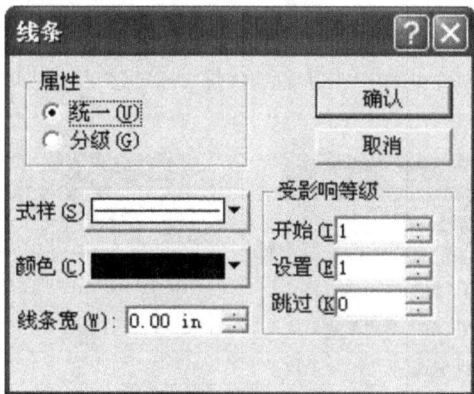

图 10.2.7　等值线图的"线条 line"的属性对话框

选中"统一(U)uniform",则线型是统一的,选中"分级(G)gradation",则线的颜色是渐变
的。选择好"属性 properities"后,就可以更改下面的"式样(style)"和"颜色(color)"以及"线条
宽(line)"。点一下"颜色(color)"旁边的颜色区,可以修改线条颜色。修改"受影响等级
affected levels"可以有选择地对等值线的线型颜色进行设置,主要是手动修改"开始(I)1 ,
设置(G)1 ,跳过(K)0 那里边的 3 个数字。

此外,还可以通过直接双击"线条 line"下面的线,来改变某一根等值线的具体属性(见图 10.2.8)。

图 10.2.8　等值线图的"单一线条"的属性对话框

③"填充 fill"。当在"等值线属性"对话框中(见图10.2.4)选择了"填充等值线"后,单击"填充 fill",出现"填充选项卡"(见图10.2.9),可设置等值线间填充的颜色和图案。如果设置单个等值线间填充的颜色和图案,可直接双击后面的色块进行设置。

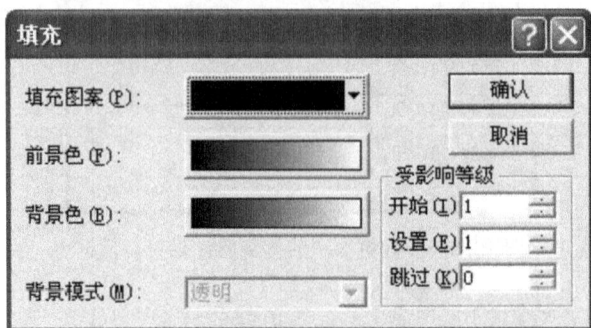

图10.2.9　等值线图的"填充 fill"属性对话框

④"标注 labels"。设置等值线标注数字,单击"标注 labels",出现"标注选项卡"(见图10.2.10),可对标注进行设置,也可双击下面的"是 yes"或"否 no"可以设置是否显示某一等级的标注。

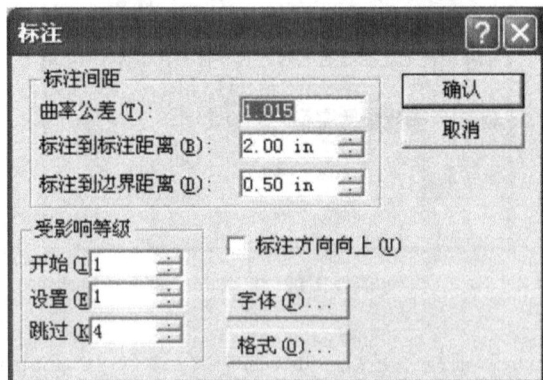

图10.2.10　等值线图的"标注 labels"属性对话框

⑤"影线 hach"。用来画等值线的上下方向(即上山或下山方向)。当等值线中出现较小的封闭的曲线时,等值线上无法进行标注,有时不知等值线是变大或变小,可通过"影线 hach"来实现。单击"影线 hach",出现"影线选项卡"(见图10.2.11),可对影线进行设置,也可双击下面的"是 yes"或"否 no"可以设置是否对某一等值线显示影线。

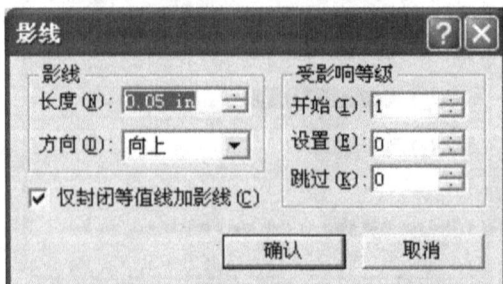

图10.2.11　等值线图的"标注 labels"属性对话框

需要说明的是,等值线的"等级"选项的设置是一个比较烦琐和费时的过程,要仔细设置,它设置的好坏直接影响等值线的成图效果。如果用户要作多张等值线图,每一张图都这样设置,很费时间。为此,SURFER 设置了等值线文件(也叫水平文件)来解决这一问题。

在绘制等值线图时可根据需要预先做好一个等值线文件(扩展名为.LVL 的文本文件),其等值线的间距可以不是等间距的,可由用户任意设定,绘制等值线图时,可直接装入等值线文件,而不还需再设置等值线的间距。在绘制一批具相同或相近等值线设置的等值线图或线网图时,使用等值线文件可以大大减少重复工作量,提高工作效率。

等值线文件有两种格式,一种为最简单的文件形式,该文件仅包括等值线的间距,不再包括其他信息。

例:

0

5

8

10

25

第二种格式的等值线文件包括用户自定义的等值线间距(等值或不等值)、等值线属性、等值线标记属性、等值线颜色充填属性、阴影线属性等,详细参数见表 10.2.1。该种格式的等值线文件在文件的首行必须加"LVL2"

表 10.2.1　等值线文件参数说明表

定义元素	说　明
等值线值(Level)	
标志(Flags)	0 该等线不注记　1 注记该等值线
线色(LineColor)	等高线的颜色,可用 RGB 定义,要用双引号括起
线型(LineStyle)	该条等值的线型,要用双引号括起
线宽(LineWidth)	线的宽度
填充的前景色(FillForeColor)	等值线填充时的前景色
填充的背景色(FillBackColor)	等值线填充时的前景色
填充的图案(FillPattern)	
填充模式(FillMode)	图案填充模式,1 透明　2 不透明

例:

LVL2

20 1 "Black" "Solid" 0 "Black" "Black" "Solid" 2

25 0 "Black" "Solid" 0 "R15 G15 B15" "R15 G15 B15" "Solid" 2

30 0 "Black" "Solid" 0 "R31 G31 B31" "R31 G31 B31" "Solid" 2

35 0 "Black" "Solid" 0 "R47 G47 B47" "R47 G47 B47" "Solid" 2

在绘制等值线时,可用 Load 按钮将已存在的等值线文件调入,使等值线按指定的信息设置。也可用 Save 按钮,将设置好的等值线的保存为等值线文件,系统会自动增加扩展名.LVL。

(3)"查看 View"选项卡。View 选项卡控制图形的任意视图方向。可以使图形的 Z 轴倾斜,使图形在水平方向旋转,可用改变图形的投影方法(见图 10.2.12)。在"3D Surface"情况下使用较多,平面等值线一般不用。

Tilt 滑滚动条:Tilt 涉及显示图形的 Z 轴定向。Tilt 为 0 度表示图形的 Z 轴在页面或屏幕上平放,对等值线图而言,此时仅仅显示为一条线。随 Tilt 角度的增大,Z 轴逐渐朝向读者。

Field of View 滚动条:控制透视投影对视图的影响程度。随着视域值的减小,透视投影使图形变形的影响逐渐降低。它对正射投影生成的图形不产生影响。

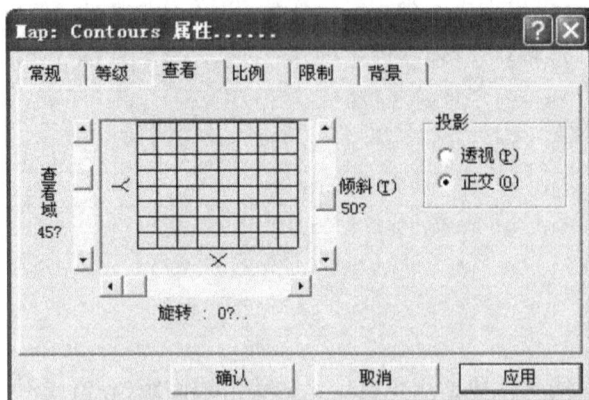

图 10.2.12　等值线图的"查看 view"选项卡

(4)"比例 scale"选项卡。用来设置 xyz 轴的比例,可以调整其长度选项。一般情况不需调整,除非 X 和 Y 相差很大,为了方便看图可以调整其到合适的长度(见图 10.2.13)。

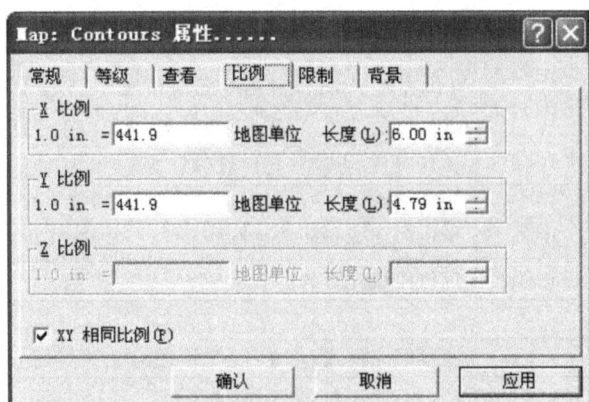

图 10.2.13　等值线图的"比例 scale"选项卡

(5)"限制 limits"选项卡。可以用来裁剪等值线图(通过设置 x,y 的最小最大值),从而得到感兴趣的目标区的图形(见图 10.2.14)。

(6)"背景 background"选项卡。可用来设置背景填色(见图 10.2.15),一般不用。

3. 轴线的修改和设置

调出"坐标轴属性对话框"有两种方法:一是鼠标左键双击左边目标管理窗口里面的"☑⊢⊦⊣ Bottom Axis","☑⊢⊦⊣ Top Axis","☑⊢⊦⊣ Left Axis","☑⊢⊦⊣ Right Axis";二是双击等值图的横轴、纵轴、左轴或右轴所在的位置,就可以打开坐标轴属性对话框"map bottom(or left or top or right)axis properties"(见图 10.2.16)。"坐标轴属性对话框"共有 4 个选项卡,下面以"底轴

TOP"为例,其他类似。

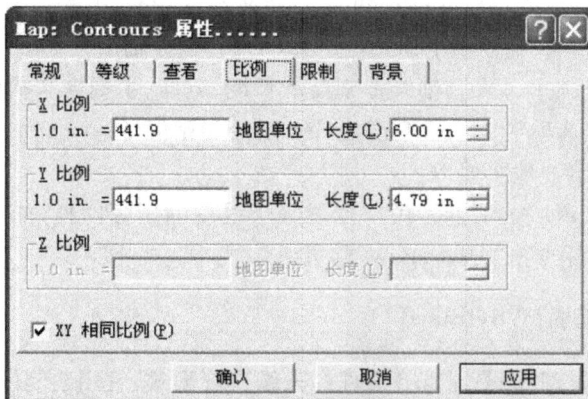

图 10.2.14　等值线图的"限制 limits"选项卡

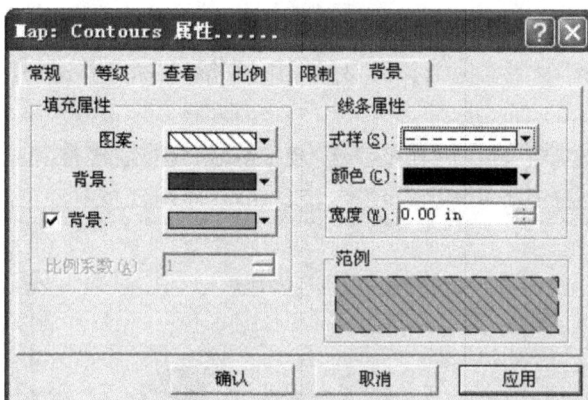

图 10.2.15　等值线图的"背景 background"选项卡

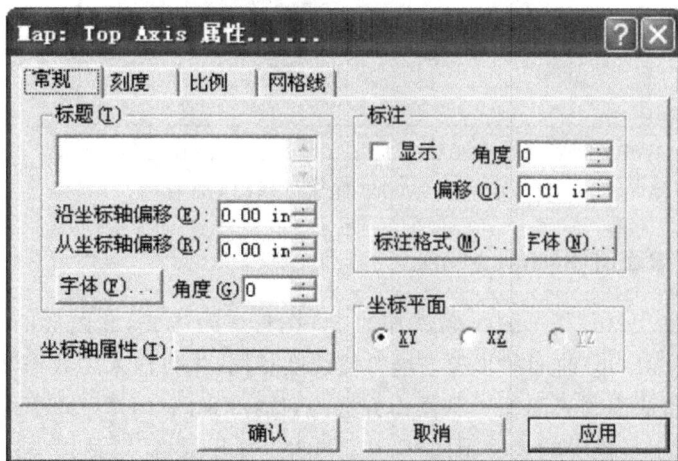

图 10.2.16　顶部坐标轴属性对话框

(1)"常规 gernal"选项卡。"标题(T)Title",在空白处可以输入轴的说明或图的说明文字,用"沿坐标轴偏移 offset along"和"从坐标轴偏移 offset from"可以设置说明文字的位置,"字体 font"可以选择字体,"角度 angle"可以选择文字的旋转角度。"labels",设置轴的刻度值。"坐标平面 axis plane"设置轴平面,一般不改动。"坐标轴属性 axis"设置轴线属性。

(2)"刻度 ticks"选项卡。设置轴线上刻度的长度、方向、主刻度和辅助刻度。

(3)"比例 scaling"选项卡。设置刻度值(label)的起始值(firstmajor)、间隔(major)和最后值(last major)。其他值一般不修改。

(4)"网格线 grid lines"选项卡。用来设置等高线图的坐标网格,如果要在所绘的等值线图中显示网格线,用鼠标点击"显示 show"即可。

10.2.4　绘制线框图(Wireframe)

线框图(Wireframe Map)是对 grd 文件的三维表现形式,它用绘制线条的方式来表现 grd 文件,此线条是坐标(x,y)的网格,但每个网格的交点代表 Z 值。绘制线框图前面的步骤与绘等值线图相同,先将输入的数据文件转换为网格文件,用网格文件来生成绘制线框图。其操作方法为,选择"地图(M)"菜单下的"线框图(W)",或鼠标单击快捷成图工具栏中的线框图图标,在弹出的"打开网格"对话框中选择需要成图的网格文件后,单击"打开"按钮,即可生成三维线框图(见图 10.2.17)。

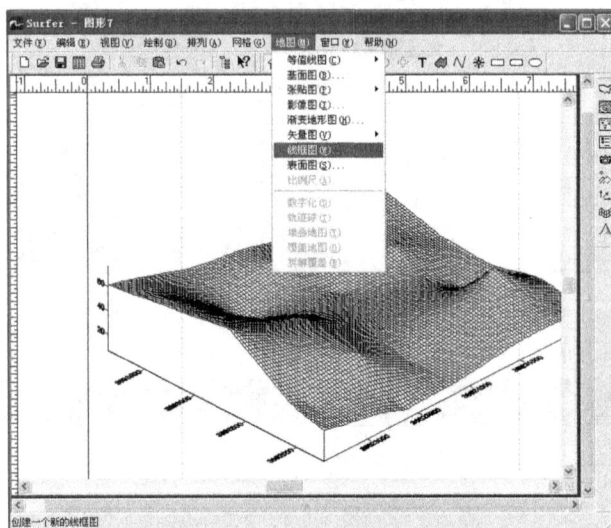

图 10.2.17　SURFER 8.0 绘制的线框图

10.2.5　绘制表面图(Surface Map)

表面图(Surface Map)是 surfer 新添加的 3D 图形表现方式,此图形的立体表现力最强。绘制表面图(Surface Map)前面的步骤与绘等值线图相同,先将输入的数据文件转换为网格文件,用网格文件来生成绘制表面图。其操作方法为,选择"地图(M)"菜单下的"表面图(S)",或鼠标单击快捷成图工具栏中的表面图图标,在弹出的"打开网格"对话框中选择需要成图的网格文件后,单击"打开"按钮,即可生成三维表面图(见图 10.2.18)。

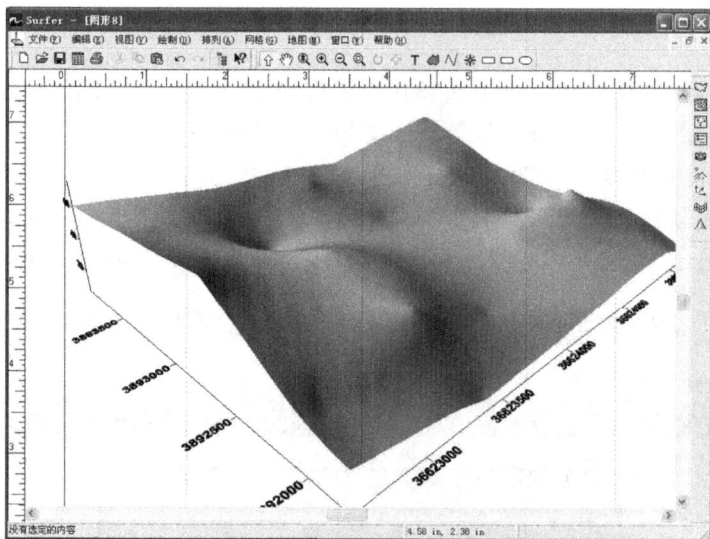

图 10.2.18　SURFER 8.0 绘制的表面图

10.2.6　绘制影像图(Image Map)

影像图(Image Map)是图像文件,具有很好的表现力。绘制影像图前面的步骤与绘等值线图相同,先将输入的数据文件转换为网格文件,用网格文件来生成绘制影像图。其操作方法为,选择"地图(M)"菜单下的"影像图(I)",或鼠标单击快捷成图工具栏中的影像图图标,在弹出的"打开网格"对话框中选择需要成图的网格文件后,单击"打开"按钮,即可生成三维影像图(见图 10.2.19)。

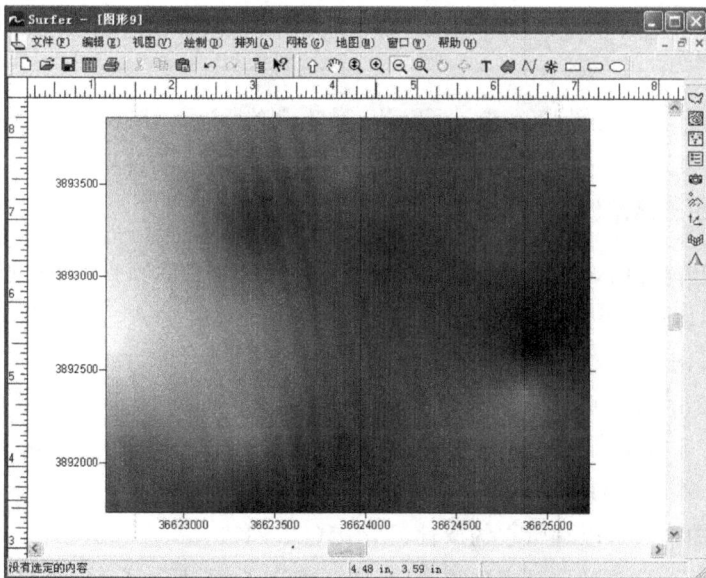

图 10.2.19　SURFER 8.0 绘制的影像图

10.2.7 绘制渐变地形图(Shaded Relief Map)

渐变地形图(Shaded Relief Map)可以用来表现地貌,其表现形式立体感强,画面细腻、柔和。绘制渐变地形图前面的步骤与绘等值线图相同,先将输入的数据文件转换为网格文件,用网格文件来生成绘制渐变地形图。其操作方法为,选择"地图(M)"菜单下的"渐变地形图(H)",或鼠标单击快捷成图工具栏中的渐变地形图图标,在弹出的"打开网格"对话框中选择需要成图的网格文件后,单击"打开"按钮,即可生成三维渐变地形图(见图10.2.20)。

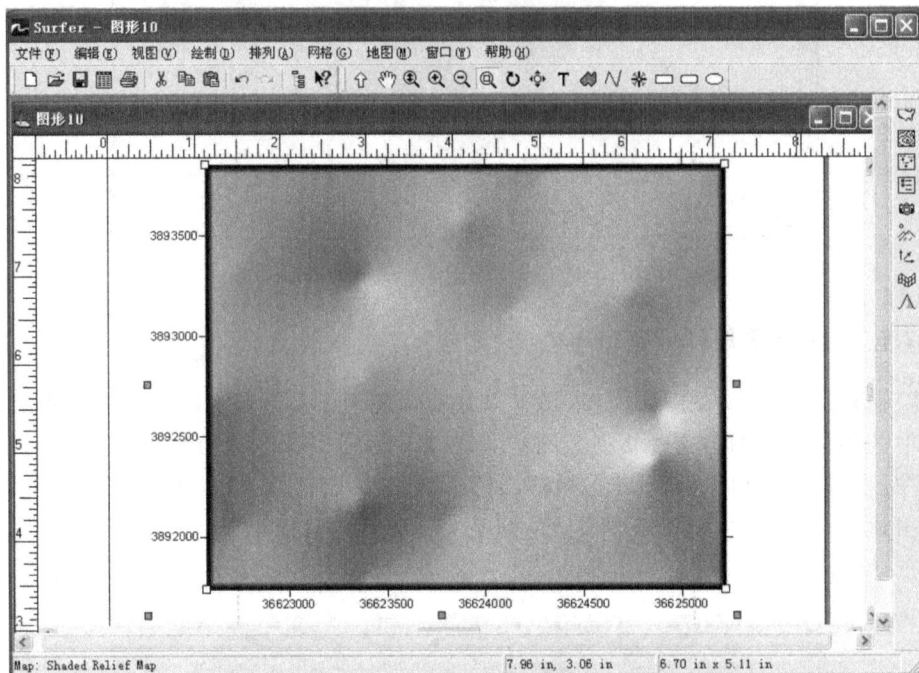

图 10.2.20　SURFER 8.0绘制的渐变地形图

10.2.8 绘制矢量图(Vector Map)

在研究大气和海洋时,经常要画风的向量图或海流的向量图,SURFER 可以轻松地完成,且图形可以调整,因此可以生成很漂亮的图形。Vector Map 分 1 - Grid Vector Map 和 2 - Grid Vector Map 两种。

1 - Grid Vector Map 可以给出坐标点的方向和振幅大小,但它一般表示的是等高线的下山方向和大小,是等高线图的一种特殊表现方式。先把 test. dat 进行网格化,得到 test. grd 文件。打开 Map | Vector Map | New 1 - Grid Vector Map,选中 test. grd,则会出现一副箭头图。通过双击图的中央可以编辑它的属性(见图10.2.21)。

2 - Grid Vector Map 的 grd 文件里,一个是 x 方向的值,另一个是 y 方向的值。

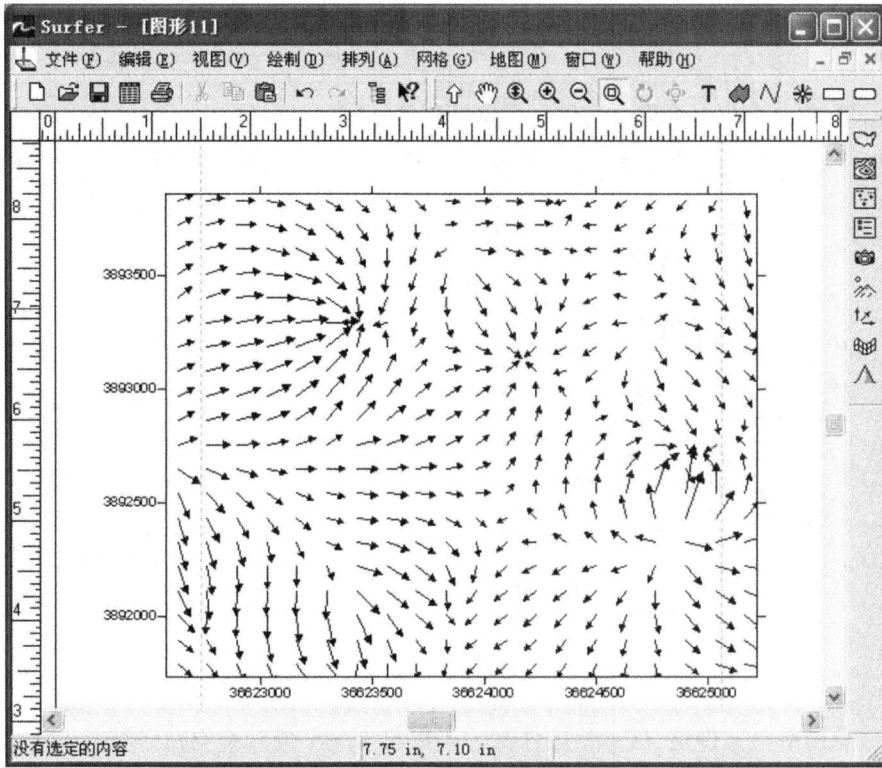

图 10.2.21　用 test.txt 文件绘制的矢量图

10.3　SURFER 8.0 其他绘图技巧

10.3.1　空白和空白文件

由离散的 XYZ 数据文件生成网格文件时,SURFER 将根据原始 X,Y 的取值范围和所选用的数学模型,自动生成一个矩形网格,其网格边界为最外数据点的范围。据表 10.2.1 数据所生成的网格如图 10.3.1 所示,其中 X 坐标最少值 36622572.4,最大值 36625223.8,网格间距 26.78181818m(共 100 等分),其中 Y 坐标最少值 3891736.5,最大值 3893852.8,网格间距 26.78860759m(共 80 等分)。

但在实际工作中,由于某些区域缺少原始数据或由于其他原因,有必要由规则的网格中剔除一个或多个由封闭多边形定义的区域,被剔除的区域形成空白。在画图时,等值线图上空白部分的等值线被消除掉;另外研究区以外(如井田边界)的等值线也需要去掉。这时就需要空白网格。

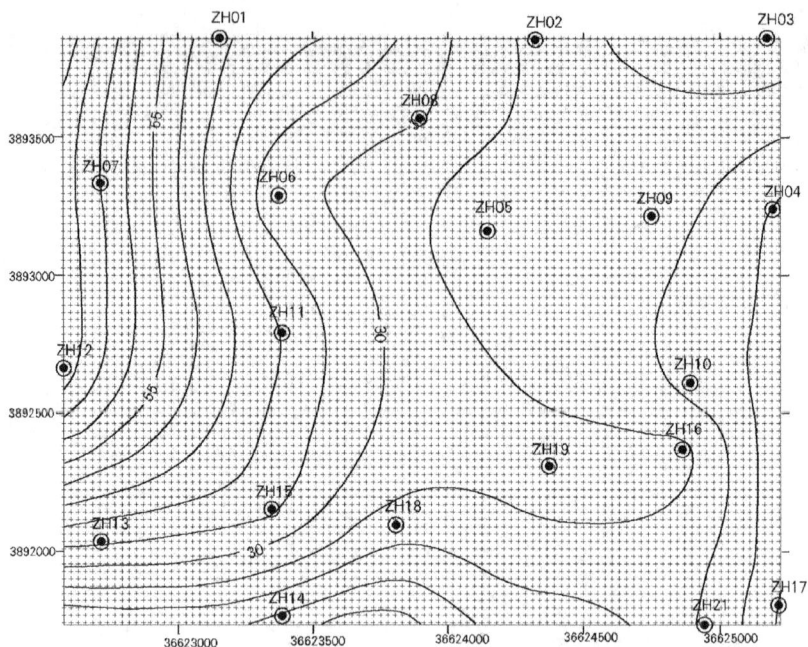

图 10.3.1 由表 10.2.1 数据用 Kriging 法生成的网格文件示意图

空白区域由空白文件定义,一个空白文件可以定义一个或几个空白区域。

空白文件的扩展名为.BLN,格式如下:

length,flag "Pname 1"

x1,y1

x2,y2

......

xn,yn

length,flag "Pname 2"

x1,y1

x2,y2

......

xn,yn

空白文件为多段文件,每段一个实体(点、线、面)。每段文件由 A,B 两列数据组成,首行为标志行,标志行 A 列值为 1 时,为点数据,大于 1 为线数据,大于 3 为线或多边形数据。标志行 B 列值为 1 时,表示多边形内部的区域被空白;标志行 B 列值为 0 时,表示多边形外部的区域被空白。由第 2 行开始依次为各顶点的 X,Y 坐标。每段第二行与最后一行的 X,Y 坐标相等时,为封闭多边形。

空白文件和创建有两种方法,一种是在 SURFER 自带的工作表编辑器或其他文本编辑软件(Microsoft Office Excel)中手工输入,然后保存为后缀名为"＊.bln"的数据文件。另一种方法可以在图上直接进行"数字化"来生成"白化文件"(＊.bln)。步骤如下:

首先选中图件("Ctrl＋A"或鼠标点击),然后执行"地图菜单(M)"下的"数字化(D)"选项,接着用鼠标左键在图中点出"白化区域",(见图 10.3.2)这是就直接生成了"数字化文件"——digit.bln。最后,通过编辑 digit.bln 文件(确定标志行 B 列数据是"1"还是"0";把第 2 行与最后一行的 X,Y 坐标改为相同),即可得到"白化文件"。

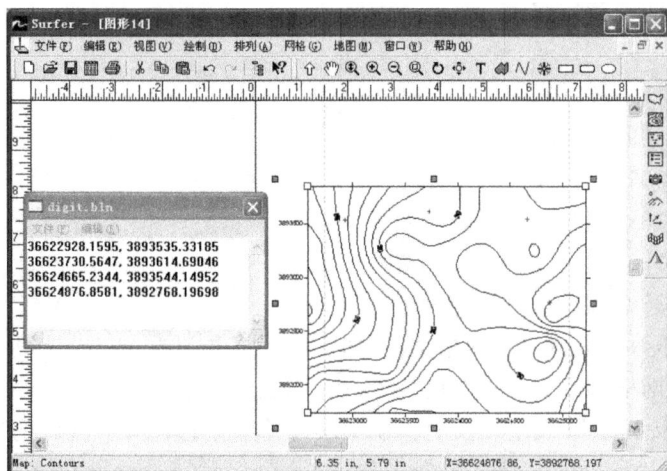

图 10.3.2　用"数字化"功能生成"白化文件"

含有空白区域的网格文件构筑方法:

1)按常规方法先生成一个未考虑空白区域的网格文件[.GRD];

2)根据需要,按以上格式用电子工作表建立一个空白文件[.BLN];

3)由"网格"(Grid)→"白化"(Blank)按提示先打开未考虑空白区域的网格文件[.GRD],再按提示输入空白文件[.BLN]名,指定输出文件路径和文件名(为包含空白文件的新网格文件[.GRD])。

从图形菜单中选择等值线命令或线网图命令来查看这新的网格文件,就可看到空白的效果。

现在以表 10.2.1 中数据为例详细说明。如果该井田的边界由 11 个拐点构成,要求井田边界以外不画等值线。另外,在井田内有一由 5 个拐点构成的多边形区域,该区域内不能画等值线。具体操作步骤:

第一步,首先将两个区域的边界数据点建立一个空白文件(如 BJ.BLN),每个区域的最后一个数据必须是第一个点的重复。这样,第一个区域共 12 个点,第二个区域共 6 个点,数据输入格式:

12,0
36622631.99,3893771.46
36623549.94,3893774.94
36623809.31,38936810.32
36624519.53,3893679.78
366252010.12,3893832.96
36625199.58,3891774.25
36624189.37,3891778.89
36624186.47,3891954.13

36623565.03,3891958.77
36623558.06,3891800.94
36622622.10,3891829.95
36622631.99,3893771.46
6,1
36623135.54,3893378.57
36623685.57,3893247.84
36623706.30,3892774.33
36623408.16,3892573.45
36622988.87,3892724.91
36623135.54,3893378.57

第二步,用原始数据生成一个网格文件(如 TEST.GRD).

第三步,选择"网格"(Grid)→"白化"(Blank),按提示先打开未考虑空白区域的网格文件[TEST.GRD],再按提示输入空白文件[BJ.BLN]名,指定输出空白后的网格文件(默认为OUT.GRD)。

如果要查看空白效果可选择"网格"(Grid)→"网格结点编辑器"Grid Node Editor。

第四步,选择"地图"(Map)→"等值线图"Contour Map,用 OUT.GRD 重新生成等值线图。

为了体现白化后的实际效果,下面两步是将空白区域的边界加上。

第五步,选择 Map→Base Map 选项,根据提示输入空白文件 BJ.BLN,按 F2 功能键选中所有图形对象,选择 Map→Overlay Maps 选项。

第六步,双击边界线对象,修改线属性,形成的等值线图如图 10.3.3 所示。

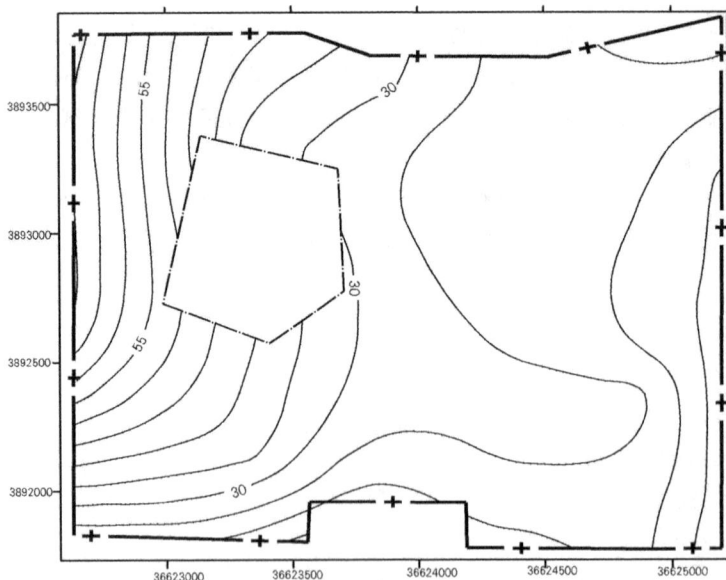

图 10.3.3　网格空白后的等值线图

10.3.2　在等值线图上加上背景地图(Base Map)

在绘制等值线图时,经常需要在等值线图上增加封闭或不封闭的图形边界、线状图形等。操作方法:

1)准备边界图形文件[.bln]

2)调入已经做好的等值线图

3)从"地图"菜单中选择"基面图"命令,在打开文件对话框中指定边界文件名称,

4)在"编辑"菜单中选择"全选"命令,或按 F2,同时选中等值线图和边界图形。

5)在"地图"菜单中选择"覆盖地图"命令,即可将图形边界精确地绘制到等值线图上。

注意:

① 边界文件的格式一定要正确,包括:

首行格式;

边界坐标一定要在图形范围内;

坐标点对数一定要与边界控制点数一致。

② 选中两个及以上图形后"覆盖地图"命令才能有效;

③ 用"覆盖地图"命令叠覆后的图形,对单个图形可以编辑,也可以用"拆解覆盖"命令将其分开。

10.3.3　粘贴标注(Post Map)

粘贴图形是指在等值线图或表面图上,在数据文件指定的 XY 坐标位置确定一个符号和文本标注。有两种粘贴的方法:简单粘贴(Post)和分类粘贴(Classed Post)。

1. 简单粘贴(Post)

用"地图"菜单中的"张贴图"命令将数据点位置和标注文本表示在图形上。过程如下:

①完成等值线图的绘制,准备好粘贴数据文件

提示:用于粘贴的数据文件必须含有与形成等值线图或表面图的网格文件相同的 XY 数据点。

②将等值线图或表面图调入绘图窗口,即打开一个已经存在的 SURFER 图形文件。

③从"地图"菜单中选择"张贴图"命令—"新建张贴图",在"打开数据"对话框中指定粘贴数据文件名。

④在左侧对象管理器中双击"Post"进行设置。

Post 属性的"常规"页框主要有(见图 10.3.4):

"工作表列"组框:指定要粘贴标注的位置和符号。

"X 坐标"下拉列表:指定粘贴点的 X 坐标列

"Y 坐标"下拉列表:指定粘贴点的 Y 坐标列.。

"符号":指定符号库中代表符号位置编号的列。如果该栏为 NONE 则为粘贴数据使用默认的符号。

"角度":指定含有确定符号角度值的数据列。角度正值顺时针旋转符号,负值逆时针旋转符号。

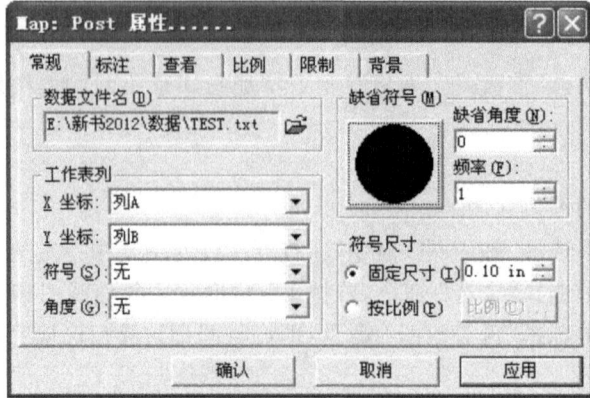

图 10.3.4　Post 属性的"常规"选项卡

　　"缺省符号"：从默认符号库中选择符号，并设定符号属性和角度。如果在工作表列组框中没有指定符号和角度列，可以使用这些参数。

　　"缺省角度"编辑框：指定符号旋转的角度，其范围值从－360°到360°，正值将使符号逆时针旋转，负值使符号逆时针旋转

　　"频率"组框：指定符号的显示频率。当设置为 1 时，所有的数据点都在图形中用设定的符号显示出来；当设置为 5 时，则从工作表中每 5 行读取一个位置点数据，并将其显示在图形上。

　　"符号尺寸"：控制粘贴在图形上符号的大小。可以使所有的粘贴符号具有相同的大小，或根据工作表数据值使其具有不同的符号大小。

　　"固定尺寸"：使所有粘贴的符号具有相同的大小时。使用该项设置时，可在编辑框中指定大小数值，数值用 in 作单位。

　　"按比例"：用于控制相对于工作表数据值变化的符号的大小。当选择该项时，"比例"按钮激活，它指定图形中的符号如何改变。

　　Post 属性的"标注"选项卡确定粘贴的数据列，确定标注粘贴的位置（见图 10.3.5）。

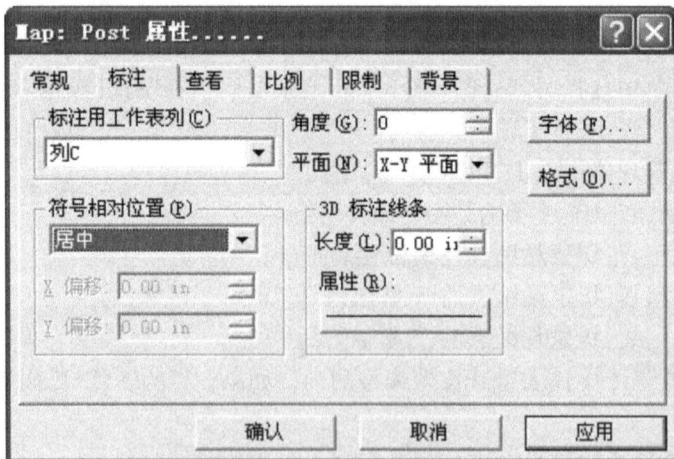

图 10.3.5　Post 属性的"标注"选项卡

"标注用工作表列":指定含有标注的 Worksheet 数据列。使用这一列可以在图形中每个数据点旁边加上标注。例如,可以粘贴 Z 值、点号等。

提示:标注必须与 XY 坐标在同一行。标注可以是数值,也可以是文本。

"符号相对位置"组框:指定标注相对于数据点的位置。下拉列表中列出了标注相对于数据点的显示位置,包括居中、左齐、右齐、上齐、下齐和用户定义共 6 种选择。

如果选择"用户定义"选项,激活 X,Y 编辑框,可由用户输入相对于数据点的 X 和 Y 值。

下拉列表指定标注的位置。所有粘贴标注的相对位置一致。如果选择用户定义选项,激活 X 和 Y 编辑框。

X 编辑框指定标注在 X 方向的位移。正值使标注向右移动,负值使标注向左移动。

Y 编辑框指定标注在 Y 方向的位移。正值使标注向上移动,负值使标注向下移动。

角度(Angle)编辑对话框指定绘制标注的角度。

"3D 标注线条":三维标注线从表面图的数据点垂直向上划相应的标注线。只有当粘贴图形与表面图合为一起时才能使用。

"长度":指定在表面图之上所划标注线的长度,即确定表面图和标注之间的距离。

"属性":显示线属性对话框,用于指定三维标注线的属性。

"字体(F)":显示文本属性(Text Attributes)对话框,指定粘贴标注的文本属性。

"格式(O)":显示标注格式对话框,指定粘贴标注的数字格式。

用 Test. txt 生成的等值线图,粘贴了钻孔号的结果如图 10.3.6 所示。

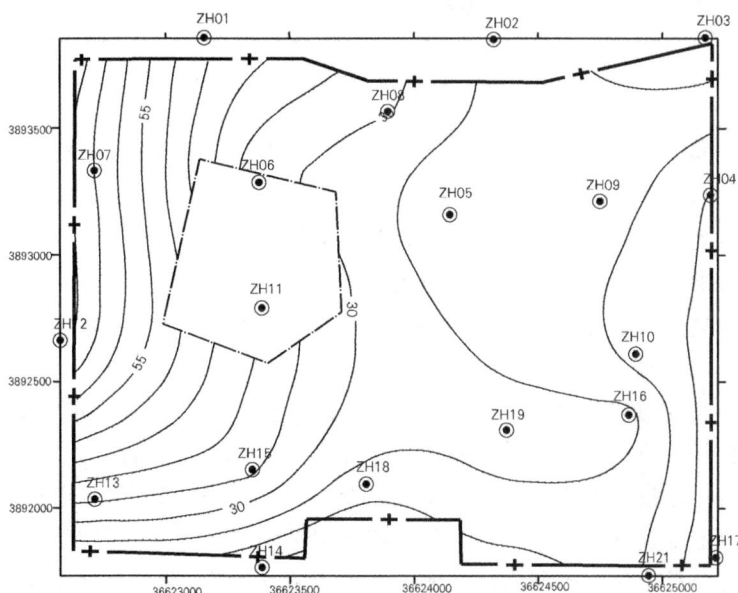

图 10.3.6　粘贴了原始数据点后的等值线图

2.分类粘贴数据

分类粘贴命令根据粘贴数据文件指定的范围,使用不同的符号来显示标注,即在一定的数据范围指定不同的标注符号。

在分类粘贴中,所有的数据点都根据工作表中的数值进行了分级,不同的符号被指定为不同的数据范围。分类粘贴除了 X,Y 坐标是基本数据外,还需要控制值列。

①分类粘贴数据文件的准备。

②打开或调入等值线图(表面图)。

③从"地图"菜单中选择"张贴图—新建分类张贴图"命令,在"打开数据"对话框中指定分类粘贴文件。

④在"分类张贴图"中进行设置。

在"分类张贴图"属性中的大多数属性设置方法与"简单张贴图"属性中的设置相同,仅对"分类"选项卡(见图 10.3.7)进行论述。

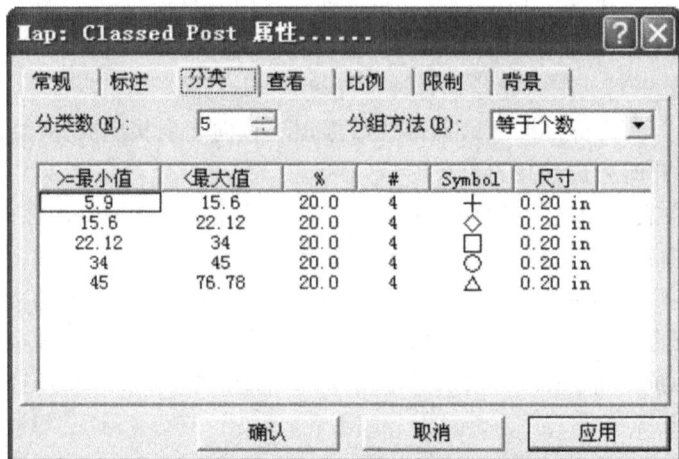

图 10.3.7　Classed Post 属性的"分类"选项卡

"分类数"组框:设置粘贴中对象的分类数。当分类数值改变时,分类列表中的内容自动更新。

"分组方法":确定应用数据(控制值)进行分类方法。

"等于个数":指定每一类的粘贴点数量近于相等,但其间隔范围一般不同。

"等于间距":根据指定的分类数,等间隔均分控制值范围,每一控制范围对应的粘贴点即属同一类。

"用户定义":允许用户为每一类设置最小值和最大值。用这种方法定义的范围不必连续。

"分类":列表提供用户定义各分类数值和各分类使用符号的设置。

＞＝最小值:指定控制各级分类的最小值。双击对话框中的数字,可重新输入新的数值。

＜最大值:指定各级分类数据的最大值。双击对话框中的数字,可重新输入新的数值。

％:显示当前分类中粘贴点所占的比例。此值不能被编辑,它是由该类别范围内的数据点与总数据点数量确定的。

♯:指示各分类中的点数。此值也不能被编辑,它是由该指定范围内的点数确定的。

Symbol(符号):指定各分类粘贴中使用的符号。要改变分类范围的符号或符号属性,双击该符号,并在符号属性对话框中作相应的修改。

尺寸:设置符号的大小。要改变分类范围符号的大小,双击该数值并在符号属性对话框中输入新的数值。

⑤把等值线图或表面图与粘贴图形都选中。或按下 Shift 键在图形窗口中选择多个对象;或从"编辑"中执行"全选"命令。

⑥从"地图"菜单中选择"覆盖图形"命令,两个图形自动叠覆结合。叠覆后的图形使用相同的 X 和 Y 轴,所有的点粘贴在图形相应的位置上。

点击"确认"按钮后,粘贴图形即在等值线图或表面图上绘出。

10.3.4　图形比例尺(Map Scale)

用来在图上绘制一个比例尺,比例尺按自定义参数分为相等间隔区间。它是图形比例的直观表示法。

要在图形上绘制比例尺,选定图形并在"地图"菜单中选择"比例尺"命令,此时会打开如图 10.3.8 所示的比例尺设置对话框。

"循环次数"文本框,指定比例尺的分段数。线段比例尺上的每一段称为一个 Cycle。

"循环间距"文本框,在比例尺上确定每段代表的数据单位长度。例如,若指定该数值是 5,那么比例尺上每一段就代表 5 个图形单位(采集数据时 X,Y 所使用的单位)。这些单位与比例轴(比例追踪)组框中指定轴的单位一致。

"标注增量"文本框,指定比例尺每一段标注数字的增量值。尽管也可以把"标注增量"与"循环间距"设定的不同,但是在一般情况下将二者的值设置为相等。如果要绘制一个与图形轴使用不同单位的比例尺时,这种灵活性很有帮助。例如,图形中的轴使用英里作单位,而在比例尺中则可以用千米作单位来表示。

"比例追踪"组框:指定绘制比例尺所依据的轴。

X 轴:选项按钮:基于 X 轴绘制比例尺。

Y 轴:选项按钮:基于 Y 轴绘制比例尺。

Z 轴:选项按钮:基于 Z 轴绘制比例尺。

该选项仅适用于下列图形:线框图,表面图,使用线框图或表面图的叠覆图形,以及含有 3D label Lines 的倾斜的粘贴图形。

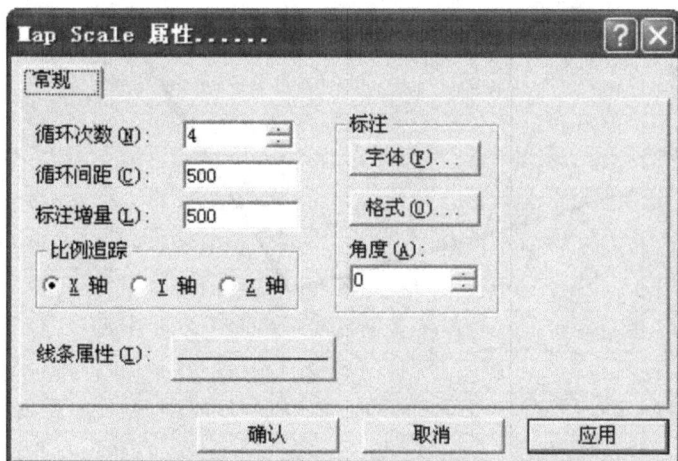

图 10.3.8　比例尺对话框

10.3.5　关于断层(Faults)的用法

断层文件是一个 BLN 文件,里面包含了断层的点数和每点的 XY 坐标值。并不是所有的网格化方法都支持断层,只有少数几种方法才支持断层网格化,如 Inverse Distance to a Power,Minimum Curvature,Nearest Neighbor,Data Metrics,这几种方法才能应用断层,但值得注意的是,其中的中间两种方法有可能会导致应用断层数据进行 GRID 时出现错误。如果断层数据是一个闭合的多边形,则只 GRID 多边形内部的值。

应用断层数据的具体方法是,首先生成所需的断层空白文件,然后对原始数据进行网格化。选择"网格化""数据"菜单,然后选取所需的数据文件,所选择网格化的方法,必须为以上所说的 4 种之一,在"高级选项"中选择"折断线和断层"(Breaklines and Faults)选项卡,接着在下面对应的"断层跟踪的文件"(Faults Traces)中选择断层 BLN 文件,接着进行网格化,就可以得到包含断层信息的网格文件,用"等值线图"进行绘图就可以了。

10.3.6　剖面线(slice)的用法

Slice 是做剖面的意思。现有用 test. txt 生成的等值线图,现想沿图上的折线作一剖面,即想知道折线各点的高程值(z 值,见图 10.3.8)。折线是一 bln 文件,即几个点的坐标,当然也可以同时是几条剖面线,这里只给出一条的例子。那么怎么得到剖面的值呢。首先要有数据文件的网格文件和剖线的 bln 文件,如图 10.3.9 上剖面线的 bln 文件如下(如文件名为 sl. bln):

```
3,0
36622610, 3892856
36624003, 3892459
36624823, 3893746
```

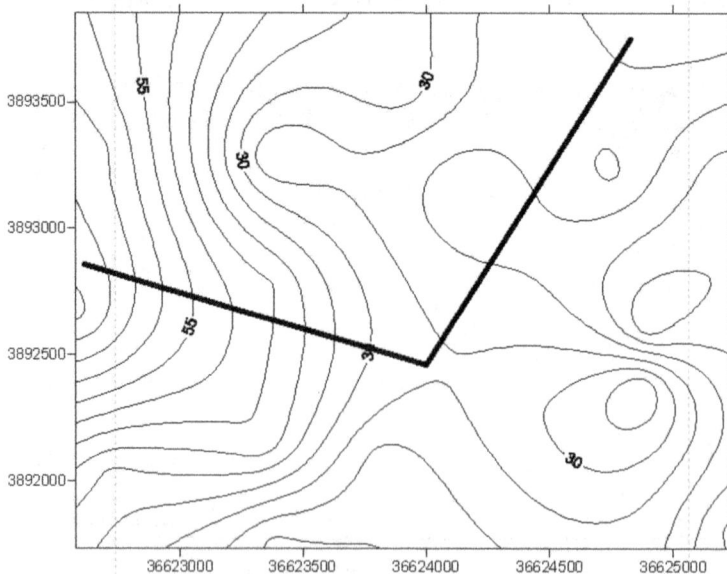

图 10.3.9　在等值线图上切出剖面

先将 tset.txt 文件进行网格化,生成 test.grd 的网格文件,然后选择"网格"菜单下的"剖面/片断"(Slice),在对话框中选中 test.grd 的网格文件,再在打开的新对话框中选中剖线的 bln 文件,在打开的 Grid Slice 对话框中有两项选择,一是输出的 bln 文件,会输出三列,第一列为剖线的 x 坐标,第二列为剖线的 y 坐标,第三列为剖线点上的 z 坐标(即与等高线交点的 z 坐标)。一般此文件用处不大。第二个输出的是数据文件,此文件输出 5 列,分为剖线所在的 x,y,z,剖线长度积累值(见图 10.3.10),即第一点为 0,其他各点的值是到此点的距离,最后一列为剖线标记,数字不同代表不同的剖线,相同代表同一条线。再下面是两个缺省值的设定,可以不去管。剖面数据的显示可以有两种方法,一是用 SURFER 的 Post Map 或 Classed Post Map,即显示剖面数据的 x,y 和 z,如图 10.3.11 所示。其次可以分别以第 1,2 和 4 列数据分别作为 x 轴,第 3 列作为 y 轴,作二维图形显示各个剖面的结构。

	A	B	C	D	E
	A1	36622610			
1	36622610	3892856	72.697309	0	1
2	36622626	3892851.5	72.332412	16.599288	1
3	36622653	3892843.8	71.588744	44.447523	1
4	36622680	3892836.2	70.722322	72.295759	1
5	36622684	3892834.8	70.551774	77.228814	1
6	36622706	3892828.6	69.741481	100.14759	1
7	36622733	3892820.9	68.672556	127.99223	1
8	36622760	3892813.3	67.541724	155.84047	1

图 10.3.10　生成的剖面数据(仅列出前面几个)

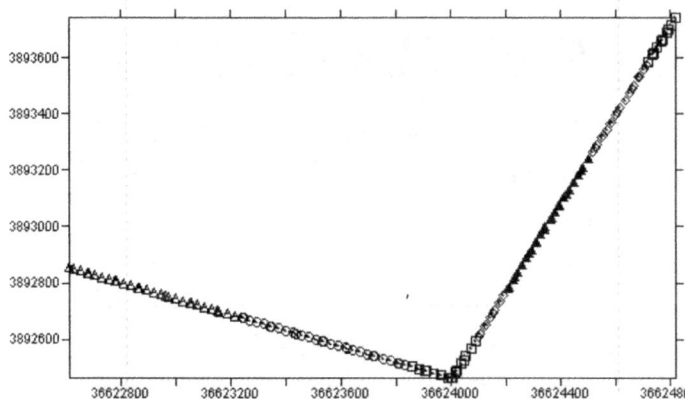

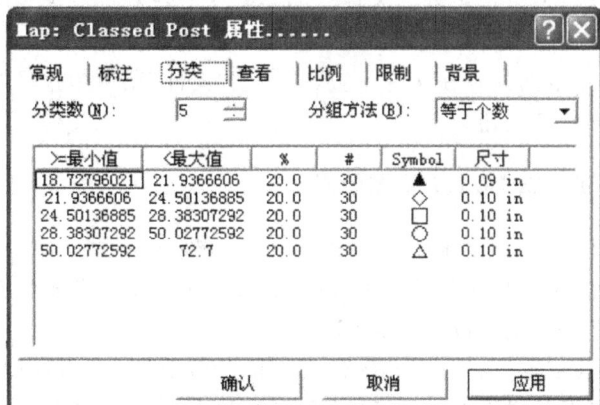

图 10.3.11　用 Classed Post 表现的剖面图

10.3.7 计算残差

用"网格"菜单中的"残差(R)"命令可以确定同一坐标点的 Z 值在 XYZ 数据文件中与在网格化线框的差值 。用于计算残差的公式：

Zres ＝ Zdat－ Zgrd

这里，Zres 表示残差值；

Zdat 数据文件中的 Z 值；

Zgrd 网格文件中的内插值。

如果数据文件中的值大于网格中该点的内插值，则残差值为正值；否则，残差值为负值。

计算残差的意义：

残差可以用于定量地了解实际数据与网格文件内插值的差别。

残差命令可确定网格文件中特定 XY 点的 Z 值。

计算残差的步骤：

①准备一个包括要计算残差点的 XYZ 数据文件。

②从"网格"菜单中选择"残差(R)"命令，在弹出的打开网格文件对话框中指定网格文件的路径和文件名称。

③确定后，在弹出的打开数据文件对话框中指定 XYZ 数据文件的路径和名称。

④确定后，弹出"网格残差"对话框(见图 10.3.12)。其中显示了数据文件中 X,Y,Z 的位置，同时也要指定接受残差数据回写到工作表中的列。

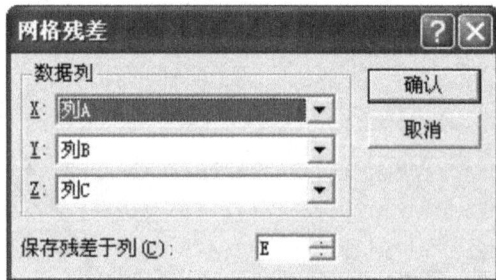

图 10.3.12 "网格残差"对话框

⑤点击"确认"按钮，所指定数据文件中的 XY 点的残差将被计算出来。此时，含有残差数据的 XYZ 数据文件工作表窗口自动打开(见图 10.3.13)。

⑥如果要将残差数据保存在文件中，从工作表"文件"菜单中选择"另存为"命令，指定残差文件名，然后点击"确认"按钮。

10.3.8 如何生成图 10.1.1 插图的图形

首先在 SURFER 8.0 中先画出 Wireframe 图，再画等高线图，将等高线图拖到上方一点，双击等高线图，在 view 选项中修改 rotation 为 45，tilt 为 25(拉滚动条就可以了)。再用手工画上三条竖线，调整一下就可以了(见图 10.3.14)。

此外，有时候，我们需要将一张底图代替上面的等高线图，但底图是不能用 3D 的形式来调整的，如果想把底图放得平一些的话，就会毫无办法。那么，该如何做到呢？其实，很简单的一个小技巧，就是先将底图与等高线 overlay map，然后去掉等高线（将其线型选为空，且不填色），就可以将底图与等高线等同对待，任意调整了。

<table>
<tr><td colspan="6">TEST.txt</td></tr>
<tr><td>A1</td><td colspan="5">36623151.7</td></tr>
<tr><td></td><td>A</td><td>B</td><td>C</td><td>D</td><td>E</td></tr>
<tr><td>1</td><td>36623152</td><td>3893852.8</td><td>45.98</td><td>ZH01</td><td>0.0573234</td></tr>
<tr><td>2</td><td>36624319</td><td>3893844.8</td><td>22.12</td><td>ZH02</td><td>-0.2640851</td></tr>
<tr><td>3</td><td>36625172</td><td>3893852.8</td><td>29.12</td><td>ZH03</td><td>0.0313150</td></tr>
<tr><td>4</td><td>36625200</td><td>3893237.2</td><td>12.8</td><td>ZH04</td><td>-0.0744976</td></tr>
<tr><td>5</td><td>36624146</td><td>3893156.8</td><td>15.6</td><td>ZH05</td><td>-0.2661817</td></tr>
<tr><td>6</td><td>36623369</td><td>3893285.5</td><td>20.22</td><td>ZH06</td><td>-0.7582064</td></tr>
<tr><td>7</td><td>36622705</td><td>3893329.8</td><td>65</td><td>ZH07</td><td>0.1775644</td></tr>
<tr><td>8</td><td>36623896</td><td>3893575.2</td><td>34</td><td>ZH08</td><td>0.5225267</td></tr>
<tr><td>9</td><td>36624749</td><td>3893217.1</td><td>26</td><td>ZH09</td><td>0.4365768</td></tr>
<tr><td>10</td><td>36624898</td><td>3892613.6</td><td>5.9</td><td>ZH10</td><td>-1.0679520</td></tr>
<tr><td>11</td><td>36623385</td><td>3892782.6</td><td>45</td><td>ZH11</td><td>0.2513613</td></tr>
<tr><td>12</td><td>36622572</td><td>3892665.9</td><td>76.77</td><td>ZH12</td><td>0.4375589</td></tr>
<tr><td>13</td><td>36622717</td><td>3892038.3</td><td>34</td><td>ZH13</td><td>-0.4572135</td></tr>
<tr><td>14</td><td>36623381</td><td>3891764.7</td><td>14</td><td>ZH14</td><td>-0.2836675</td></tr>
<tr><td>15</td><td>36623345</td><td>3892150.9</td><td>43.78</td><td>ZH15</td><td>0.6608191</td></tr>
<tr><td>16</td><td>36624870</td><td>3892368.2</td><td>40.54</td><td>ZH16</td><td>1.4662853</td></tr>
<tr><td>17</td><td>36625224</td><td>3891808.9</td><td>8.9</td><td>ZH17</td><td>-0.2807935</td></tr>
<tr><td>18</td><td>36623816</td><td>3892094.6</td><td>18</td><td>ZH18</td><td>-0.4254048</td></tr>
<tr><td>19</td><td>36624371</td><td>3892307.8</td><td>28.92</td><td>ZH19</td><td>0.1217325</td></tr>
<tr><td>20</td><td>36624938</td><td>3891736.5</td><td>21</td><td>ZH21</td><td>0.1477253</td></tr>
<tr><td>21</td><td></td><td></td><td></td><td></td><td></td></tr>
</table>

图 10.3.13　自动回写到数据文件的残差值

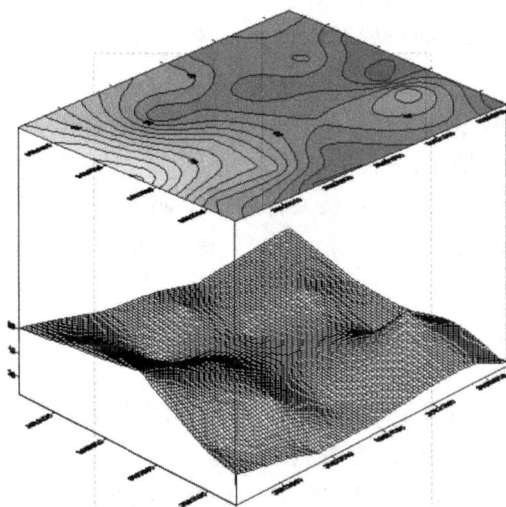

图 10.3.14　SURFER 8.0 生成的图形

第11章　MAPGIS 绘制地质图件方法

MAPGIS 是中国地质大学信息工程学院武汉中地信息工程有限公司自行研制开发的地理信息系统,具有强大的制图功能,本章主要论述 MAPGIS 在地质制图方面的操作。

11.1　MAPGIS 的基本概念与文件管理

11.1.1　MAPGIS 的基本概念

图层:是用户按照一定的需要或标准把某些相关的物体组合在一起,称之为图层。如地理图中水系构成一个图层,铁路构成一个图层等。可以把一个图层理解为一张透明薄膜,每一层上的物体在同一张薄膜上。一张图就是由若干层薄膜叠置而成的,图形分层有利于提高检索和显示速度。

靶区:是屏幕上用来捕获被编辑物体(图形)的矩形区域,它由用户在屏幕上形成。

控制点:控制点是指已知平面位置和地表高程的点,它在图形处理中能够控制图形形状,反映图形位置。

点元:点元是点图元的简称,有时也简称点,所谓点元是指由一个控制点决定其位置的有确定形状的图形单元。它包括字、字符串、子图、圆、弧、直线段等几种类型。它与“线上加点”中的点概念不同。所有点图元都保存在线文件中(* . wt)。

线图元:地图中线状物的总称。如划线、省界、国界、地质界线、断层、水系、公路等。所有线图元都保存在线文件中(* . wl)。

区图元(面图元):由线或弧段组成的封闭区域,可以以颜色和花纹图案填充。如湖泊、地层、岩体分布区等。所有区图元都保存在区文件中(* . wp)。

弧段:弧段是一系列有规则的,顺序的点的集合,用它们可以构成区域的轮廓线。它与曲线是两个不同的概念,前者属于面元,后者属于线元。

拓扑:拓扑亦即位相关系,是指将点、线及区域等图元的空间关系加以结构化的一种数学方法。主要包括区域的定义、区域的相邻性及弧段的接序性。区域是由构成其轮廓的弧段所组成的,所有的弧段都加以编码,再将区域看作由弧段代码组成;区域的相邻性是区域与区域间是否相邻,可由它们是否具有共同的边界弧段决定;弧段的接序性是指对于具有方向性的弧段,可定义它们的起始结点和终止结点,便于在网络图层中查讯路径或回路。拓扑性质是变形后保持不变的属性。

透明输出:与透明输出相对的为覆盖输出。用举例来解释这个名词,如果区与区、线与区或点图元与区等等叠加,用透明输出时,最上面的图元颜色发生了改变,在最终的输出时最上面图元颜色为它们的混合色。最终的输出如印刷品等。

数字化:数字化是指把图形、文字等模拟信息转换成为计算机能够识别、处理、储存的数字信息的过程。

矢量：是具有一定方向和长度的量。一个矢量在二维空间里可表示为$(\mathrm{d}x,\mathrm{d}y)$，其中 $\mathrm{d}x$ 表示沿 x 方向移动的距离，$\mathrm{d}y$ 表示沿 y 方向移动的距离。

矢量化：矢量化是指把栅格数据转换成矢量数据的过程。

细化：细化是指将栅格数据中，具有一定宽度的图元，抽取其中心骨架的过程。

网格化(构网)：网格化是指将不规则的观测点按照一定的网格结构及某种算法转换成有规则排列的网格的过程。网格划分为规则网格化和不规则网格化，其中规则网格化是指在制图区域上构成有小长方形或正方形网眼排成矩阵式的网格的过程；不规则网格化是指直接由离散点连成的四边形或三角形网的过程。网格化主要用于绘制等值线。

光栅化：光栅化是指把矢量数据转换成栅格数据的过程。

曲线光滑：就是根据给定点列用插值法或曲线拟合法建立某一符合实际要求的连续光滑曲线的函数，使给定点满足这个函数关系，并按该函数关系用计算加密点列来完成光滑连接的过程。

结点：结点是某弧段的端点，或者是数条弧段间的交叉点。

结点平差(顶点匹配)：本来是同一个结点，由于数字化误差，几条弧段在交叉处，即结点处没有闭合或吻合，留有空隙，为此将它们在交叉处的端点按照一定的匹配半径捏合起来，成为一个真正结点的过程，称为结点平差。

裁剪：裁剪是指将图形中的某一部分或全部按照给定多边形所圈定的边界范围提取出来进行单独处理的过程。这个给定的多边形通常称作裁剪框。在裁剪实用处理程序中，裁剪方式有内裁剪和外裁剪，其中内裁剪是指裁剪后保留裁剪框内的部分，外裁剪是指裁剪后保留裁剪框外面的部分。

属性：就是一个实体的特征，属性数据是描述真实实体特征的数据集。显示地物属性的表通常称为属性表，属性表常用来组织属性数据。

11.1.2　MAPGIS 的文件及操作

MAPGIS 常用的文件：

.wp 区(面)文件；

.wl 线文件；

.wt 点文件；

.tif 栅格文件；

.rbm 光栅求反后文件(内部栅格数据文件)；

.mpj 工程文件；

.cln 图例板文件；

.pnt 控制点文件；

.nv? 分色光栅文件；

.lib 系统库文件；

.dic 层名字典文件。

MAPGIS 在绘图时，采用工程文件来管理文件，其工程文件结构如图 11.1.1 所示。

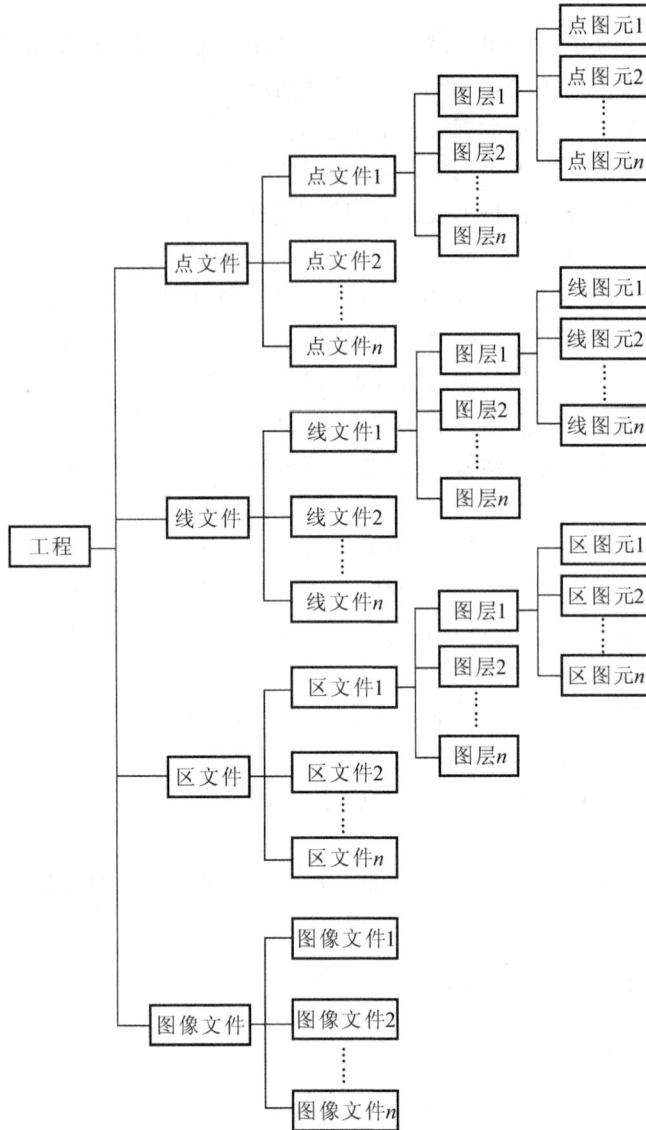

图 11.1.1　MAPGIS 工程文件结构图

MAPGIS 有两种绘图模式,一是建立工程文件,在工程文件中对其中的点、线、面等文件直接进行操作,如图 11.1.2 所示。

图 11.1.2 中,左侧为该工程文件中已经包含的全部文件,右侧窗口为全部文件的显示,工程文件中的单个文件有 3 种工作状态,分别为编辑状态、打开状态和关闭状态。当为编辑状态时,用户可对其进行编辑修改;当为打开状态时,文件内容只能显示,不能编辑修改;当为关闭状态时,文件不能显示。

需要特别说明的一点,虽然在一个工程中可同时包含多个点、线、面文件,但当前文件只能有一个点文件、一个线文件、一个面文件,也就是左侧文件前方框内打钩的文件为当前文件,一般的输入操作是针对当前文件的。因此,在绘图时要正确设置当前文件,在实际作图时,经常会把不相关的内容输入到该文件中,如有一文件为河流,可能将边界、道路等内容输入到该文件中,这就是在输入图元时,当前文件没有正确设置所致。

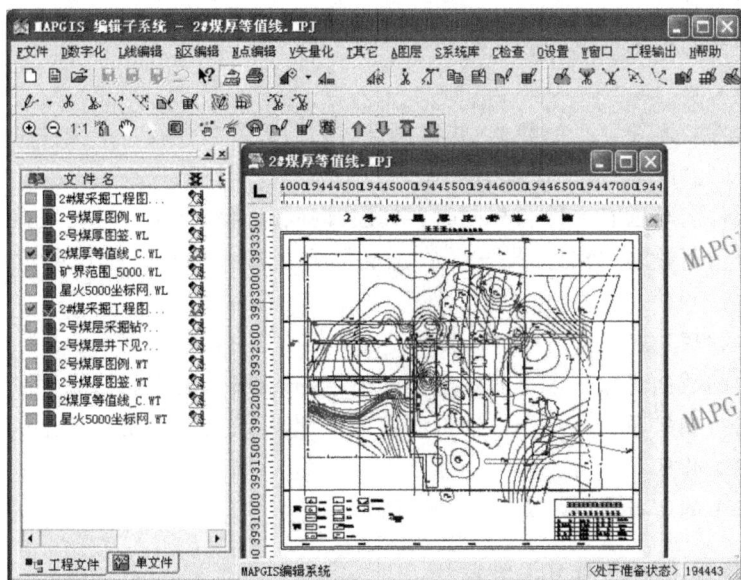

图 11.1.2　MAPGIS 工程文件管理

如果用户要对工程文件中的某一个文件单独操作,可双击该文件,则可单独打开该文件,单独对其操作。

MAPGIS 的另一种绘图模式文件操作模式,在该模式下,用户可在一个工作区内打开一个点文件,一个线文件,一个面文件,在工作区状态下,"点""线""面"文件操作是雷同的,现在只对线文件操作加以说明,如图 11.1.3 所示。

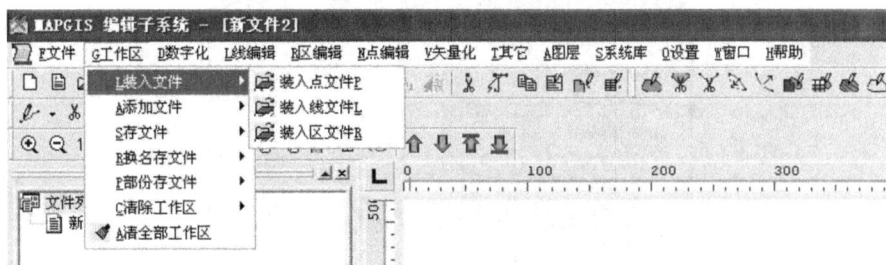

图 11.1.3　MAPGIS 工作区文件操作

1.装入线文件

"装入线文件"将某个要编辑的线文件装入工作区,此时将清除工作区中原有线文件,如果原有线文件经过编辑而没有存盘,图形编辑子系统会提示用户存盘。

2.添加线文件

"添加线文件",装入一个新的线文件到工作区,与工作区原有数据合并在一起;此功能常用来将 2 个以上文件合并在一起。

3.保存线文件

将工作区中的线数据以原有的名字存入磁盘。

4.换名存线文件

将工作区中的线数据换名存入磁盘。

5.存部分线文件

用一个窗口捕获需要存盘的数据,并将捕获到的图形数据存到一个文件中。

注意:1)此功能并非对图形作裁剪操作。

2)当存盘文件名与已有文件名相同时,系统会询问是否对原文件进行覆盖。

3)此功能可重新整理数据,如果发现数据异常时,可用此功能用一个足够大的窗口捕获全部数据存盘。

6.清除线工作区

将工作区中的数据清除。当不需要工作区中的线数据时,使用此功能,可清除当前工作区中的所有线数据。如果原有数据经过编辑而没有存盘,系统会提示用户存盘。

7.清除全部工作区

将当前窗口中的所有点、线、面数据全部清除。

11.1.3 MAPGIS 的工作环境设置

在用 MAPGIS 在绘图时,首先要进行工作环境设置,正确设置 MAPGIS 的工作环境是正确使用 MAPGIS 的重要一步,工作环境设置不对,MAPGIS 将不能正常使用。

工作环境设置可通过两种途径来实现:

方式一:点击 MAPGIS 主界面上的"系统设置"按钮;

方式二:直接运行 MAPGIS 安装目录下的 program 目录下的 MapEnv.exe 文件;

以上两种方式均打开"MAPGIS 环境设置"对话框(见图 11.1.4)

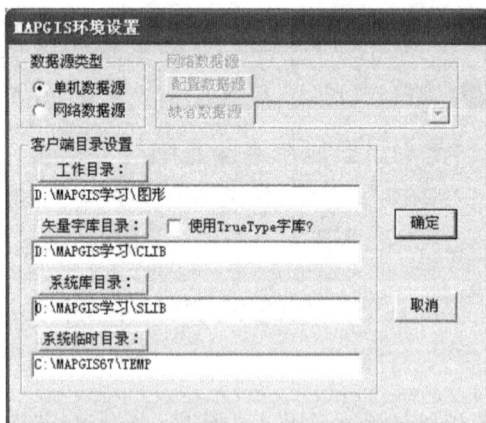

图 11.1.4　MAPGIS 环境设置对话框

1.工作目录设置

单击"工作目录",将用户存放文件的文件夹设置为工作目录。

2.矢量字库目录设置

如果使用 MAPGIS 自带的矢量字库,可选择 MAPGIS 安装目录下的 CLIB 文件夹作为矢量字库目录,如果要使用 WINDOWS 的矢量字库,则:

将 ☐ 使用TrueType字库? 前的复选框打钩(单击),弹出"配置字体"的对话框(见图 11.1.5):

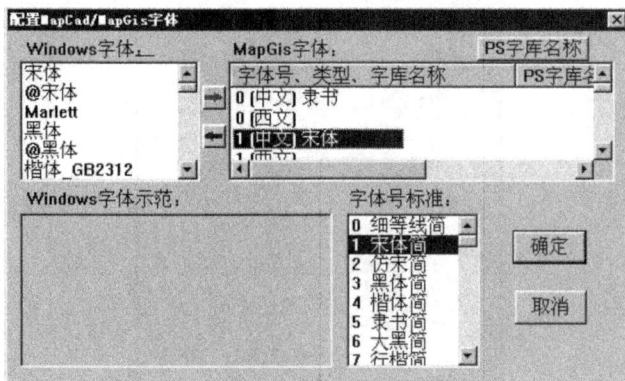

图 11.1.5　MAPGIS"配置字体"对话框

先选中右上角的,此时右下角"字体号标准"会自动将 1 宋体简 变蓝,提示中文 1 号字体应为简体宋体,在左上角的"windows 字体"中选中"宋体",单击中间的 ➡,此时,右上角的 1 中文会有宋体出现,这样就配好了 1 号中文字体。

重复上述步骤,将仿宋简、黑体简和楷体简也进行配好。如果出现配错,想纠正的话,选在右上角的框中选中配错的字体,单击 ⬅,配错的字体就去掉了。

这样就完成了字体设定设置,按退出字体设定。

3.系统库目录设置

系统库内存放线型、子图、图案、颜色等文件,必须正确设置,一旦设置后,用该系统库所绘制的图形一直与该系统库关联,如果系统库改了,所绘图件的内容将不能正确显示和输出。

4.临时目录设置

临时目录中存放 MAPGIS 在运行时产生的临时文件,在 MAPGIS 安装后,在其目录下会自动产生一个名为 TEMP 的文件夹,一般将临时目录设置为该文件夹即可。

11.2　MAPGIS 基本图形编辑方法

11.2.1　线编辑

1.线图元参数

线图元参数主要有以下几个(见图 11.2.1):

①线型:是指形式形状相同或相似的一类线状符号组的编号。

②辅助线型:同一线型组中不同线型的编号。所有线型存放在一个线型库中,在线型库中,将形状相似的线状符号归为一组,每一组有若干相似的线状符号。将组的编号称作"线型",组内具体的符号编号称为"辅助线型"。点击"线型"按钮可打开线型库,从中选择所需要

的线型。

③线颜色:是构成线状符号的主体的颜色编号。点击"线颜色"按钮可打开线颜色选择窗口,用户可从中选择所需要的颜色。

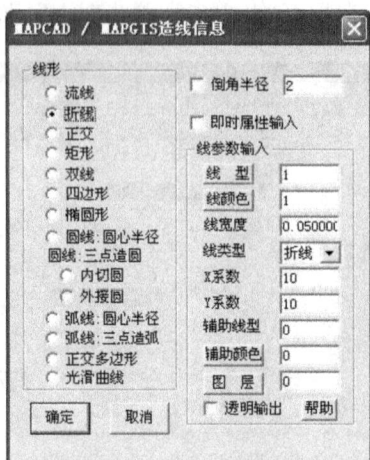

图 11.2.1 线图元参数

④辅助颜色:线状符号中非主体部分的颜色编号。在编辑线型库时,系统在每建立一个线元素时都会提示选择这个线元素的颜色是用主色还是辅色,如果您选择主色,那么在输出时这个线元素的颜色就由"线颜色"指定,如果您选择辅色,那么在输出时这个线元素的颜色就由"辅助颜色"指定。

⑤线类型:线类型分为折线和光滑曲线两种。

⑥线宽:组成线图元的线条的宽度。

⑦X 系数:线型单元生成时在 X 方向的比例系数。

在输入 X 的系数时要注意,当 X 系数>0 时,表示该线型每隔 X 便重复出现,如图 11.2.2 的左图所示,其对应的线型如其上的三角形,对应的参数见其下。当 X 系数<0 或 X 系数=0 时,表示该线型拉长显示。对于河流之类的渐变线(由细渐渐变粗或由粗渐渐变细),X 系数一定要小于或等于 0。如图 11.2.2 的右图所示,其对应的线型如其上。用户应记住,表示水系显示时,只能用右边这种线型,不能用左边这种线型。

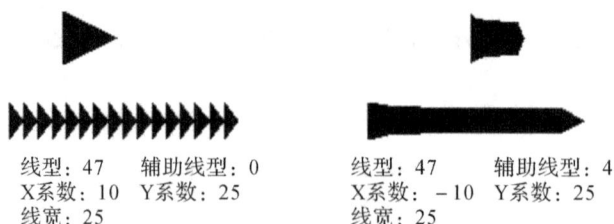

线型:47	辅助线型:0	线型:47	辅助线型:4
X系数:10	Y系数:25	X系数:-10	Y系数:25
线宽:25		线宽:25	

图 11.2.2 X,Y 系数的设置

⑧YF 系数:线型单元生成时在 Y 方向的比例系数。

在造线型时,是在一个 1x1 的单位内造的,在库中存的也是 X,Y 方向均为单位长度线型,在输出还原时,X,Y 系数分别表示这个单位长度在 X,Y 方向的所生成的实际长度是多少。

⑨透明输出:每一图元在输出时有"透明方式"和"覆盖方式"两种选择。

2. 线编辑

线编辑是图形编辑中很重要的一个环节。利用线编辑,可以修改线元的空间数据,其中包括增删线、改变线的空间位置,剪断线、产生平行线、拷贝线等功能,也可以编辑、修改线参数,还可以编辑和输入线属性(见图 11.2.3)。

图 11.2.3　线编辑

3. 线参数编辑

参数编辑用于修改已经输入线的参数。"修改参数"是修改单根线的参数。"统改参数"是修改多根线的参数。"缺省参数"是由用户给定线元的缺省参数。以下分别介绍各功能的作用与操作。

①修改参数。用光标捕获一条曲线,然后修改其参数。

线参数板中的"线型"按钮和"颜色"按钮,分别用于选线型和线颜色。

②统改参数。统改线参数功能是将满足条件的参数统改为用户设定的参数。若所列的替换条件都没有选择,则为无条件替换,即将所有区域参数统一改为用户设定的参数。相反,若所列的替换结果都没有选择,则不进行替换。各选项前的小方框内若打钩为选择,否则为不选择。

用户根据自己的要求设置好替换条件和替换结果的参数后,按 OK 键系统即自动搜索满足条件的线参数,并将其替换为结果设定的值。在替换时,凡是替换结果选项前没有打钩的项,都保持原先的值不变。如要统改线颜色,只需将线颜色前的小方框按鼠标左键打钩,其他项不设置,那么替换的结果就只是线颜色,其他值不变。

注:在以上替换中的条件和结果中有关于图层号的选择,利用此功能可以将符合某种条件的图元放到某一层中,然后对该层进行处理,如删除等(对点和区的统改也有相应功能)。

③修改缺省线参数。通过本菜单设置缺省线参数,以加快输入的速度。

④修改线属性。"修改线属性"工具用来编辑修改线图元的专业属性信息,该功能主要用在地理信息系统。

⑤编辑线属性结构。修改专业属性库的结构。

⑥根据属性赋参数。该功能根据用户输入的属性条件,将满足条件的图元参数自动更新为用户设置的参数。该操作过程分为两步:首先,输入属性查询条件,选中该功能后系统会弹出属性条件表达式输入窗口,由用户输入替换条件;然后,系统会弹出图元参数输入窗口,供用户输入统改后的图元参数,输入完毕,系统自动搜索满足条件的图元,并进行修改。

⑦根据参数赋属性。该功能根据两个条件,即图形参数条件和属性条件,属性条件表达式为空时,只根据图形参数条件;图形参数条件没设置时,只根据属性条件;两项条件都已设置时,将同时要满足两项条件。满足条件后欲改的属性项必须确认(打√),将满足条件的图元属性更新为用户设置的值。

11.2.2 点编辑

1.点图元的参数

点图元的参数分注释参数、子图参数、圆参数、弧参数、图像参数等几种,现在分别予以说明。

(1)注释参数。注释参数有注释高度、字符宽度、字符间隔、字符角度、字符颜色、字体、排列方式等(见图11.2.4)。

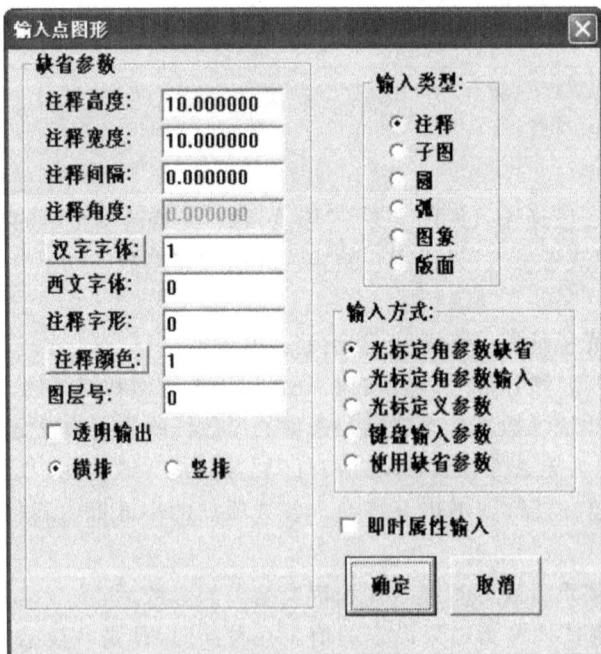

图11.2.4　注释参数

特殊字串编排控制。为了方便编排一些特殊的字串,如上下标和分式,定义了一些排版控制符,用这些符号来编排控制。这些符号分别有:

◆上下标编排:

恢复正常	上标控制	♯一	下标控制	♯二

如:

5^2煤层厚度表示为:5♯+一2♯=煤层厚度

◆分式编排:

/分子/分母/

如:/123/456/表示:$\dfrac{123}{456}$

(2)子图参数。子图参数有子图号、子图高度、子图宽度、子图颜色、旋转角度等(见图 11.2.5)。

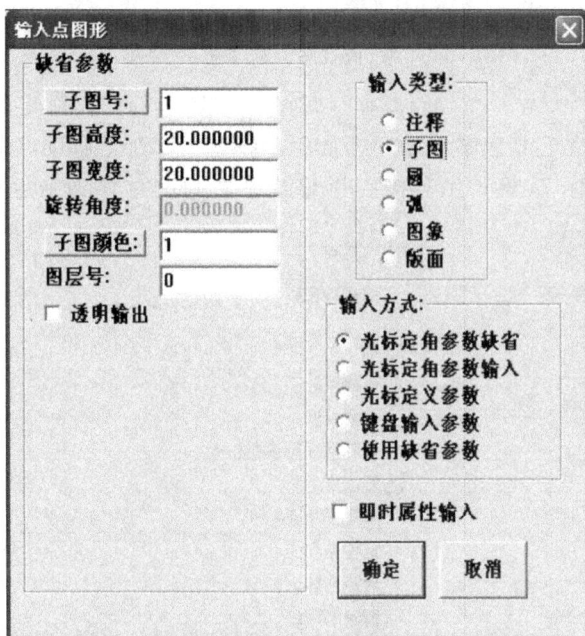

图 11.2.5　子图参数

(3)圆参数。圆参数包括圆填充否、轮廓颜色、填充颜色、笔宽、圆半径、层号等(见图 11.2.6)。

(4)弧参数。弧参数包括弧半径、弧起始角、弧结束角、弧线颜色、笔宽等。

(5)图像参数。图像参数包括图像宽度图像高度。

(6)版面参数。版面参数包括注释高度、字符宽度、列间隔、行间隔、注释角度、汉字字体、西文字体、注释字型、注释颜色、版面高度、版面宽度、排列方式等。

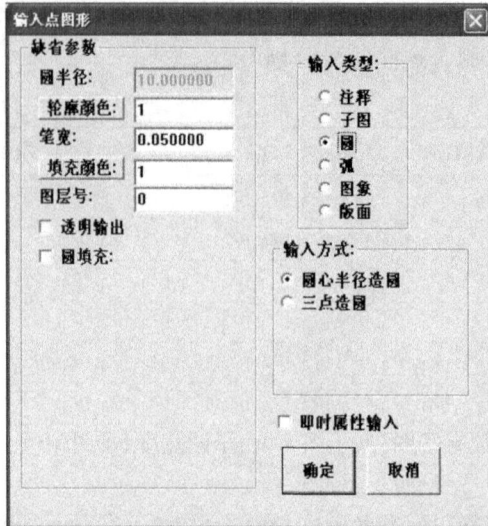

图 11.2.6　圆参数

2. 点编辑

　　点编辑功能主要有编辑指定图元、输入点图元、删除点、移动点、移动点坐标调整、复制点、阵列复制点、点定位、对齐坐标、剪断字串、连接字串、修改图像、修改文本、改变角度等(见图 11.2.7)

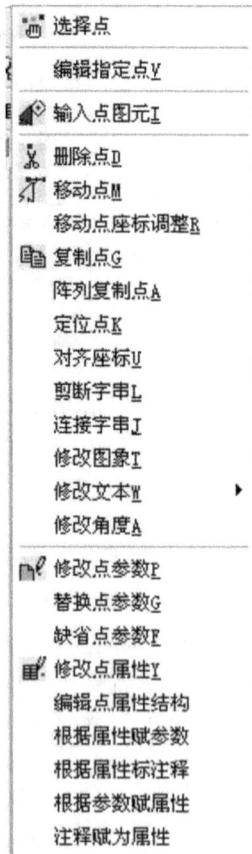

图 11.2.7　点编辑

3.点参数编辑

参数编辑是用于对点图元的属性进行修改或对系统的缺省参数进行修改、设置,以及对注释的文本内容进行修改。点图元包括注释参数、子图参数、圆参数、弧参数、图像参数和版面。

(1)修改参数。修改指定的一个或多个点图元的参数。

(2)统改参数。编辑器弹出点参数统改板,供用户输入统改条件与结果。

点参数统改的替换条件和替换结果的输入与线参数统改相似,这里不再重复。

(3)缺省参数。输入或修改"注释参数""子图参数""圆参数""弧参数""图像参数"等点图元的缺省参数值。

(4)修改点属性。"修改点属性"工具用来编辑修改点图元的专业属性信息,该功能主要用在地理信息系统中。

(5)根据属性赋参数。操作与前边的类似,只是修改点图元的参数。

(6)根据属性标注释。在点文件中,图面上有很多字符串是作为点图元的属性存储的。如一幅图中的地名,反映其地理位置的是一个子图符号,而其名称是一个字符串,而且其地名往往作为属性的一个字段参与分析统计等。这样,既要在属性库中输入其地名,又要在地图上输入其地名串。借助该功能,只要在属性库中输入其地名后,选择该功能,系统随即弹出属性字段选择窗口,由用户选择欲生成注释串的字段,如"地名"字段,输入要注释的字符串左下角与该点的相对位移的 X,Y 值。接下来,系统要求用户输入生成字符串的参数,输入完毕,系统自动将该属性字段的内容在其相应的位置上生成指定参数的注释串。

(7)注释赋为属性。这个功能与上一个功能刚好相反,它把点文件中的注释字符串赋到属性中的某一个字段。执行该功能时,系统首先让用选择一个字符串型的字段,然后自动将注释字符串的内容自动写到该字段中。如果在属性中没有字符串型的字段,系统会提示用,请用在修改属性结构功能中建立一个字段。

11.2.3　区编辑

1.区编辑

区编辑是图形编辑中很重要的一个环节。它包括区的形成及其属性的编辑等。MAPGIS的区是由弧段所围成,因此,正确的作图方法是,先将要形成区的线段单独放在一个文件中,或在一个线文件中单独放在同图层,并处理好线之间拓扑关系。然后,将线段转换为弧段,再生成区。

区编辑的主要功能:

编辑指定区图元:用户输入将要编辑的区的号码,编辑器将此区黄色加亮,然后用户可再进入其他区编辑功能,可对该区进行编辑。

输入区:用来在屏幕上,以选择的方式构造多边形(面元)。具体操作如下:移动光标到欲生成的面元内,按下鼠标左键,此时如果弧段拓扑关系正确,则立即生成区。若造区失败说明弧段拓扑关系不正确,请用"剪断""拓扑查错""结点平差"等功能将错误矫正。

挑子区(岛):挑子区的操作非常简单,选中母区即可,由编辑器自动搜索属于它的所有子区。在区域的多重嵌套中,若把最外层的区域看作第一代,那么次内层的区域作为第二代,第二代区的内层作为第三代……依此类推。

删除区:从屏幕上将指定的区域删除

区镜像:对选定的区对 X 轴、Y 轴、原点进行镜像。

复制区:用鼠标左键单击欲复制的区,捕获选择的对象,移动鼠标将该区拖到适当位置,按下左键将复制之。继续按左键将连续复制,直到按右键为止。

阵列复制区:在屏幕上,对选定的区进行阵列复制。

合并区:该功能可将相邻的两个面元合并为一个面元,移动鼠标依次捕获相邻的两个面元,系统即将先捕获的面元合并到后捕获的面元中,合并后的面元的图形参数及属性与后捕获的面元相同。

分割区:该功能可将一个面元分割成相邻的两个面元,执行该操作前必须在该面元分割处形成一分割弧段(用"输入弧段"或"线工作区提取弧段"均可),后移动鼠标捕获该弧段,系统即用捕获的弧段将面元分割成相邻的两个面元(其中隐含"自动剪断弧段"及"结点平差"操作),分割后的面元的图形参数及属性与分割前的面元相同。

自相交检查:面元自相交检查是检查构成面元的弧段之间或弧段内部有无相交现象。这种错误将影响到区输出、裁剪、空间分析等,故应预先检查出来。本菜单项有两个选项,检查一个区和所有区。[检查一个区]单击鼠标左键捕获一个面元并对它的弧段进行自相交检查;[检查所有区]需要用户给出检查范围(开始面元号,结束面元号),系统即对该范围内的面元逐一进行弧段自相交检查。

2.参数及属性修改

修改参数埊:移动光标捕获某一个区后,系统就将该区的参数显示出来供用户进行修改。修改参数后,该区域立即按重新给定的参数显示在图屏上。区参数板上的"填充图案""填充颜色""图案颜色"以按钮形式出现,可供用户选择"填充图案""填充颜色"及"图案颜色"。透明输出的选项允许用户选择图案填充时是否以透明方式进行。

统改参数:区域统改参数功能是将满足条件的参数统改为用户设定的参数,若所列的替换条件都没有选择,则为无条件替换,即将所有区域参数统一改为用户设定的参数。相反,若所列的替换结果都没有选择,则不进行替换。各选项前的小方框内若打钩为选择,否则为不选择。

选中该功能项后,编辑器弹出区参数统改面板,供用户输入统改条件与替换结果。用户根据自己的要求设置好替换条件和替换结果的参数后,按 OK 键系统即自动搜索满足条件的区域参数,并将其替换为结果设定的值。在替换时,凡是替换结果选项前没有打钩的项,都保持原先的值不变。如要统改填充颜色,只需将填充颜色前的小方框按鼠标左键打钩,其他项不设置,那么替换的结果就只是颜色,其他值不变。

注:在以上替换中的条件和结果中有关于图层号的选择,利用此功能可以将符合某种条件的图元放到某一层中,然后对该层进行处理,如删除等。

修改属性:用来编辑修改图元的属性信息,该功能主要用在地理信息系统进行信息分析查询的软件系统中。选中"修改属性"功能项后,移动光标捕获某一个区域后,系统将该区的属性信息显示出来,供用户作修改。

根据属性赋参数:该功能根据用户输入的属性条件,将满足条件的图元参数自动更新为用户设置的参数。该操作工程分为两步,首先,输入属性查询条件,选中该功能后系统会弹出属性条件表达式输入窗口;然后,系统会弹出图元参数输入窗口,供用户输入统改后的图元参数,输入完毕,系统自动搜索满足条件的图元,并进行修改。

根据参数赋属性:该功能根据两个条件:图形参数条件和属性条件,属性条件表达式为空时,只根据图形参数条件;图形参数条件没设置时,只根据属性条件;两项条件都已设置时,将同时要满足两项条件。满足条件后欲改的属性项必须确认(打√),将满足条件的图元属性更新为用户设置的值。

11.3 图形矢量化

11.3.1 矢量化文件操作及常用功能键

1. 矢量化系统的启动

①启动 MAPGIS 的编辑子系统;

②选择"矢量化"菜单。

2. 矢量化流程

MAPGIS 中矢量化流程如图 11.3.1 所示。

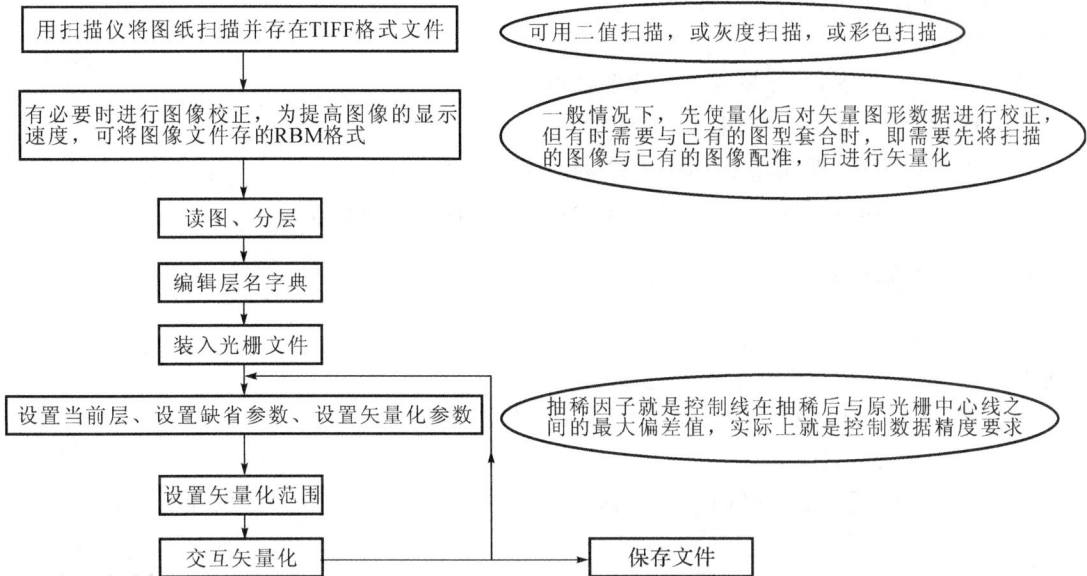

图 11.3.1 矢量化操作流程

3. 矢量化中的文件操作

(1)装入光栅。栅格数据可通过扫描仪扫描原图获得,并以图像文件形式存储。本系统可以直接处理 TIFF(非压缩)格式的图像文件,也可接受经过 MAPGIS 图像处理系统处理得到的内部格式(RBM)文件。该功能就是将扫描原图的光栅文件或将前次采集并保存的光栅数据文件装入工作区,以便接着矢量化,此时将清除工作区中原有光栅数据。

具体操作是选中该功能项,系统给出 Windows 定制的文件名选择输入对话框。用户输入文件名认可后,系统便将该文件装入到工作区中。

(2)保存光栅。将工作区中的光栅数据存成 MAPGIS 系统的内部格式(RBM)文件。在矢量化的过程中,若设置"自动清除处理过光栅"选项,则工作区中的光栅图像会发生变化;另外,在进行"光栅求反"操作后,工作区中的光栅图像也会发生变化。为了保存修改后的图像,就得选择该功能来保存光栅图像文件。

(3)清除光栅。清除工作区中的光栅文件。

(4)光栅求反。将工作区中的二值或灰度图像进行反转(Invert),如使二值图像的白色变为黑色,黑色变为白色。在矢量化的过程中,是以灰度级高的像素为准,即只对灰度级高的像素进行矢量化,灰度级底的像素作为背景。若扫描进来的图像与此刚好相反,则需利用该功能进行反转后才能开始正确的矢量化操作。如二值图像,正常的光栅数据显示出来应是灰底白线,如果出现白底灰线,说明图像黑白相反,应用"光栅文件求反"功能将光栅求反,求反后的光栅文件应存盘,否则下次装入的光栅文件还是不变。

(5)光栅显示。光栅图像的显示操作同矢量文件的显示,利用窗口操作中的不同功能即可进行相应的显示操作。

4.矢量化过程中的常用功能键

F4:高程递加;

F5:放大屏幕;

F6:以鼠标所在位置为中心移动屏幕;

F7:缩小屏幕;

F8:线矢量化时加点(在鼠标所在位置加点);

F9:线矢量化时退点(一次退一个点);

F11:改变线方向(即在数字化时,从线的一头转向另一头);

F12:抓线头,抓线上线,靠近线等操作(MAPGIS 特有,十分有用)。

11.3.2 矢量化设置

1.设置矢量化范围

全图范围:矢量化操作在全图范围内有效。

窗口范围:矢量化操作在定义窗口范围内有效。

2.设置矢量化参数

矢量化参数包括矢量化时的几个必需的控制参数,设置矢量化参数的窗口如图 11.3.2 所示。

(1)抽稀因子。对矢量化的线进行抽稀的因子,它表示抽稀后的线与原光栅中心线的最大误差允许值,它的单位是光栅点。因为在矢量化过程中,若逐个点跟踪,则线的点数就会太多,尤其像直线,这样就会增加许多冗余的点。为了减少数据的冗余点,在矢量化的过程中,系统在不影响数据精度的条件下自动进行抽稀。抽稀后的线与原光栅中心线(不抽稀的情况下跟踪出来的线)之间肯定会出现偏差,该抽稀因子就是控制线在抽稀后与原光栅中心线之间的最大偏差值,实际上就是控制数据精度要求,缺省情况下为一个光栅点,也即抽稀后的线与原光栅中心线的最大偏差为一个光栅点(若扫描分辨率为 300DPI,则一光栅点大约为 0.08 mm)。

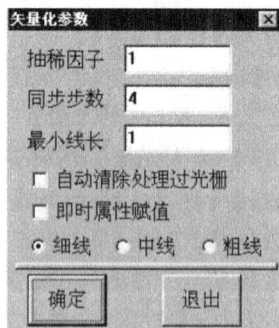

图 11.3.2　设置矢量化参数

（2）同步步数。就是在矢量化线的过程中，在搜索光栅线的中心点时，允许向前搜索的最大光栅点数。若在给定的允许范围内，搜索不到中心线，则系统自动结束当前线跟踪。因此这个参数控制矢量化转弯处的连续性，参数大则连续性较好，但线的准确性和线端点处的处理将受到影响。

3. 设置矢量化高程参数

在进行等高线矢量化时，需要给每一条线赋高程值，为提高效率，我们设计了自动赋值的功能。在进行等高线矢量化时，用户首先得在［线编辑］菜单下利用［编辑线属性结构］功能建立高程字段，然后利用该功能设置当前高程、高程增量和高程存储域，这样，在每矢量化一条线时，系统就会根据指定的高程存储域，将当前高程值赋予该属性域中。若当前高程值要增加，则每按一次 F4 键，当前高程值就增加"高程增量"所指定的值。因此配合 F4 键，用户就可以方便地为线赋高程值。若用户仍觉得不方便，则在矢量化完毕，可利用前边的［高程自动赋值］功能，方便地为线赋高程值，如图 11.3.3 所示。

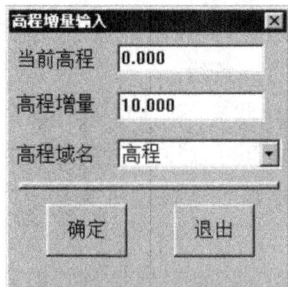

图 11.3.3　设置矢量化高程参数

当前高程：当前矢量化线的高程值，每矢量化一条线自动赋予当前高程。

高程增量：高程递增量。矢量化过程中，每按一次 F4 键，当前高程就递增一次，并弹出一个小窗口，显示当前高程值。

高程域名：存储高程值的属性域名，可选择属性库中任意一个浮点型域来存储高程值。在矢量化高程线时，最好先在［线编辑］菜单下利用［编辑线属性结构］功能建立高程字段，这样才可以在这里指定高程域名，其中线缺省属性字段不允许赋高程值。

注意：需要系统自动给每一条线赋高程值时，必需事先设置好线的属性结构，使它包含有"高程"的属性域（浮点型）。否则系统不能给等高线赋值。

11.3.3　矢量化

矢量化是把读入的栅格数据通过矢量跟踪，转换成矢量数据。栅格数据可通过扫描仪扫描原图获得，并以图像文件形式存储。本系统可以直接处理 TIFF 格式的图像文件，也可接受经过 MAPGIS 图像处理系统处理得到的内部格式（RBM）文件。

矢量化有下述主要功能。

1. 非细化无条件全自动矢量化

它是一种新的矢量化技术，与传统的细化矢量化方法相比，它具有无须细化处理，处理速度快，不会出现细化过程中常见的毛刺现象，矢量化的精度高等特点。

无条件全自动矢量化无须人工干预,系统自动进行矢量追踪,既省事,又方便。全自动矢量化对于那些图面比较清洁,线条比较分明,干扰因素比较少的图,跟踪出来的效果比较好,但是对于那些干扰因素比较大的图(注释、标记特别多的图),就需要人工干预,才能追踪出比较理想的图。

本系统的自动矢量化除了可进行整幅图的矢量化外,还可对图上的一部分进行自动矢量化。具体使用时,先用[设置矢量化范围]设置要处理的区域,再使用全自动矢量化就只对所设置的范围内的图形进行矢量化。

2. 交互式矢量化

对于那些干扰因素比较大,需要人工干预的图,要想追踪出比较理想的图,无条件全自动矢量化就显得力不从心了,此时人工导向自动识别跟踪矢量化正好解决了这个问题。矢量化追踪的基本思想就是沿着栅格数据线的中央跟踪,将其转化为矢量数据线。在进入到矢量化追踪状态后,即可以开始矢量跟踪,移动光标,选择需要追踪矢量化的线,屏幕上即显示出追踪的踪迹。每跟踪一段遇到交叉地方就会停下来,让用户选择下一步跟踪的方向和路径。在一条线跟踪完毕后,按鼠标的右键,即可以终止一条线,此时可以开始下一条线的跟踪。按CTRL+右键可以自动的封闭选定的一条线。

在人工导向自动识别跟踪矢量化状态下,可以通过键盘上的一些功能键,执行所需要的操作。如想加一个点,可以按F8键,退点可以按F9键,改变追踪方向可以按F11键,放大按F5键,缩小按F7键,移动按F6键,捕捉需想连接的线头按F12键,等等。

3. 封闭单元矢量化

对于地图上的居民地等一些图元,它的本身是封闭的,然而,由于内部填充的阴影线等内容,无论无条件全自动或人工导向自动识别跟踪矢量化都无法将其一次完整地矢量化出来,这时选用封闭单元矢量化功能就能将其完整地矢量化出来。

封闭单元矢量化功能有两项选择,一种是以这个光栅单元的外边界为准进行矢量化;另一种是以边界的中心线为准进行矢量化。

4. 高程自动赋值

这是快速等高线赋值方法,具体操作步骤:

①在线编辑中,修改线属性结构,加高程字段,字段类型必须是浮点型。

②设置高程参数,参考"设置高程参数"。

③自动赋值。

用鼠标拖出一条橡皮线,系统弹出高程设置对话框,要求用户设置当前高程、高程增量和高程域名,然后系统将凡与该橡皮线相交的等高线,根据已设置的"当前高程"为基值,自动逐条按"高程增量"递增赋值,原先若有值,则被自动更新。

5. 高程值色谱设置

设置高程增量、每一组等高线的数目及高程字段,每一组等高线的数目指计曲线和首曲线的数目。比如一组等高线的数目为5,则每隔4条首曲线有一条计曲线。

6. 高程值色谱显示

高程值色谱设置,系统会将等高线染色。

11.3.4　注意事项

(1)为提高运行速度,对于扫描的 TIFF 格式文件,进行求反后(必要时),存为 RBM 格式,

以后矢量化时,直接装入 RBM 格式文件;

(2)每次矢量化时,先装入前面已矢量化的成果(点、线、面文件),然后再继续矢量化,防止覆盖前面已矢量化的成果。

(3)矢量化时,为防止混乱,根据图层设计和要矢量化的对象,随时注意修当前图层。

11.4　常用图形变换

在用 MAPGIS 绘图中,经常要用到"整图变换"功能来对所绘图形进行操作。常用的"整图变换"有平移、比例和旋转 3 种变换。"整图变换"包括线文件、点文件和区文件的变换,前边打钩时表示对应的图元文件要进行变换。

要对整图进行变换,其操作方法为,在 MAPGIS 的图形编辑系统中,选择"其他"菜单下的"整图变换"功能,该功能有下述两种情况。

1. 光标定义参数

选择光标定义参数,系统需要用户用光标先定义平移原点、旋转角度后弹出变换输入板,并将这些参数放入对话框中(见图 11.4.1),用户可进行修改。

(1)平移参数:按系统提示从键盘上输入相应的相对位移量后,即将图形移到了相应的位置。

(2)比例参数:利用这个变换可以将图形放大或缩小。在 X,Y 两个方向的比例可以相同也可以不同。当您输入 X,Y 方向的比例系数后,系统就按用户输入的系数对图形进行变换。

(3)旋转参数:将整幅图绕坐标原点(0,0),按用户输入的旋转角度旋转,当旋转角为正时,逆时针旋转,为负时顺时针旋转。

另外,在点变换的下边,有一个"参数变化"选择项,当选择时,表示在进行点图元变换时,除位置坐标跟着变换外,其对应的点图元参数也跟着变化,如注释高宽、宽度等等。

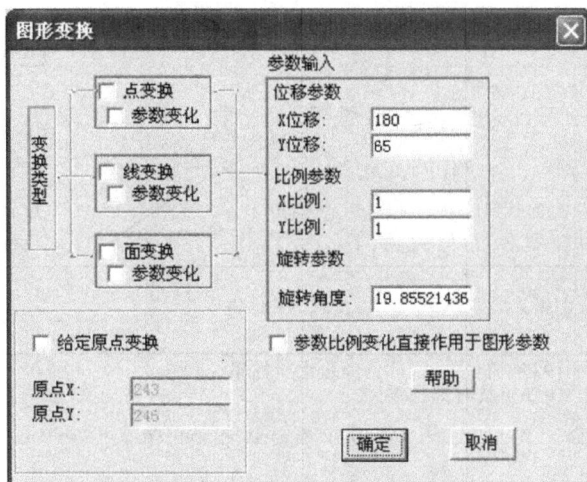

图 11.4.1　"图形变换"对话框

2. 键盘输入参数

选择键盘输入参数,编辑器直接弹出变换对话框,其对话框与图 11.4.1 相同,只是其中的 X 位移为 0,Y 位移为 0,旋转角度为 0。用户可选择变换文件类型,用户根据需要输入相应的平移、比例、旋转参数。其中,当旋转角度为正值时,图形逆时针旋转,当旋转角度为负时,图形逆时针旋转。特别的,对于点类型文件可选择"参数是否变化",即在坐标变换的同时,点的本身大小和角度是否变化。

11.5　标准图框的生成

11.5.1　标准分幅地形图图框的生成

不同比例尺标准分幅地形图图框的生成过程相同,以 1：5000 的"徐家沟"幅地形图为例,说明标准分幅地形图图框的生成方法。

打开地形图后,查看图的左下角(见图 11.5.1),在图的左下角有该幅地形图的经纬度的起始值:本幅地形图起始纬度为 35°06′15″,起始经度为 109°16′52″.5。另外,在图的左下角注明图的坐标系为 1954 北京坐标系。

现在详细介绍标准图框生成的步骤。

(1)启动 MAPGIS 的"实用服务"下的"投影变换",选择"系列标准图框"下的"生成 1：5000 图框"选项,如图 11.5.2 所示。

(2)在 1：5000 图框对话框中(见图 11.5.3),输入起始纬度和经度(109°16′52″.5 输入为 1091653)。

修改图框文件名为徐家沟图框. w?。

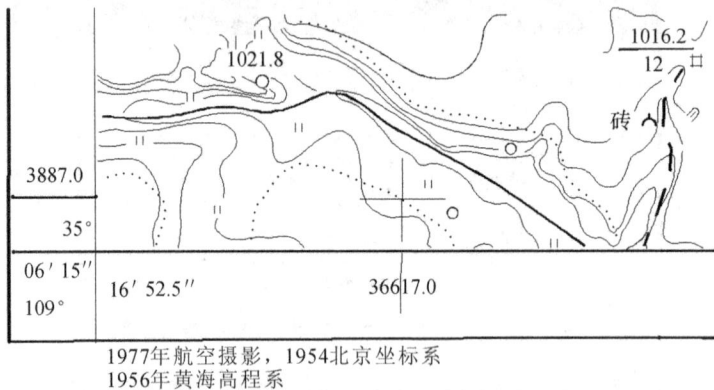

图 11.5.1　1：5000"徐家沟"幅地形图左下角

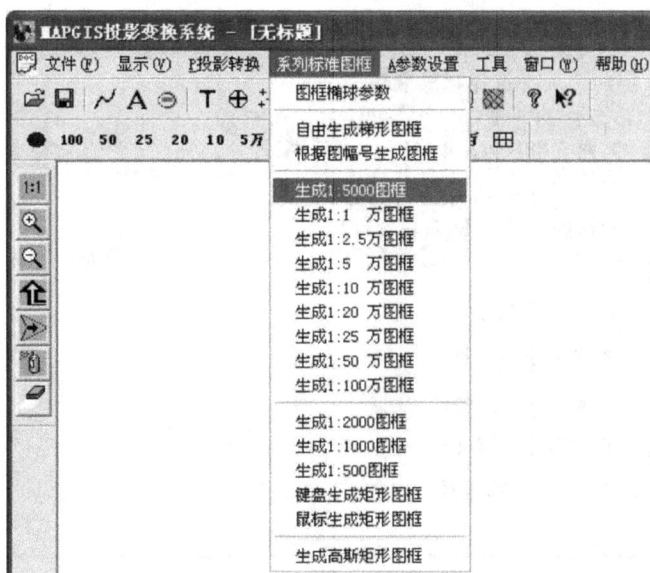

图 11.5.2　生成 1：5000 标准图框

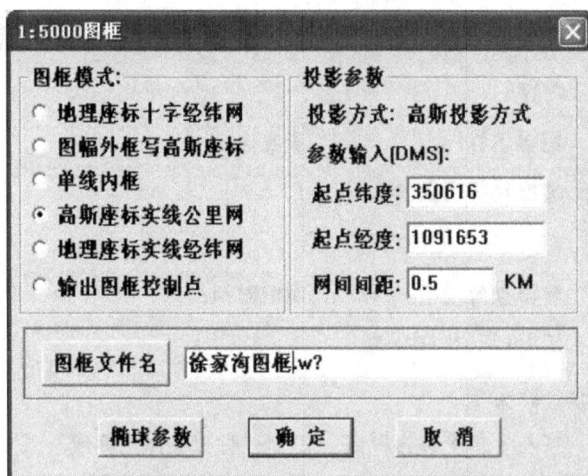

图 11.5.3　1：5000 标准图框对话框

（3）点击"椭球参数"命令按钮，打开椭球参数设置对话框（见图 11.5.4），将椭球参数设置为北京 54 后点"确定"。

（4）点击"确定"按钮后打开"图框参数输入"对话框（见图 11.5.5）。

注意：一般不选择"将左下角平移为原点""旋转图框底边水平"复选框（选择情况参阅图 11.5.5）。

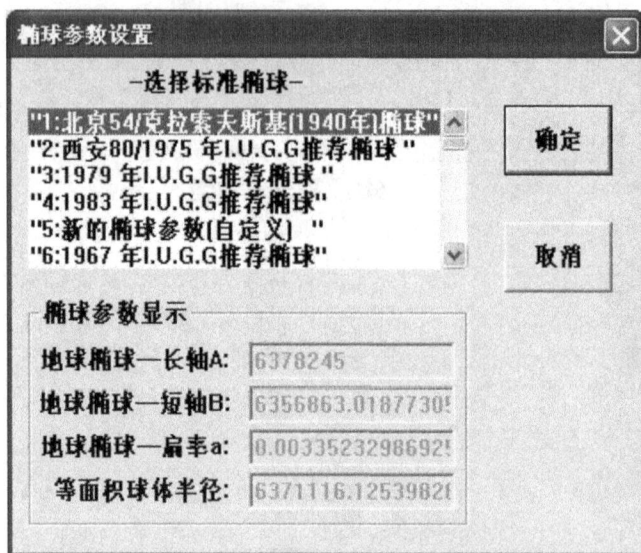

图 11.5.4　椭球参数设置对话框

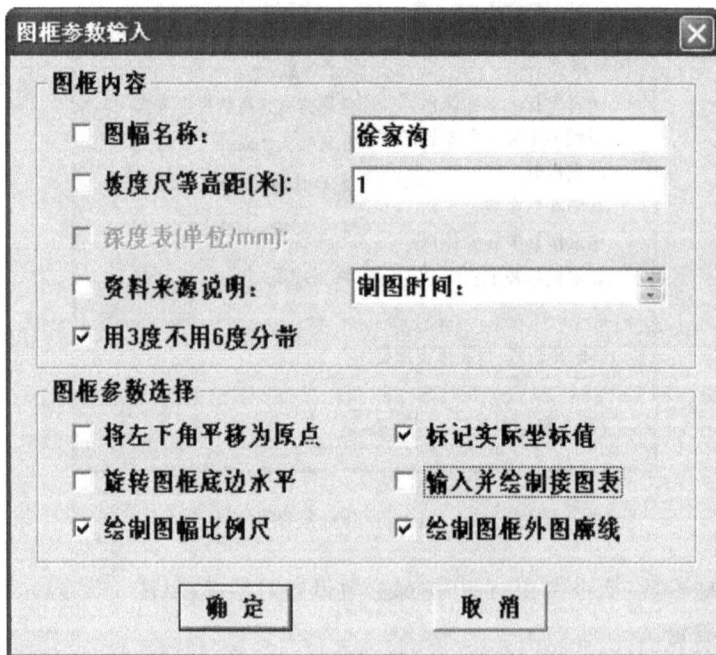

图 11.5.5　"图框参数输入"对话框

（5）点击"确定"按钮后生成标准图框（见图 11.5.6）。

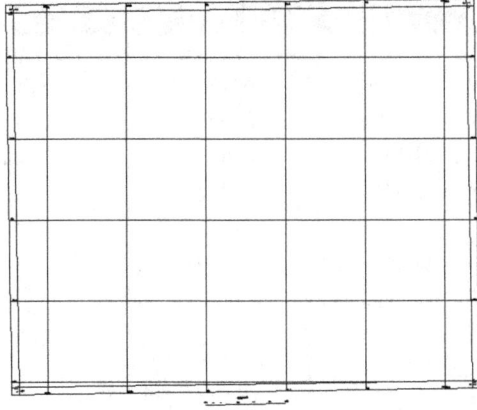

图 11.5.6　生成的"徐家沟"幅 1∶5000 标准图框

11.5.2　非标准分幅图框的生成

在实际作图中,经常要生成一个整个研究区的图框,该图框为非标准图框,一般是知道图框 4 个角的公里网坐标值,以该值为基础生成坐标网。

假如,某矿井的坐标范围为:横向起始公里值 X 为 116.0,纵向起始公里值 Y 为 3886.5,横向结束公里值 X 为 118.5,纵向结束公里值 Y 为 3891.0。下面论述其 1∶5000 图框生成的方法。

(1)打开"投影变换"子模块,"系列标准图框—键盘生成矩形图框"(见图 11.5.7)。弹出对话框(见图 11.5.8)。

(2)先选"矩形分幅方法"为任意公里矩形分幅,然后将"图廓参数"和"图廓内网参数""网线类型""比例尺""坐标系""起始带号"等参数输入,如图 11.5.7 所示。

(3)输入生成图框的线、点参数。

(4)点"确定",生成图框。

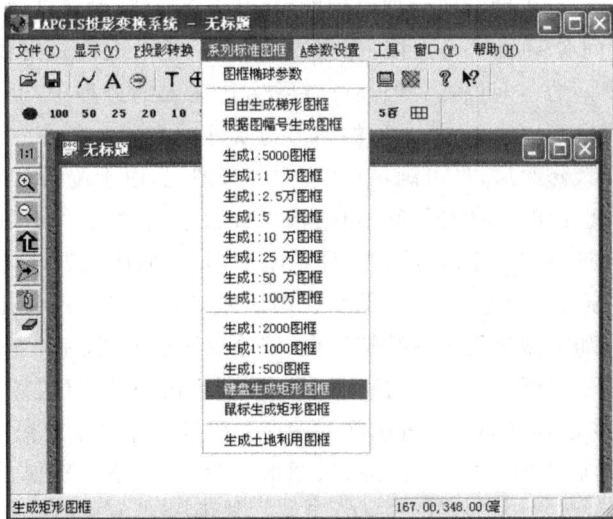

图 11.5.7　键盘生成矩形图框

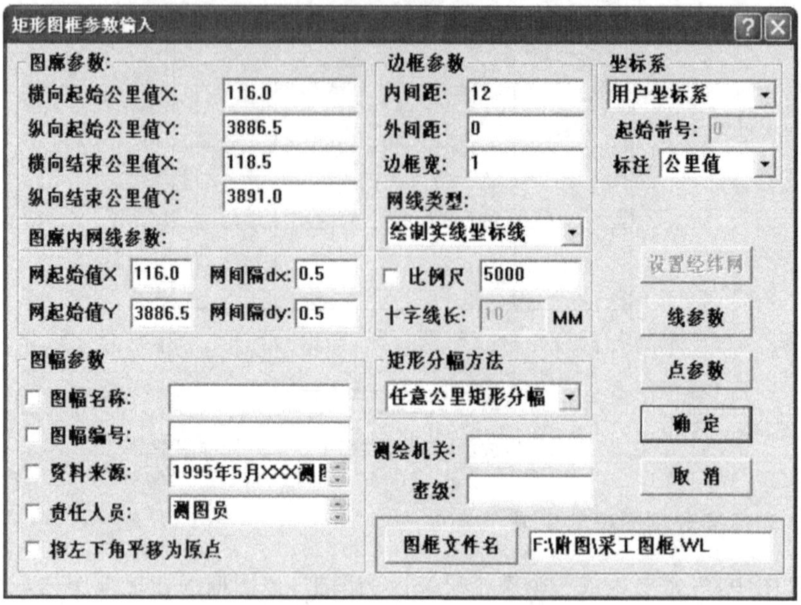

图 11.5.8 矩形图框参数输入对话框

11.6 误差校正

11.6.1 误差校正原理与方法

机助制图是用计算机来实现制图,将普通图纸上的图件,转化为计算机可识别、处理的图形文件。现代计算机技术和自动控制技术的发展,使机助制图技术发展很快。机助制图主要可分为编辑准备阶段、数字化阶段、计算机编辑处理和分析实用阶段、图形输出阶段等。在各个阶段中,图形数据始终是机助制图数据处理的对象,它用来描述来自现实世界的目标,具有定位、定性、时间和空间关系(包含、连接、邻接)的特征。其中定位是指在一个已知的坐标系里,空间实体都具有唯一的空间位置。但在图件数字化输入的过程中,通常由于操作误差,数字化设备精度、图纸变形等因素,使输入后的图形与实际图形所在的位置往往有偏差,即存在误差。个别图元经编辑、修改后,虽可满足精度,但有些图元,由于位置发生偏移,虽经编辑,很难达到实际要求的精度,此时,说明图形经扫描输入或数字化输入后,存在着变形或畸变。出现变形的图形,必须经过误差校正,清除输入图形的变形,才能使之满足实际要求。

图形数据误差可分为源误差、处理误差和应用误差 3 种类型。源误差是指数据采集和录入过程中产生的误差,如制图过程中展绘控制点、编绘或清绘地图、制图综合、制印和套色等引入的误差,数字化过程中因纸张变形、变换比例尺、数字化仪的精度(定点误差、重复误差和分辨率)、操作员的技能和采样点的密度等引起的误差。处理误差是指数据录入后进行数据处理过程中产生的误差,包括几何变换、数据编辑、图形化简、数据格式转换、计算机截断误差等。应用误差是指空间数据在使用过程中出现的误差。其中数据处理误差远远小于数据源的误差,应用误差不属于数据本身的误差,因此误差校正主要是来校正数据源误差。

这些误差的性质有系统误差、偶然误差和粗差。由于各种误差的存在,地图各要素的数字化数据转换成图形时不能套合,使不同时间数字化的成果不能精确连接,使相邻图幅不能拼接。所以数字化的地图数据必须经过编辑处理和数据校正,消除输入图形的变形,才能使之满足实际要求,进行应用或入库。

一般情况下,数据编辑处理只能消除或减少在数字化过程中因操作产生的局部误差或明显误差,但因图纸变形和数字化过程的随机误差所产生的影响,必须经过几何校正,才能消除。由于造成数据变形的原因很多,对于不同的因素引起的误差,其校正方法也不同,具体采用何种方法应根据实际情况而定,因此,在设计系统时,应针对不同的情况,应用不同的方法来实施校正。

从理论上讲,误差校正是根据图形的变形情况,计算出其校正系数,然后根据校正系数,校正变形图形。但在实际校正过程中,由于造成变形的因素很多,有机械的、也有人工的,因此校正系数很难估算。比如说,数字化后的图是放大了,还是缩小了,放大或缩小了多少倍,是局部变形还是整体变形,是某些图元与实际不符还是整个图形都发生了畸变,等等。如果某个图元本是四边形,可由于输入误差,成为三角形,那么这个是不是也该进行误差校正呢?下面简要谈一谈误差校正的适用范围。

对那些由于机械精度、人工误差、图纸变形等造成的整幅图形或图形中的一块或局部图元发生位置偏差,与实际精度不相符的图形,都称为变形的图形,像整图发生平移、旋变、交错、缩放等等。发生变形的图形都属校正范围之列。但对于那些由于个别因素,造成的少点、多边、接合不好等局部误差或明显差错,只能进行编辑修改,不属校正范围之列。校正是对整幅图的全体图元或局部图元块,而非对个别图元而言。

图中若发现仅某条弧段上的某点或某段数据发生偏移,则需经编辑、移动点或移动弧段即可得到数据纠正,但若是这部分图形都发生位置偏移,此时可以对这部分图形进行校正。图中所进行的校正示意为将图形校正到标准网格中。

误差校正的使用步骤:

(1)为了对输入的图元文件进行校正,首先得确定图形的控制点。那么什么是图形的控制点呢?这里所说的图形控制点,是指能代表图形某块位置坐标的变形情况,其实际值和理论值都已知或可求得的点。如图形中经纬网交点,从位置上它可指示一幅图的位置情况,其周围点的位置坐标往往是以其为依据。在一幅图中,具体经纬网点的理论坐标可以经计算或根据标准经纬网求得,为此,经纬网点往往作为校正用的控制点。控制点的选取应尽量能覆盖全图,而且均匀,至于控制点的多少根据实际情况,若图件较大,要求的精度较高,要求的控制点越多。一般控制点为三角点、水准点和经纬点,控制点越多,控制越精确。

(2)在文件菜单下,选择<打开控制点>,打开或新建控制点文件;

(3)装入并显示图形文件,通过<设置控制点参数>功能设置控制点的数据值类型为实际值,通过<选择采集文件>功能选择控制点所在的文件,然后通过<添加控制点>功能直接在图上采集图形中控制点的实际值;

(4)直接从键盘输入控制点的理论值或从标准数据文件中采集理论值;

(5)显示或编辑校正控制点,检查是否正确,输入完毕记着进行保存;

(6)设置校正参数,进行相应文件校正;

(7)显示校正后的图元文件,检查校正效果,若未能达到要求的精度,请检查控制点的质量和精度。

11.6.2　误差校正实例

现在以"徐家沟"1∶5000 地形图为例,说明误差校正的操作步骤。假如该幅地形图经过扫描后,在 MAPGIS 的编辑系统下已经进行了矢量化。注意,矢量化时将地形图公里网十字线单独存放在一个层上。

(1)按照标准分幅地形图图框生成方法生成一个标准图框。生成时,"将左下角平移为原点""旋转图框底边水平""绘图图幅比例尺""输入并绘制接图表""绘制图框外图廓线"均不要选,如需要只选"标记实际坐标值"即可。将图框线文件保存为"徐家沟坐标网.Wl"。

(2)在图形编辑系统中打开矢量化好的地形图。由于地形图扫描时可能不正,矢量化前没有进行相应的处理,如果矢量化后的地形图上的坐标线不是水平和铅直的,需要将整个图形进行旋转,那么旋转的角度如何确定呢? 这里介绍一种辅助方法,可在地形图上沿现有的坐标线输入一个注释,然后修改该注释,在其中可看出该注释的角度,计算出图幅的偏转角度,选择"其他"菜单下的"整图变换",输入需要旋转的角度,将图转正。

(3)选择一个平移基点(最好找图形中间的一个点),找出该点理论值与实际值的差。如选择 36618000 与 3888000 坐标线的交点,在标准坐标网上该交点的坐标为 X ＝123600,Y ＝777600,在矢量化的图形上,该交点的坐标为 X＝273.927 ,Y＝247.537,对应点理论值与实际值的差为 X 坐标的差为 X＝123326.073,Y＝777352.463。

(4)选择"其他"菜单下的"整图变换"→"键盘输入参数",在图形变换对话框中输入 X,Y 的位移值(见图 11.6.1)。点击"确定"按钮,然后保存文件。

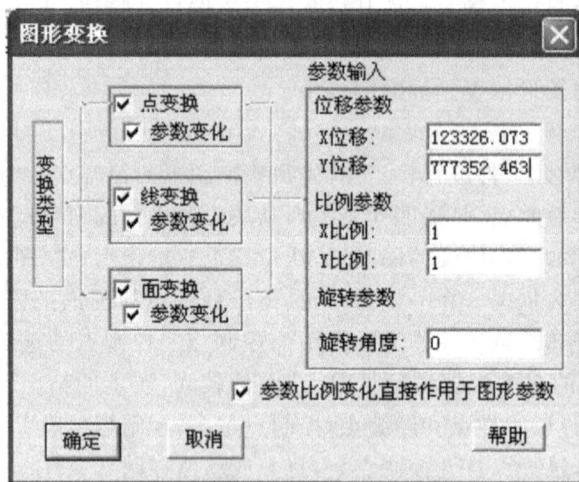

图 11.6.1　图形变换-位移

(5)检查变换结果是否正确。其方法是,创建一个工程,在该工程中加入经过变换的点、线、面文件,并将前面生成的标准图框文件也加入到该工程中,如果矢量化的坐标与坐标图框的坐标线基本重合,则说明变换正确,如果两者相差较大,说明前面的变换有问题,需要重新操作。

(6)将变换过的,矢量化时单独存放十字交叉线的图层设为当前层,选择"图层"菜单下的保存当前层的线文件,如图名存为"十字_徐家沟.WL"。注意:该文件中线的交点要与生成的图框中线的交点一一对应。

(7)启动误差校正系统,打开前面生成的标准图框"徐家沟坐标网.WL"和"十字_徐家沟.WL"。

(8)选择"控制点"菜单下的"设置控制点参数"(见图 11.6.2),先设置实际值。

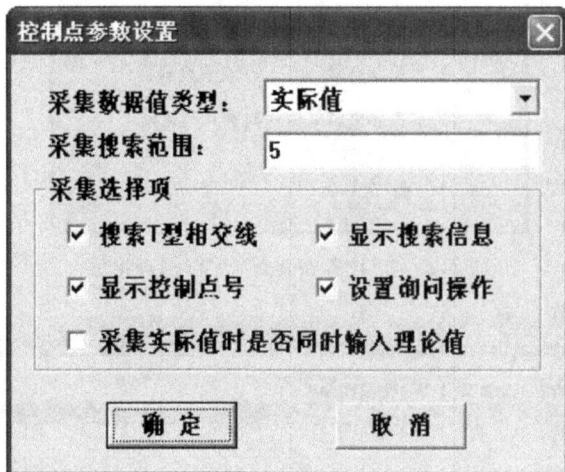

图 11.6.2　设置控制点参数——实际值

(9)选择"控制点"菜单下的"选择采集文件"(见图 11.6.3)。一定要选择"十字_徐家沟"(即矢量化的文件),只能选一个。

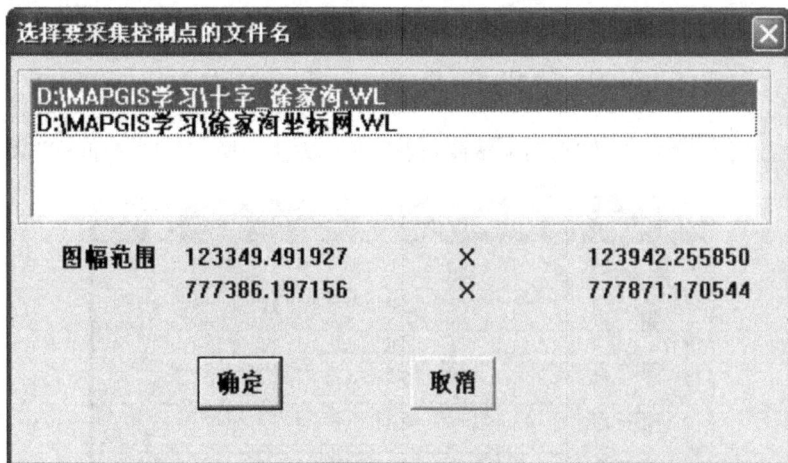

图 11.6.3　"选择采集文件"——实际坐标值文件

(10)选择"控制点"菜单下的"自动采集控制点"

(11)选择"控制点"菜单下的"设置控制点参数"(见图 11.6.4),设置理论值。如矢量化底图变形较大,可将"采集搜索范围"的值选稍大一些。

(12)选择"控制点"菜单下的"选择采集文件"(见图 11.6.5)。一定要选择"徐家沟坐标网"(即生成的标准图框文件),只能选一个。

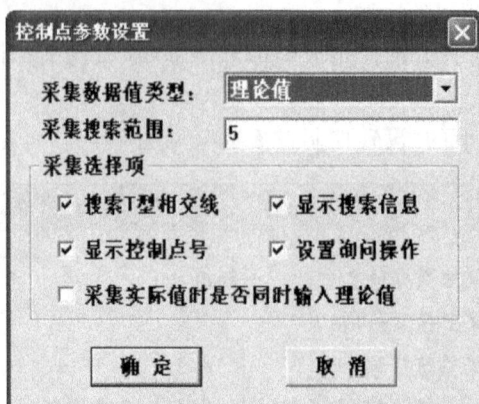

图 11.6.4 设置控制点参数——理论值

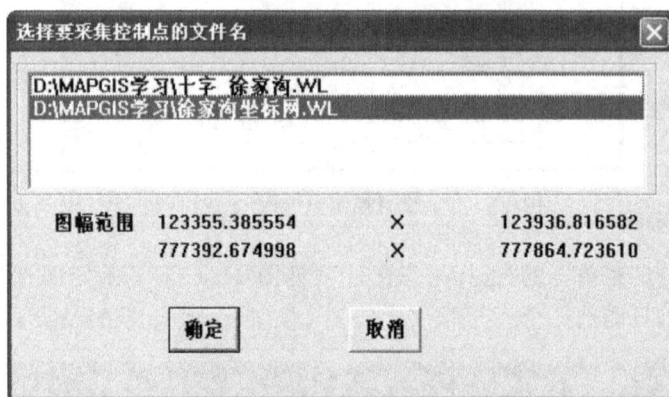

图 11.6.5 "选择采集文件"——理论坐标值文件

(13)选择"控制点"菜单下的"自动采集控制点",匹配方法选择"直接进行匹配"(见图 11.6.6)。

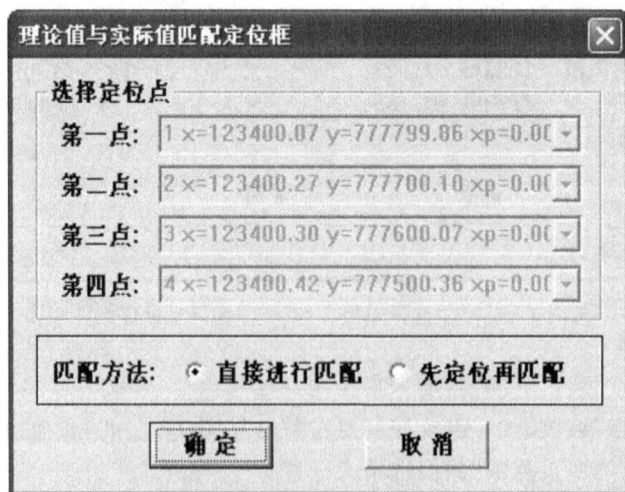

图 11.6.6 理论值与实际值匹配定位框

如果两个文件中有个别点不能对应,在进行匹配时,系统会给出提示,用户对不能匹配的点进行修改。

(14)选择"控制点"菜单下的"编辑校正控制点",可查看是否有错(见图 11.6.7)。也可选择"控制点"菜单下的"浏览控制点文本"查看控制点。

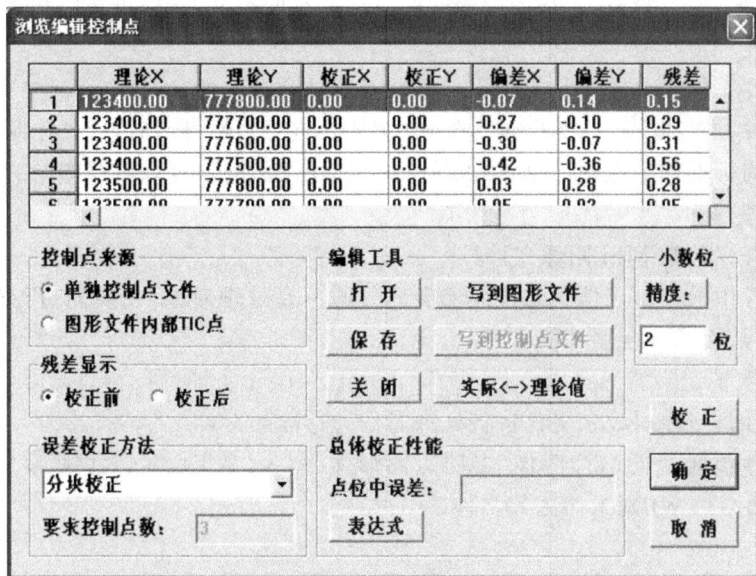

图 11.6.7　编辑浏览控制点

(15)如果没有错误,选择"文件"菜单下的"保存控制点",如徐家沟.pnt。该文件即为控制点文件,其扩展名为 pnt,此文件实际上是一个文本文件,可用记事本打开查看。

(16)打开矢量化的并经过前面图形变换的点、线、面文件,打开控制点文件,分别选择"数据校正"下的"线文件校正转换""点文件校正转换""区文件校正转换",对点、线、区文件进行校正。

(17)经过校正后,系统自动产生一个新的点、线、面文件,保存校正后的文件,其方法是选择"文件"菜单下的"另存文件",分别保存点、线、面文件(见图 11.6.8)。

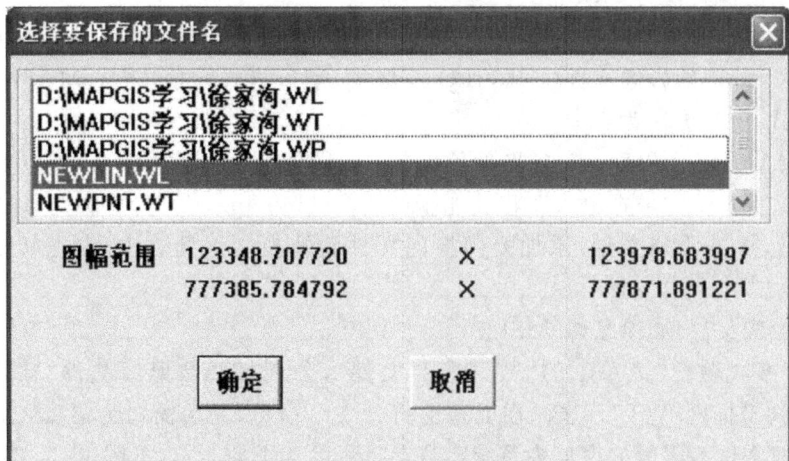

图 11.6.8　保存校正后的成果文件

11.7　图　像　配　准

图像镶嵌配准是 MAPGIS 图像处理中一个重要的组成部分,利用该功能可以完成影像几何校正、影像镶嵌等实用操作。在图像镶嵌配准部分有两类文件:校正文件和参照文件。

1．校正文件

1)校正文件是指需要进行几何校正和坐标参照处理的文件;

2)校正文件以参照文件为标准进行处理(例如在进行坐标参照时,通过控制点使得校正文件以参照文件为标准加上坐标信息;图像镶嵌时,校正图像的灰度以参照图像的灰度为标准进行灰度变换处理);

3)校正文件仅包括 MSI 图像文件;

4)校正文件中的控制点信息是镶嵌配准部分的主要处理对象,用户通过编辑校正文件中的控制点信息,从而完成各项功能。

2．参照文件

1)参照文件是指在对校正文件进行处理时作为标准的文件;

2)参照文件包括参照 MSI 图像、参照点图形文件(＊.WT)、参照线图形文件(＊.WL)、参照区图形文件(＊.WP)、参照图库文件(＊.dbs)。

3．控制点。

在图像镶嵌配准部分,控制点信息是主要处理对象,用户通过编辑校正文件中的控制点信息,从而完成其他各项功能。

4．控制点作用。

在 MSI 图像中加入了几何控制点信息后,MSI 图像具有了地理坐标的概念,它就能完成各种操作,如图像之间的配准,图像与图形的配准,图像的镶嵌,图像几何校正,几何变换,投影变换等。在 MSI 的图像显示引擎下,这些操作可实时动态完成,无须生成新的图像文件。

下文以徐家沟幅 1∶5000 地形图为例说明图像镶嵌配准的操作过程。

(1)在投影变换系统下生成徐家沟幅 1∶5000 地形图的标准图框,如线文件为徐家沟坐标网.wl,点文件为徐家沟坐标网.wt。

(2)将扫描图像转换为 MSI 格式图像。

由于 MAPGIS 的图像镶嵌配准模块只能对它自己的图像格式(MSI)进行矫正,所以在矫正之前一定要对外部的影像文件(TIF,JPG 等格式)进行格式转换,转成 MAPGIS 格式影像文件(MSI 格式)。其方法为:

1)打开 MAPGIS 主界面,点击"图像处理"——"图像分析"模块。

2)点击"文件"——"数据输入",将其他栅格图像(bmp,jpg,tif 等)转换为 MSI 格式,选择转换数据类型,点击添加文件,添加要转换的文件到转换文件列表中,点击转换即可(见图 11.7.1)。

(3)打开影像文件,如徐家沟.MSI。

(4)选择"镶嵌融合"菜单下的"打开参照文件",分别打开参照线文件"徐家沟坐标网.WL"和"徐家沟坐标网.WT"。这样在屏幕上打开 3 个窗口,左边窗口为需要校正的图像,右边为参照点、线文件。下面的窗口为系统会自动显示的 4 个控制点(见图 11.7.2)。

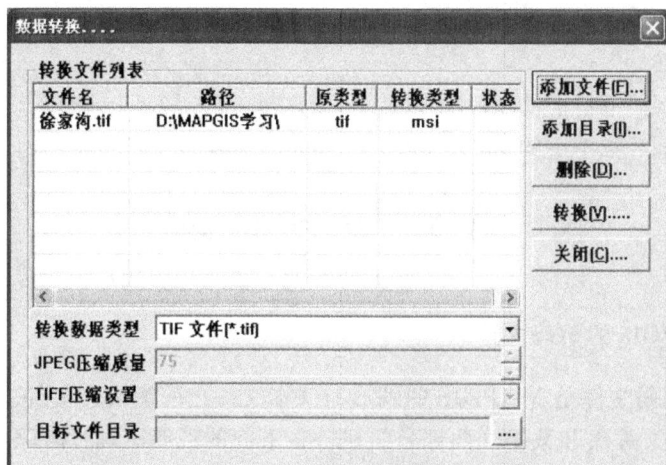

图 11.7.1　将扫描文件转换为 MSI 格式影像文件

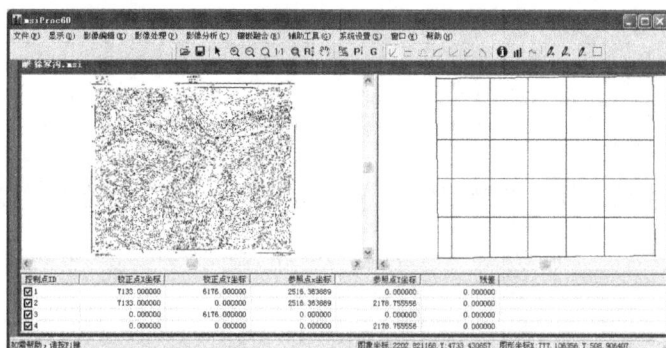

图 11.7.2　"图像镶嵌配准"窗口

(5)选择"镶嵌融合"菜单下的"删除所有控制点",将系统产生的 4 个控制点删除。

(6)选择"镶嵌融合"菜单下的"添加控制点",先点击左面窗口 MSI 图像上的一个十字交叉点,点空格键。然后点击右侧窗口的对应点。点空格键,将当前控制点添加到文件(见图 11.7.3)

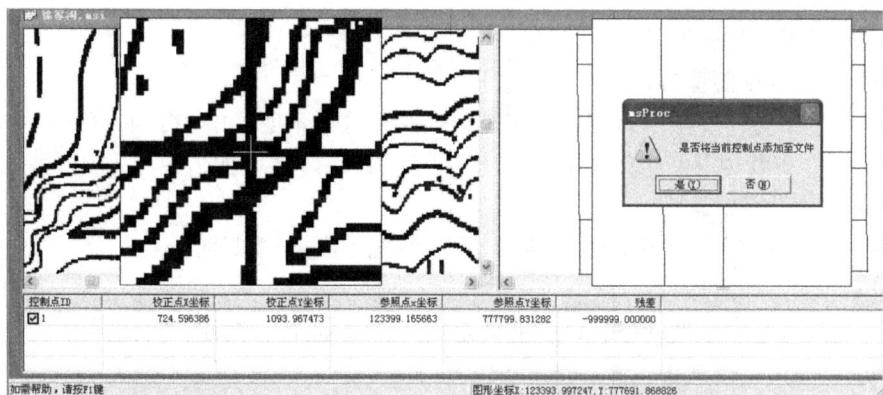

图 11.7.3　添加控制点

如此重复添加控制点,直到个数满足校正参数要求,控制点数至少4个。可以选控制点预览命令,浏览控制点。

(7)择"镶嵌融合"菜单下的"校正预览"。

(8)择"镶嵌融合"菜单下的"影像校正"。

11.8 文件转换

11.8.1 MAPGIS的明码文件

MAPGIS的明码文件是MAPGIS的图形与文本文件之间的交换文件。

其文件结构由文件头和数据区两部分组成。在下面的说明中,斜体部分为文件内容,斜体字后括号内部为相应的说明。

1.点文件结构

逻辑结构:

文件头点数 1号点 2号点 ……

具体为:

A.文件头,8个字节

WMAP9022(老的文件为WMAP6022或WMAP7022和WMAP8022)

B.点数   n

C.1号点

x1 y1 ID

type1 〔点类型,类型不同,点信息也不同。点类型取值如下:

0 字符串;

1 子图;

2 圆;

3 弧;

4 图像;

5 文本(版面);

点信息〔点信息和点类型相对应〕。

当type=0时,点信息为:

"字符串" 字符高度 字符宽度 字符间隔 字符串角度 中文字体

西文字体 字形 水平(0)或垂直排列(1) 颜色 图层 透明输出

当type=1时,点信息为:

子图号 子图高 子图宽 子图角度 辅色 颜色 线宽 图层 透明输出

当type=2时,点信息为:

半径 轮廓颜色 线宽 填充(1)或不填充(0)标志 颜色 图层 透明输出

当type=3时,点信息为:

半径 起始角度 终止角度 线宽 颜色 图层 透明输出

当type=4时,点信息为:

"图像文件名"　宽度　高度　角度　颜色　图层　透明输出

当 type＝5 时,点信息为:

"文本字串"　字高　字宽　字间距　角度　中文字体　西文字体　字形

行间距　版面长　版面宽　水平(0)或垂直排列(1)　颜色　图层　透明输出

如某点明码文件内容如下:

WMAP9022

6

122.470732,440.529268,1,0,"这是一个字符串",5.000000,5.000000,0.000000,
0.000000,2,0,0,0,1,0,0

215.256149,440.353660,2,1,21,6.000000,6.000000,0.000000,0,1,0.000000,2,0

133.997686,402.308396,4,2,14.000000,1,0.000000,1,5,4,0

206.547371,388.162290,6,3,18.000000,15.000000,260.000000,－1610612736,
1069128089,1,0.000000

112.793940,313.959451,5,4,"D:\MAPGIS 学习\截图.tif",57.000000,40.000000,
0.000000,0,0,0

188.410731,351.516010,8,5,"MAPGIS 明码文件对我们提取图形数据(尤其是点、线文件)是很有用的,如对剖面图进行数字化,可先对剖面图进行扫描矢量化,对图形进行编辑和误差校正后,转换成明码文件,然后通过其他应用程序提取剖面曲线上各点的数据,再转换成需要的数据,供资料处理用。",2.000000,2.000000,1.000000,0.000000,2,0,0,2.000000,
40.000000,35.000000,01,0,0

选择"文件转换"模块的"输入"下的"装入 MAPGIS 明码文件",生成的图形如图 11.8.1
所示。

图 11.8.1　用点明码文件生成的图形

2.线文件结构

逻辑结构:文件头线数　1 号线　2 号线……

具体为:

A. 文件头,8 个字节

WMAP9021（老的文件为 WMAP6021 或 WMAP7021 和 WMAP8021）

B. 线数　　n

C. 1 号线

线型号　辅助线型号　线色　线宽　X 系数　Y 系数　辅助色　图层　透明输出

　　线点数 m1

x1　y1

x2　y2

……

xm1　ym1

　　ID　　线长度

2 号线

……

n 号线

3. 区文件结构

区逻辑结构为：

文件头弧段数　1 号弧段　2 号弧段……最后弧段　结点数　1 号结点　2 号结点……最后结点　区数　1 号区　2 号区…… 最后区

具体为：

A. 文件头,8 个字节

WMAP9023（老的文件为 WMAP6023 或 WMAP7023 和 WMAP8023）

B. 弧段数　　n

C. 1 号弧段

线型号　辅助线型号　线色　线宽　X 系数　Y 系数　辅助色　图层　透明输出

前结点号　后结点号 {若没有指向任何结点,则为 0}

左区号　右区号　　{若没有区号,则为 0}

点数 m1

x1　y1

　　x2　y2

……

　　xm1　ym1

……

　　ID　线长度

2 号弧段

……

n 号弧段

如果要将图形文件转换为 MAPGIS 的明码文件,其操作方法如下：

a. 打开文件转换→装入图形文件→右键复位显示；

b. 选择"输出"→"输出 MAPGIS 明码格式"→确定→保存一个明码文件。

11.8.2　MAPGIS 文件与 AutoCAD 之间的文件转换

MAPGIS 文件与 AutoCAD 之间的文件转换通过图形交换文件 DFX 格式的文件来进行，要将 DXF 文件转换为 MAPGIS 的图形文件，其操作方法如下：

1)选取 MAPGIS 主菜单→图形处理→文件转换，弹出"文件转换"窗口；

2)选取窗口中的下拉菜单"输入"→装入 DXF 文件→文件转换，弹出"打开"主窗口，选择要转换的 ∗.dxf 格式文件；

将 MAPGIS 的图形文件转换为 DXF 文件，其操作方法如下：

1)选取 MAPGIS 主菜单→图形处理→文件转换，弹出"文件转换"窗口；

2)装入要转换的点、线、区文件。

3)选取窗口中的下拉菜单"输出"→输出 DXF。

需要说明的是，如果直接有上述方法进行转换，会造成部分图元丢失，或线型、颜色、图层等发生变化的情况。为了达到良好的转换效果，一般在转换前要编写 MAPGIS 文件与 Auto-CAD 文件之间的对照文件。

在 mapgis6.x 安装完成后，在../mapgis6.x/slib 目录下有 4 个文件：

arc_map.pnt　该文件为 autocad 的块(符号)与 mapgis 子图对照表；

arc_map.lin:该文件为 autocad 的形(线型)与 mapgis 线型对照表；

cad_map.tab:该文件为 mapgis 的图层与 autocad 图层对照表；

cad_map.clr:该文件为 mapgis 的颜色与 autocad 颜色对照表。

下来讲如何编辑这四个对照表(文件)：(注要打开这四个对照表进行编辑，中直接启用WINDOWS 的写字板或记事本，因为这四个文件都是文本格式文件)

1.子图对照表 ARC_MAP.PNT

打开此文件后，我们会看到如下格式：

2341　　　　　　　12

2342　　　　　　　13

　　……　　　　　　　……

前面一列 2341　2342　2343 代表 AUTOCAD 软件的块名(符号)，后面一列 12　1314 代表 MAPGIS 系统的代码，这理需要说明的是，这个代码并非 MAPGIS 的子图号，这个在数字测图系统里能够看见。方法是:启动数字测图系统，新建一个测量工程文件，然后就能看到一些地类编码的管理框，例如，三角点编码为 1110，水准点编码为 1210。

2.线型对照表 ARC_MAP.LIN

打开此文件后，我们会看到如下格式：

2341　　　　　　　12

2342　　　　　　　13

　　……　　　　　　　……

前面一列 2341　2342　2343 代表 AUTOCAD 软件的形名(线型名)(注:如果某种线的线型是采用随层方式，那么这和线型是不能按照对照表转入到 MAPGIS 中，因此，如果有这种情况，请把线型改为实际线型)，后面一列 12　13　14 代表 MAPGIS 系统的代码，这里需要说明的是，这个代码并非 MAPGIS 的线型号，这个在数字测图系统里能够看见。

3.图层对照表 CAD_MAP.TAB

打开此文件后,我们会看到如下格式:

0   TREE_LAYER

……   ……

前面一列 0　1　2 代表 MAPGIS 系统的图层号,后面的 TREE_LAYER STREET TIC 代表 AUTOCAD 里的图层名。

4.颜色对照表 CAD_MAP.CLR

打开此文件后,我们会看到如下格式:

1   10

……   ……

前面一列 1　2　3 代表 MAPGIS 系统的颜色号,后面的 10　4　6 代表 AUTOCAD 里的颜色号。

这 4 个文件编辑完后注意存盘。

现在讲述转换的步骤:

第一步:将 AUTOCAD 的 DWG 格式转换为 AUTOCAD 的数据交换格式。

A.在转换时最好选择 R12 的版本。

B.在转换时不要对原图的块作爆破处理。

C.但在转换 DXF 文件时,注意原图是否有样条曲线,如果有最好作爆破处理。

第二步:将编辑好的 4 个对照文件拷贝到 MAPGIS65\SuvSlib\目录下,然后将 MAPIS 的系统库目录也指向 MAPGIS65\SuvSlib 这个目录。

第三步:启动 MAPGIS 的文件转换系统,进行转换就行了。

11.8.3　电子表格数据转换为 MAPGIS 的图元

在实际应用中,有时已经将有些数据输入到 EXCEL 电子表格中,或输入数据库中,或已输入到 WORD 文档中,现在讲述如何将这些数据直接转换为 MAPGIS 的图元文件。

(1)将已输入的数据转换为文本文档。下面以某井田部分钻孔的基本数据为例(见表11.8.1),说明如何将 WORD 表格数据转换为 MAPGIS 的点文件,其他格式的数据均可参照此方法进行。

表 11.8.1　某井田部分钻孔的基本数据

孔　号	X 坐标	Y 坐标	孔口标高	钻孔深度
822	3889034.820	117497.570	1017.610	366.50
801	3889109.600	117839.500	1055.940	415.44
12	3889283.500	118713.500	1002.140	369.00
补 19	3889390.811	119328.300	989.100	425.50
761	3889505.000	119675.500	973.290	362.79
26	3889572.200	120110.400	943.270	365.00
525	3887960.500	118608.100	934.550	84.88

续 表

孔　号	X 坐标	Y 坐标	孔口标高	钻孔深度
526	3888008.500	118629.800	935.000	82.61
527	3888057.200	118618.500	934.400	97.11
513	3888206.000	118561.200	933.320	107.88
732	3889608.300	118460.200	1044.270	416.60
8010	3890032.900	118445.600	1022.290	415.88

①选中有实际数据的部分(表头不选),然后选择"表格"菜单下的"转换"/表格转换为文字,转换时分隔符用逗号。

②将上述数据复制到粘贴板,打开记事本程序,将数据粘贴到记事本。保存文件,如保存为 XJGZG.TXT。

(2)启动 MAPGIS 的投影变换系统,选择"投影转换"菜单下的"用户文件投影转换"选项。

(3)在打开的"用户数据点文件投影转换"对话框中,点击"打开文件"命令按钮,打开前面保存的数据文件"XJGZK.TXT",如图 11.8.2 所示。

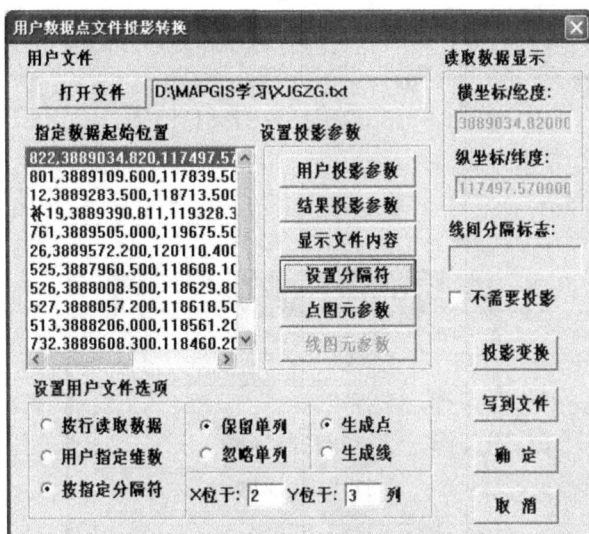

图 11.8.2　用户数据点文件投影转换对话框

(4)在设置用户文件选项栏中选择"按指定分隔符",然后点击"设置分隔符"命令按钮,打开"设置分隔符"对话框,在该对话框中,选择分隔符号为逗号(如果数据文件中的分隔符为其他分隔符,则选择相应的分隔符,见图 11.8.3)。

如果要将数据文件中的数据作为属性数据与图元数据关联,则在上述对话框的下部分设置图元属性的列及结构,如果不需要属性数据,则图 11.8.3 对话框的下半部分可不设置。

(5)点击确定后退出"设置分隔符"对话框,在"用户数据点文件投影转换"对话框中选定 X 位于 2 列,Y 位于 3 列,点击"点图元参数"命令按钮,设置点图元参数。

如果不需要坐标系投影转换,选中"不需要投影"复选框。

(6)点击"数据生成"命令按钮,点"确定"后完成转换,选择"复位窗口"操作,就看到生成的图形。

(7)选择"文件"菜单下的"保存文件",将生成的图形保存。可在 MAPGIS 的图形编辑系统中打开文件。查看文件和图元的属性(见图 11.8.4)。

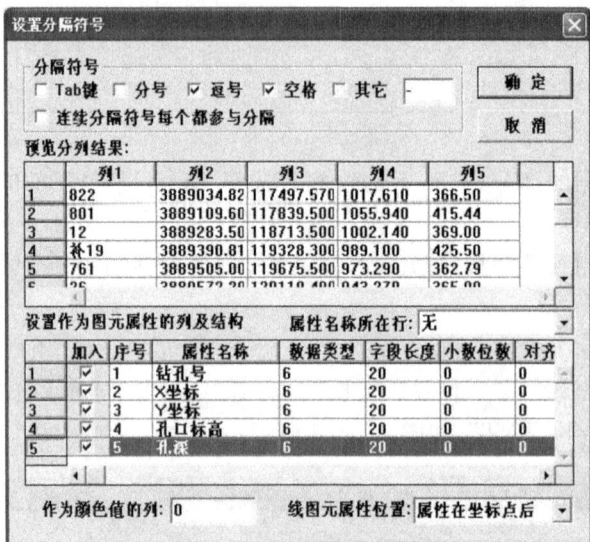

图 11.8.3　设置数据分隔符对话框

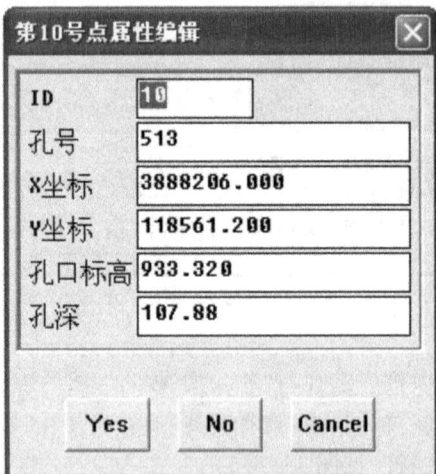

图 11.8.4　生成的图形和图元的属性

第12章 AutoCAD 绘制地质图件方法

12.1 AutoCAD 2008 基础知识

12.1.1 AutoCAD 2008 简介

计算机辅助设计(Computer Aided Design)简称 CAD,它是指工程技术人员以计算机为工具进行设计活动的整个过程,包括资料检索、方案构思、计算分析、工程绘图和编制技术文件等,是随着计算机、外围设备及其软件的发展而形成的一种综合性高新技术。

CAD 技术为技术人员提供了一种实用、方便的工程设计方法,它把设计人员从复杂、繁重的传统手工绘图中解放出来。CAD 技术的应用从根本上改变了传统的设计过程,改变了人们的思维方式、工作方式和生产管理方式,它具有使用方便、精确度高、易于保存和智能化等特点。

AutoCAD 是由美国 Autodesk 公司开发的计算机辅助设计软件,主要用于二维、三维图形设计。具有易于掌握、使用方便、体系结构开放等优点,能够完成绘制图形、标注尺寸、渲染图形以及打印输出图纸等工作。目前已广泛应用于机械、建筑、电子、航天、造船、石化、冶金、地质、气象、纺织、轻工、商业等领域,已成为工程设计领域中应用最为广泛的计算机辅助绘图与设计软件之一。

AutoCAD 2008 是 AutoCAD 系列软件中的较新的版本,随着 AutoCAD 版本的升级,它在性能和功能方面都有较大的增强,具有完善的图形绘制功能,强大的图形编辑功能,多样二次开发方式,卓越的数据交换能力,出色的软、硬件兼容性等特点。

12.1.2 AutoCAD 2008 的界面组成

启动 AutoCAD 2008 后,进入 AutoCAD 2008 用户界面。如图 12.1.1 所示,AutoCAD 2008 的工作界面主要由标题栏、菜单、工具栏、绘图区域、命令行窗口、状态栏和辅助工具栏等部分组成。

1. 标题栏

AutoCAD 2008 的标题栏位于工作界面最上方,左侧显示软件名称和当前正打开进行操作的图形文件名。开始新图时,AutoCAD 2008 的缺省文件名是"Drawing1.dwg"。单击左右两边的各按钮可以实现窗口的最小(最大)化、还原、关闭等操作。

2. 菜单栏与快捷菜单

AutoCAD 2008 的菜单栏位于标题栏下方,由"文件"(File)"编辑"(Edit)"视图"(View)"插入"(Insert)"格式"(Format)"工具"(Tool)"绘图"(Draw)"标注"(Dimension)"修改"(Modify)"窗口"(Window)"帮助"(Help)组成。

单击菜单栏的某一项，会弹出下拉菜单，在菜单中用黑色字符显示的菜单项是当前可以选择执行的有效命令，用灰色字符显示的菜单项是当前不能选择执行的无效命令。将鼠标移至带"▶"的菜单项，会弹出下一级子菜单。如果选择带"…"菜单项，将弹出一个对话框，要求用户执行相应的操作。菜单项后面括号内的字母为该菜单命令的快捷键，直接按下快捷键可以执行相应的菜单命令。

菜单栏几乎包含了 AutoCAD 的所有命令，初学者尤其要熟悉这一区域。

图 12.1.1　AutoCAD 2008 界面

3. 工具栏

工具栏是 AutoCAD 调用命令的另一种方式，它包含许多由图标表示的命令按钮，用户可以通过点选工具栏中的按钮，来完成大多数绘图操作。

在 AutoCAD 中，系统共提供了 20 多个已命名的工具栏。默认情况下，"标准""属性""绘图"和"修改"等工具栏处于打开状态。如果要显示当前隐藏的工具栏，可在任意工具栏上右击，此时将弹出一个快捷菜单，通过选择命令可以显示或关闭相应的工具栏。

4. 绘图区域

绘图区是用户绘图的工作区域，所有的绘图结果都反映在这个区域中。我们可以根据需要关闭不常用的工具栏以及改变命令行窗口的高度，调整绘图区域的大小。在绘图区中除显示当前的绘图结果外，还显示了当前使用的坐标系类型以及坐标系原点，X，Y，Z 轴的方向等。

绘图区的左下方是绘图区标签，包括"模型""布局1""布局2"三个标签，"模型"主要用于图形绘制和编辑，"布局1""布局2"用于打印出图。

5. 命令行

命令行位于绘图区域的下部，用于接受用户输入的命令，显示 AutoCAD 发出的信息与操作提示。命令行可以实现 AutoCAD 的所有功能。

6. 状态栏和辅助工具栏

AutoCAD 2008 工作界面的最底部是状态栏和辅助工具栏。

状态栏用以显示当前光标的位置坐标,可单击功能键 F6 或直接单击状态栏来切换是否显示坐标。辅助工具栏有 9 个功能按钮,用于作图状态的切换,包括"捕捉""栅格""正交""极轴""对象捕捉""对象追踪""DYN""线宽"和"模型"。点击这些按钮可以控制相应的作图状态是开启还是关闭,它们有下述功能:

捕捉(F9):开启后,绘图过程中自动捕捉特殊点;

栅格(F7):单击后打开栅格显示,绘图区内布满栅格,为绘图提供尺寸参考;

正交(F8):开启后,用户绘制垂直直线或水平直线;

极轴(F10):单击后打开极轴追踪方式;

对象捕捉(F3):开启后,光标自动捕捉最近点;

对象追踪(F11):开启后,光标沿基于其他对象捕捉点的对齐路径进行追踪;

DYN(F12):单击后自动显示动态输入文本框;

模型与图纸:在模型空间和图纸空间切换。

12.1.3　坐标系统

坐标系是 AutoCAD 中确定一个对象位置的基本手段。因此,用户必须首先掌握各种坐标系的使用,才能正确、快捷地作图。

AutoCAD 的坐标系与传统的笛卡儿坐标系相一致,X 轴为水平方向,向右为正向;Y 轴为垂直方向,向上为正向;Z 轴方向垂直于 XY 平面,指向用户为正向;原点在绘图区的左下角,这种定义为世界坐标系,用 WCS 表示,如图 12.1.2 所示。

用户在作图的过程中,AutoCAD 经常要求用户输入点的坐标,例如:直线的端点和圆的圆心等。输入点的坐标是指定点的位置的基本方法,有直角坐标、极坐标、柱面坐标和球面坐标 4 种坐标输入方式。本章只讲直角坐标和极坐标两种方式。当绘制平面图形时使用直角坐标和极坐标,绘制三维图形时可以使用柱坐标和球面坐标,它们又

图 12.1.2　WCS 坐标系

都分为绝对坐标和相对坐标。绝对坐标是指相对于当前坐标系原点 (0,0,0) 作为测量起点,相对坐标将绘图过程中的前一个点作为测量起点。

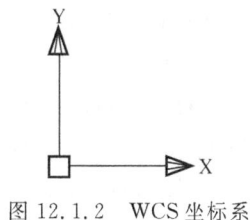

1.直角坐标

1)绝对直角坐标。格式为:X , Y , Z。

在二维绘图中,Z 坐标可以省略。

例如:"20 , 30"指点的坐标为(20,30,0)。

2)相对直角坐标。格式为:@ ΔX , ΔY , ΔZ。

其中 ΔX , ΔY , ΔZ 分别表示前、后点在 X,Y,Z 方向的坐标差值,可以是正值也可以是负值。当绘制二维图形时只需要输入 X,Y 坐标,Z 坐标自动为 0。

例如:"@20 , 30"指该点相对于当前点,沿 X 方向移动 20,沿 Y 方向移动 30。

2.极坐标

1)绝对极坐标。格式为:距离 < 角度。

给定距离和角度,在距离和角度中间加一" < "符号,且规定 X 轴正向为 0°,Y 轴正向为 90°,角度逆时针为正,顺时针为负。

例如:"20 < 30"指距原点距离为 20,方向为 30°的点。

2）相对极坐标。格式为：@距离 ＜ 角度。

在距离前加"@"符号，表示相对上一点的距离和角度。

例如，"@20＜30"，指输入的点距上一点的距离为 20，和上一点的连线与 X 轴的角度为 30°。

3.几种坐标形式的输入和转换

1）直角坐标→极坐标：输入点坐标时使用极坐标形式（距离 ＜ 角度）；

2）极坐标→直角坐标：输入点坐标时使用直角坐标形式（X，Y）；

3）绝对坐标→相对坐标：坐标前加"@"；

4）相对坐标→绝对坐标：坐标前加"♯"；

12.1.4 AutoCAD 命令的使用

1.命令的输入

AutoCAD 的命令的输入方式有以下 3 种。

（1）菜单方式。菜单是绘制图形最基本、最常用的方法，菜单中包含了中文版 AutoCAD 2008 的大部分命令，用户通过选择菜单项，执行该菜单中的命令或子命令。

（2）工具栏方式。工具栏的每个工具按钮都对应于菜单中相应的绘图命令，用户单击它们可执行相应的命令。

（3）命令行方式。该方法是用户直接在命令行输入命令或从键盘输入文本或数据。部分命令在通过键盘输入时可以缩写，此时输入缩写字母即可执行此命令。

例如："Line"直线命令的缩写为"L"，当输入"L"时即可执行画直线命令。

2.命令的中止

用户可以按"Esc"键中断正在执行的命令。例如：取消对话框，废除一些命令的执行等。但在某些命令中，并不取消该命令已经执行完的部分。例如：执行画线命令，已经绘制了连续的几条线，再按"Esc"键，此时中断画线命令，不再继续，但已经绘制好的线并不消失。

3.命令的重复

命令重复执行有以下方法。

1）按回车键或空格键可以快速重复执行上一条命令。

2）在命令窗口右击鼠标，弹出"近期使用的命令"快捷菜单，如图 12.1.3 所示。单击"近期使用的命令"项目，可以选择最近执行的 6 条命令之一重复执行。

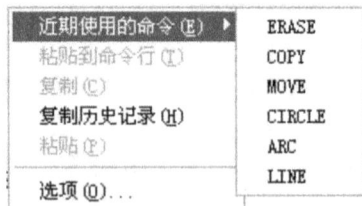

图 12.1.3 "近期使用的命令"快捷菜单

3）在绘图窗口右击鼠标，选择"重复 XXX"执行上一条命令。

12.1.5　图形文件管理

在 AutoCAD 2008 中,图形文件管理包括创建新的图形文件、打开已有的图形文件、关闭图形文件以及保存图形文件等操作。

1.创建新图形文件

选择"文件""新建"命令(NEW),或在工具栏中单击"新建"按钮,可以创建新图形文件,此时将打开"选择样板"对话框。

在"选择样板"对话框中,可以在"名称"列表框中选中某一样板文件,这时在其右面的"预览"框中将显示出该样板的预览图像。单击"打开"按钮,可以以选中的样板文件为样板创建新图形。

2.打开图形文件

选择"文件""打开"命令(OPEN),或在工具栏中单击"打开"按钮,可以打开已有的图形文件,此时将打开"选择文件"对话框。选择需要打开的图形文件,在右面的"预览"框中将显示出该图形的预览图像。默认情况下,打开的图形文件的格式为.dwg。

在 AutoCAD 中,可以以"打开""以只读方式打开""局部打开"和"以只读方式局部打开"4种方式打开图形文件。当以"打开""局部打开"方式打开图形时,可以对打开的图形进行编辑,如果以"以只读方式打开""以只读方式局部打开"方式打开图形时,则无法对打开的图形进行编辑。

3.保存图形文件

在 AutoCAD 2008 中,可以使用多种方式将所绘图形以文件形式存入磁盘。择"文件""保存"命令(QSAVE),或在工具栏中单击"保存"按钮,以当前使用的文件名保存图形;也可以选择"文件""另存为"命令(SAVE AS),将当前图形以新的名称保存。

注意:文件保存路径应为自己事先创建的工作目录,最好不用 AutoCAD 默认路径。

4.关闭图形文件

选择"文件""关闭"命令(CLOSE),或在绘图窗口中单击"关闭"按钮,可以关闭当前图形文件。如果没有存盘,系统将弹出警告对话框,询问是否保存文件。此时,单击"是(Y)"按钮或直接按 Enter 键,保存当前图形文件并将其关闭;单击"否(N)"按钮,关闭当前图形文件但不存盘;单击"取消"按钮,取消关闭当前图形文件操作,即不保存也不关闭。

如果当前所编辑的图形文件没有命名,那么单击"是(Y)"按钮后,AutoCAD 会打开"图形另存为"对话框,要求用户确定图形文件存放的位置和名称。

12.2　AutoCAD 2008 绘图环境

12.2.1　绘图系统配置

AutoCAD 安装后,即可开始绘图,通过对"选项"对话框的设置,可以系统环境进行设置,改变 AutoCAD 的操作环境,如图 12.2.1 所示。

AutoCAD"选项"对话框的打开方式:

1)点击"工具"菜单"选项",弹出"选项"对话框;

2)命令行：options(快捷命令 op)。

"选项"对话框中包含"文件""显示""打开和保存""打印和发布""系统""用户系统设置""草图""选择"和"配置"9 个选项卡，各选项说明如下：

1)"文件"选项卡：用于确定 AutoCAD 搜索支持文件、驱动程序文件、菜单文件和其他文件时的路径以及用户定义的一些设置。

2)"显示"选项卡：用于设置窗口元素、布局元素、显示精度、显示性能、十字光标大小等显示属性。

3)"打开和保存"选项卡：用于设置是否自动保存文件，以及自动保存文件时的时间间隔，是否维护日志，以及是否按需加载外部参照等。

4)"打印和发布"选项卡：用于设置 AutoCAD 的输出设备。

5)"系统"选项卡：用于设置当前三维图形的显示特性，设置定点设备、是否显示特性对话框、是否显示所有警告信息、是否检查网络连接、是否显示启动对话框等。

6)"用户系统配置"选项卡：用于设置是否使用快捷菜单和对象的排序方式。

7)"草图"选项卡：用于设置自动捕捉、自动追踪、自动捕捉标记框颜色和大小、靶框大小。

8)"选择"选项卡：用于设置选择集模式、拾取框大小以及夹点大小等。

9)"配置"选项卡：用于实现新建系统配置文件、重命名系统配置文件以及删除系统配置文件等操作。

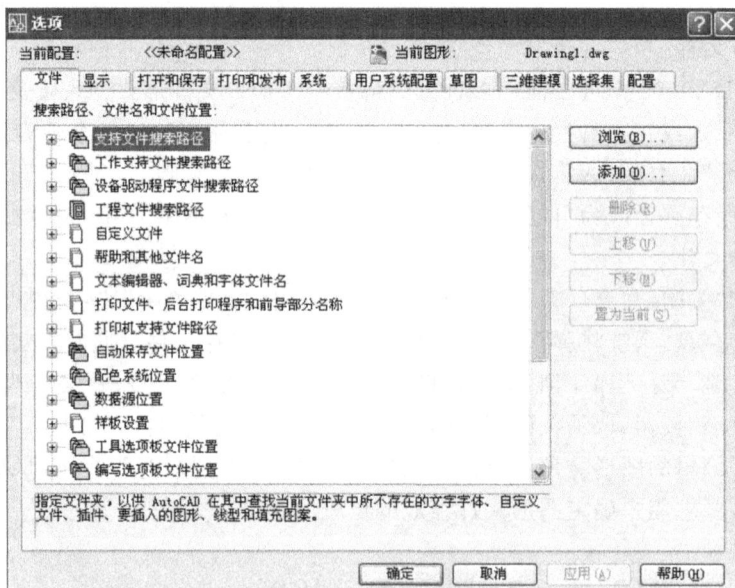

图 12.2.1　AutoCAD"选项"对话框

12.2.2　绘图环境设置

在用户使用 AutoCAD2008 绘图之前，需要对绘图环境进行设置，确定图形界限、绘图单位、颜色、线型、线宽等，有利于绘图格式的统一，便于图形的管理，提高绘图的效率。

1. 图形界限

一般来说,如果用户不进行任何设置,AutoCAD 2008 系统对作图范围没有限制。可以将绘图区看做是一幅无穷大的图纸,但所绘图形的大小是有限的,因此为了更好地绘图,需要设定作图的有效区域。在中文版 AutoCAD 2008 中,使用 limits 命令可以在模型空间中设置一个想象的矩形绘图区域,也称为图形界限。

现在以 A4 大小的绘图区为例介绍绘图区域设置的操作步骤。

1) 操作步骤:

点击"格式"菜单"图形界限",或在命令行中输入 limits,提示信息如下:

——命令:limits【Enter】

——指定左下角点或[开(ON)/关(OFF)]<0.0000,0.0000>: 　(执行默认值)

——指定右上角点<420.0000,297.0000>:297,210 　(设置 A4 大小的图形界限)

2) 操作说明:

① "开"选项——表示打开绘图界限检查,如果所绘图形超出了图限,则系统不绘制图形并给出提示信息,从而保证了绘图的正确性。

② "关"选项——表示关闭绘图界限检查。

③ "指定左下角点"选项——表示设置绘图界限左下角坐标。

④ "指定右上角点"选项——表示设置绘图界限右上角坐标。

2. 绘图单位

在 AutoCAD 2008 中,用户可以采用 1:1 的比例绘图,因此,所有的直线、圆和其他对象都可以以真实大小来绘制。用户可以使用各种标准单位进行绘图,对于中国用户来说通常使用毫米、厘米、米和千米等作为单位,毫米是最常用的绘图单位。步骤如下:

点击"格式"菜单"单位……"或在命令行输入"units"命令,弹出"图形单位"对话框,用来确定长度尺寸、角度尺寸的单位及其精度。

通常长度尺寸采用"小数"单位,精度设置为 0;角度尺寸采用"十进制度数"单位,精度设置为 0;拖放比例单位采用"毫米";默认"逆时针"方向为正方向。

单击对话框中的"方向"按钮,弹出"方向控制"对话框,该对话框用于确定基准角度,即零角度的方向。默认零角度方向为"东"方向。

12.2.3　图形显示控制

用户在绘图的时候,因为受到屏幕大小的限制,以及绘图区域大小的影响,需要频繁地移动绘图区域。在 AutoCAD 2008 中,这个问题由图形显示控制来解决。

1. 视图缩放

我们把按照一定的比例、观察角度与位置显示的图形称之为视图。作为专业的绘图软件,AutoCAD 2008 提供 ZOOM——缩放命令来完成此项功能。该命令可以对视图进行放大或缩小,而对图形的实际尺寸不产生任何影响。

(1) 命令调用方法。

1) 选择菜单中的"视图""缩放";

2) 在命令窗口中输入 zoom 或 z。

3) 绘图时,右击鼠标,选择快捷菜单中的"缩放"。

4)单击标准工具栏中的"窗口缩放"按钮。

(2)选项说明。

1)实时:系统默认选项,通过移动鼠标,对当前视图进行缩放。上或左是放大,下或右是缩小;

2)全部(A):以绘图范围显示全部的图形;

3)中心(C):系统将按照用户指定的中心点,比例或高度,进行缩放;

4)动态(D):利用此项选项,可以实现动态缩放及平移两个功能;

5)范围(E):使图形充满屏幕;

6)上一个(P):显示上一次显示过的视图,最多 10 次;

7)比例:按照输入的比例,以当前视图中心为中心缩放视图;

8)窗口(W):将把窗口内的图形放大到全屏显示。

2.平移

此命令用于移动视图,便于观察图形的不同部分,不对视图进行缩放。

命令调用方法:

1)选择菜单中的"视图""平移";

2)在命令窗口中输入 pan 或 p;

3)绘图时,右击鼠标,选择快捷菜单中的"缩放";

4)单击标准工具栏中的"实时平移"按钮。

12.2.4 图层管理

1.图层的概念

为方便绘图,AutoCAD 把图形中具有相同的线型、颜色和线宽等特性的对象,放到同一个层上,每一层称为一个图层。每个图层可以想象为一张透明的纸,一层挨一层,各层之间完全对齐,每层均可拥有任意的颜色、线型和线宽。绘制各种工程图样时,通常要采用多种形式的线型,如粗实线、细实线、点划线、中心线、虚线、双点划线等。绘制图形时,可以将具有相同线型的对象放在同一图层,将位于不同图层的对象用不同的颜色来表示。

图层具有以下特性:

1)每个图层都有自己的名字,以便查找;

2)每个图层都可以设置自己的颜色、线型、线宽;

3)可以对图层进行打开和关闭、冻结与解冻、锁定与解锁等状态控制;

4)各图层具有相同的坐标系、绘图界限、显示缩放倍数,对不同层上的对象可以同时进行编辑操作;

5)只能在当前层上绘图,绘制对象前需设置当前层。

2.图层特性的设置

图层特性的设置一般通过"图层特性管理器"对话框完成,如图 12.2.2 所示。"图层特性管理器"对话框可以完成建立删除图层、设置当前层、图层特性设置及图层状态控制等工作。

"图层特性管理器"的启动方法:

①下拉菜单:格式|图层;

②工具栏:图层| ▧ 按钮;

③命令行：layer((快捷命令为 la)。

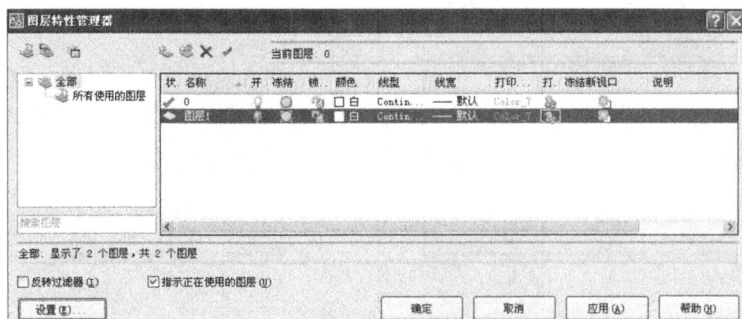

图 12.2.2　图层特性管理器

（1）创建新图层。单击对话框中的"新建图层"按钮，AutoCAD 自动建立名为"图层 1"的图层，连续点击"新建图层"按钮，将依次创建名为"图层 2""图层 3"等的新图层。

修改新建的缺省图层名，可以对新建的图层进行命名。图层名可以使用字母、数字以及 Windows 和 AutoCAD 未使用的特殊字符。

0 图层是系统默认的图层，不能对其进行重新命名。

（2）设置当前层。AutoCAD 的各图层中，只有一个当前层，且只能在当前层上绘制图形对象。因此绘图时必须首先设置当前层。

设置当前层的方法：

①使用"图层特性管理器"对话框设置当前层。

②在"图层"工具栏中弹出"图层控制"下拉列表，选择要设置为当前层的图层名。

③在绘图区域选择某一对象，然后单击"图层"工具栏的"把对象设置为当前层"按钮，系统将该对象所在的图层设置为当前层。

④单击"图层"工具栏的"上一个图层"按钮，可将前一个图层恢复为当前层。

（3）删除当前层。为了节省系统资源，可以删除多余的不用的图层。具体方法为：选择一个或多个要删除的图层，单击"图层特性管理器"对话框上的"删除图层"按钮后，单击"确认"按钮，即可完成图层的删除。

注意：不能删除 0 层、当前层和含有图形实体的层。

（4）线型、线宽和颜色的设置

1）线型的设置。每一图层都应赋予一种线型，不同图层可设置成相同或不同的线型。单击某一图层列表的"线型"栏中的 Continuous 项，弹出如图 12.2.3 所示的"选择线型"对话框；单击"加载"按钮，弹出"加载或重载线型"对话框，如图 12.2.4 所示。从该对话框中选择相应线型后，单击"确定"按钮，AutoCAD 返回到"选择线型"对话框，并将新线型显示在"已加载线型"列表框中。从该列表框选中新加载的线型，单击"确定"按钮完成线型的设置。

绘制点划线或虚线时，有时会遇至所绘线型显示为实线的现象，这是由于线型的显示比例因子设置不合理所致，可以通过"线型管理器"对话框进行调整。

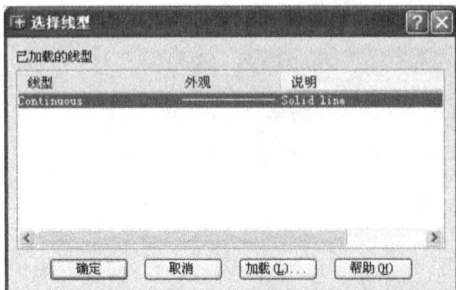

图 12.2.3 "选择线型"对话框

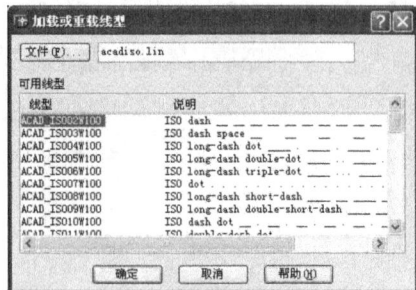

图 12.2.4 "加载或重载线型"对话框

2)线宽的设置。根据制图标准,每种线型都有其相应的线宽。在"图层特性管理器"对话框中,单击某一图层的"线宽"栏,弹出图 12.2.5 所示"线宽"对话框,选中所需线宽后按"确定"按钮完成图层线宽的设置。

线宽的设置也可以通过"线宽设置"对话栏进行设置,如图 12.2.6 所示。

"线宽设置"对话栏调用方法:

· 下拉菜单:格式|线宽;

· 命令行:lweighte(快捷命令为 lw)。

利用"图层特性管理器"对话框设置好线宽后,在用户区中不一定能够显示出该图层图形的线宽,只有按下状态栏中的"线宽"按钮,才会显示出图线有线宽。

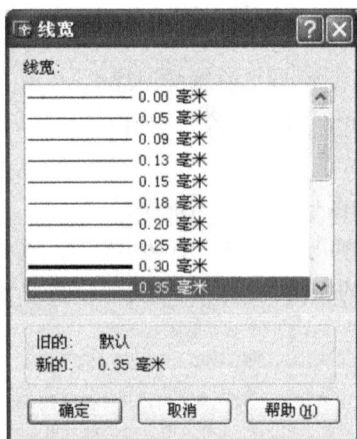

图 12.2.5 "线宽"对话框图

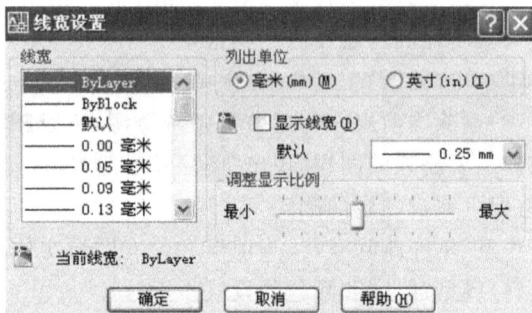

图 12.2.6 "线宽设置"对话框

3)颜色的设置。为了绘图和图形输出的方便,应根据需要改变某些图层的颜色。在"图层特性管理器"对话框中,单击某一图层的"颜色"栏中的"白色"项,弹出图 12.2.7 所示"选择颜色"对话框,选中所需颜色后按"确定"按钮完成图层线宽的设置。

4)图层的状态。

①图层的打开与关闭。关闭某图层后,该层上所绘图形不可见,但仍是整个图形的一部分。刷新图形时它们参与计算。在图 12.2.2 中,单击灯泡图标,黄色亮显变为灰蓝色,则该图层被关闭。若要打开,只需再单击一次图标,使灯泡图标由灰蓝色变为黄色亮显。

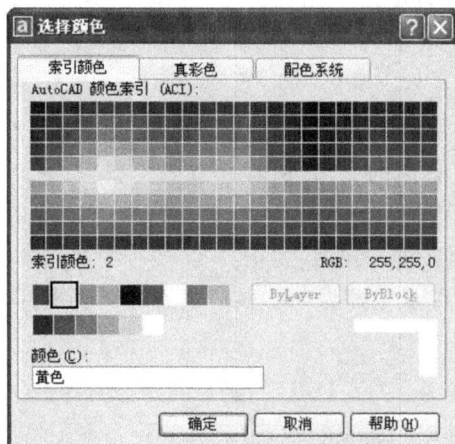

图 12.2.7　"选择颜色"对话框

②图层的冻结与解冻。冻结某图层后,该层上所绘图形不可见,刷新图形时也不参与计算。单击太阳图标,使之变成雪花图标,该图层被冻结,见图 12.2.2。若要解冻,只需再单击一次图标。

③图层的锁定与解锁。锁定某图层后,该层上所绘图形仍可见,也可继续在该层上绘图,但不能进行编辑和修改。单击挂锁图标使其锁上,该图层被锁定,见图 12.2.2。若要解锁,只需再单击一次图标。

④图层是否打印。单击打印机图标,使其上出现禁止符号,该图层上绘制的图形将不会被打印输出,见图 12.2.2。若要打印输出,只需再单击一次图标。

12.3　绘制简单二维图形

12.3.1　点

在 AutoCAD 中,"点"对象有"单点""多点""定数等分"和"定距等分"4 种形式。其中"单(多)点"主要用于绘制一系列的点;"定数等分"是将某一对象进行定数等分;"定距等分"是将某一对象进行等距离分割。

1.点的输入方式

(1)用鼠标指定点。移动鼠标至所需位置,单击鼠标左键。使用这种方式虽绘图速度快,但精度低。需与正交、栅格、捕捉等结合使用则能够快速、精确定点。

(2)通过键盘输入点的坐标方式。

1)绝对直角坐标和相对直角坐标。

绝对直角坐标:输入点的坐标以绘图原点计算,绝对直角坐标的输入形式是 X,Y。

其中 X 和 Y 分别是输入点相对于原点的 X 坐标和 Y 坐标;

相对直角坐标:输入点的坐标以相对前一点来计算,相对坐标输入时,必须在坐标值前面加上相对符号"@"。相对直角坐标的输入形式为@ X,Y。

其中 X,Y 为相对于上一点的坐标增量,正值表示沿 X 或 Y 轴的正方向。

例：如图 12.3.1 所示，A 点坐标为 $(0,0)$，B 点的绝对直角坐标为 $(60,20)$，C 点相对于 B 点的相对直角坐标为 @40,70。

2）绝对极坐标和相对极坐标。

绝对极坐标的输入形式是 $\rho<\theta$，其中距离 ρ 表示输入点与原点间的距离，角度 θ 表示输入点与原点间的连线与 X 轴正方向的夹角，逆时针为正。

相对极坐标的输入形式为 @$\rho<\theta$，ρ 表示输入点与上一点间的距离，θ 表示输入点与上一点间的连线与 X 轴正方向的夹角，逆时针为正。

例：如图 12.3.2 所示。A 点坐标为 $(0,0)$，B 点的绝对极坐标为 $(110<29)$，C 点相对于 B 点的相对极坐标为 @72<72。

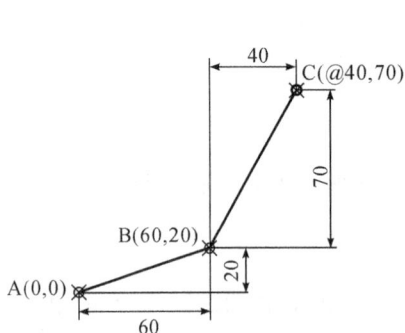

图 12.3.1　绝对（相对）直角坐标　　　　　　图 12.3.2　绝对（相对）极坐标

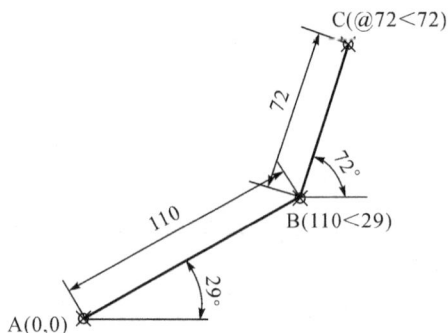

（3）直接输入距离法。直接输入距离法与使用相对坐标相似，不输入角度，只输入距离。一般从上一点延某一方向移动光标，确定方向后，输入距离值。一般应与"正交""极轴追踪"结合使用，才能精确绘图。

2.设置点的显示格式

在缺省状态下，点的显示形式为"."，测量或等分后看不到结点标志的位置，所以测量或等分之前，必须把点设置成一个明显的显示形式。

单击下拉菜单"格式"下的"点样式"，弹出图 12.3.3 所示"点样式"对话框。在对话框中可以任选一种可见式样的点，并设置点的大小，最后点击"确定"按钮，完成点可见形式的设置。

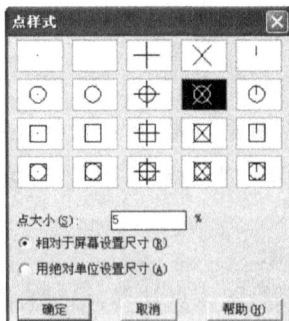

图 12.3.3　"点样式"对话框

3. 点的功能

(1)单点(多点)。

功能:在绘图窗口中一次(或多次)指定目标点,直到按 Esc 键结束命令。

点命令的启动方法有:

1)选择下拉菜单的"绘图""点"菜单项;

2)点击绘图工具条上的绘点工具按钮 · ;

3)在命令行输入 point 命令。

(2)定数等分点命令

功能:在指定的对象上绘制等分点或者在等分点处插入块。

定数等分点命令的启动方法:

1)选择下拉菜单的"绘图""点""定数等分"菜单项;

2)点击绘图工具条上的定数等分点按钮 ；

3)在命令行输入 divide 命令。

例:将图 12.3.4 中曲线 10 等分。

命令:_divide;

选择要定数等分的对象:选择曲线

输入线段数目或［块(B)］:10,将曲线等分为 10 等分

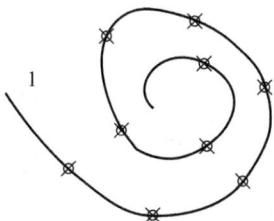

图 12.3.4　定数等分曲线　　　　　　图 12.3.5　定距等分曲线

(3)定距等分点命令

功能:在指定的对象上按指定的长度绘制点或者插入块。

定距等分点命令的启动方法:

1)选择下拉菜单的"绘图""点""定距等分"菜单项;

2)点击绘图工具条上的定距等分点按钮 ；

3)在命令行输入 measure 命令。

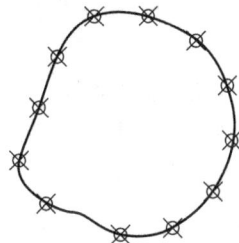

例:将图 12.3.5 所示的曲线定距等分

命令:_measure

选择要定距等分的对象:选择曲线

指定线段长度:200,输入每段的测量长度为 200

12.3.2　基本绘图命令

1. 直线

1)命令的功能:用于绘制一系列连续的直线段、折线段或闭合多边形,且每一线段均是一

个独立的对象。

2)命令调用方法：

① 选择下拉菜单的"绘图""直线"菜单项；

② 点击绘图工具条上的直线工具按钮 ✏；

③ 在命令行输入 line 命令。

3)选项说明：

①"放弃(U)"：放弃前一线段的绘制，重新确定点的位置，继续绘制直线；

②"闭合(C)"：在当前点和起点间绘制直线段，使线段闭合，结束命令。

2.射线

1)命令的功能：绘制以定点为起点，单方向无限延伸的直线。

2)命令调用方法。

① 选择下拉菜单的"绘图""射线"菜单项；

② 命令行：ray。

3)选项说明。指定起点后可以绘制一条射线，不断地响应通过点，可以绘制起点相同的一组射线。以回车、空格或鼠标右键结束命令。

3.构造线

1)命令的功能：构造线是指在两个方向上无限延长的直线。构造线主要用作绘图时的辅助线。当绘制多视图时，为了保持投影联系，可先画出若干条构造线，再以构造线为基准画图。

2)命令调用方法。

① 选择下拉菜单的"绘图""构造线"菜单项；

② 点击绘图工具条上的构造线工具按钮 ✏；

③ 在命令行输入 xline 命令。

3)选项说明。

① 水平(H)：绘制通过指定点的水平构造线；

② 垂直(V)：绘制通过指定点的垂直构造线；

③ 角度(A)：绘制与 X 轴正方向成指定角度的构造线；

④ 二等分(B)：绘制角的平分线。执行该选项后，用户输入角的顶点、角的起点和角的终点。输入三点后，即可画出过角顶点的角平分线；

⑤ 偏移(O)：绘制与指定直线平行的构造线。该选项的功能与"修改"菜单中的"偏移"功能相同。执行该选项后，给出偏移距离或指定通过点，即可画出与指定直线相平行的构造线。

4.矩形

1)命令的功能。用于绘制底边与 X 轴平行的矩形(可带倒角、圆角或具有指定宽度、标高、厚度的矩形)。

2)命令调用方法：

①选择下拉菜单的"绘图""矩形"菜单项；

②点击绘图工具条上的矩形工具按钮 ▭；

③在命令行输入 rectang 命令。

3)选项说明。

①"倒角(C)/ 圆角(F)"给定倒角距离(或圆角半径)，绘制带倒角(或圆角)矩形。

②"标高(E)"设置矩形构造平面的 Z 坐标。

③"厚度(T)/ 宽度(W)"设置矩形在 Z 方向的延伸厚度/设置矩形的宽度。

5. 正多边形

1)命令的功能。用于绘制边数从 3～1024 的正多边形。确定多边形位置、大小和旋转角度有以下 3 种方法。

①内接法:利用正多边形的中心和内接圆的半径及边数画正多边形;

②外切法:利用正多边形的中心和外切圆的半径及边数画正多边形;

③定边法:利用正多边形的边长及边数画正多边形。

2)命令调用方法:

①选择下拉菜单的"绘图"/"正多边形"菜单项;

②点击绘图工具条上的正多边形工具按钮⬠;

③在命令行输入 polygon 命令。

6. 圆弧

1)命令的功能。通过圆弧的命令及子菜单命令以 11 种不同的方式绘制圆弧,如图12.3.6 所示。

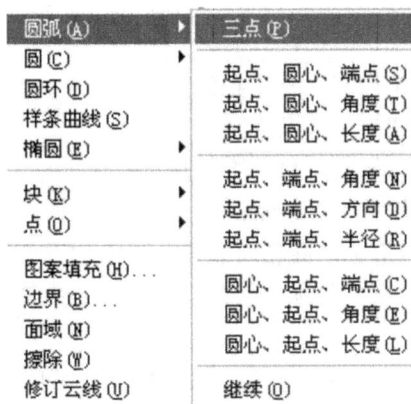

图 12.3.6　圆弧子菜单

2)命令调用方法。

①选择下拉菜单的"绘图""圆弧" 中任一子菜单命令;

②点击绘图工具条上的圆弧工具按钮↗;

③在命令行输入 arc 命令。

3)选项说明。

①"三点(P)"指定圆弧上起点、通过的第二个点和端点绘制圆弧。

②"起点、圆心、端点(S)"指定圆弧的起点、圆心和端点绘制圆弧。

③"起点、圆心、角度(T)" 指定圆弧的起点、圆心和包含角度绘制圆弧。若角度为正,按逆时针方向画弧;若角度为负,则按顺时针方向画弧。

④"起点、圆心、长度(A)"指定圆弧的起点、圆心和弦长绘制圆弧。

⑤"起点、端点、方向(D)"指定圆弧的起点、端点和给定起点的切线方向绘制圆弧。

⑥"继续(O)"以前一对象的终点为起点,绘制与前一对象相切的圆弧。

7.圆

1)命令的功能。

通过圆的命令或子菜单命令以 6 种不同的方式绘制圆,如图 12.3.7 所示。

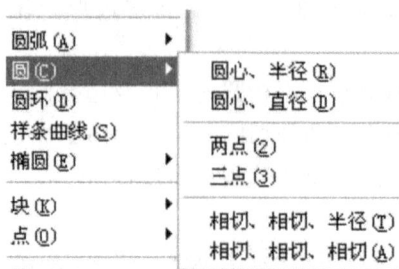

图 12.3.7　圆的子菜单

2)命令调用方法。

①选择下拉菜单的"绘图"/"圆"中任一子菜单命令;

②点击绘图工具条上的圆工具按钮⊙;

③在命令行输入 circle 命令。

3)选项说明。

①"圆心、半径(R)":给定圆的圆心及半径绘制圆。

②"圆心、直径(D)":给定圆的圆心及直径绘制圆。

③"两点(2P)":给定圆的直径上两端点绘制圆。

④"三点(3P)":给定圆的任意三点绘制圆。

⑤"相切、相切、半径(T)":给定与圆相切的两个对象和圆的半径绘制圆。

⑥"相切、相切、相切(A)":给定与圆相切的三个对象绘制圆。

8.椭圆

1)命令的功能。通过椭圆的命令及子菜单命令以 2 种不同的方式绘制椭圆,如图 12.3.8
所示。

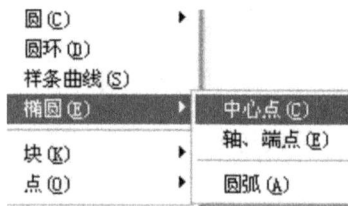

图 12.3.8　椭圆子菜单

2)命令调用方法。

① 选择下拉菜单的"绘图""椭圆"中任一子菜单命令;

② 点击绘图工具条上的椭圆工具按钮◯;

③ 在命令行输入 ellipse 命令。

3)选项说明:

①"中心点(C)":指定椭圆中心、一轴端点和另一轴的半轴长度或旋转角度绘制椭圆。

②"轴、端点(E)":指定椭圆一轴上两个端点和另一轴的半轴长度或旋转角度绘椭圆。

③"圆弧(A)":绘制椭圆弧。

12.4　绘制复杂二维图形

12.4.1　精确绘图

使用 AutoCAD 进行精确绘图,主要是准确确定点的位置和图形对象的尺寸。AutoCAD 的状态栏中提供了捕捉、栅格、正交、对象捕捉、对象追踪、极轴、动态输入等多种辅助工具,可以快速、准确地定位某些特殊点(如端点、中点、圆心等)和特殊位置(如水平位置、垂直位置)。

1. 捕捉和栅格

在绘制图形时,尽管可以通过移动光标来指定点的位置,但却很难精确指定点的某一位置。在 AutoCAD 中,使用"捕捉"和"栅格"功能,可以用来精确定位点,提高绘图效率。

"捕捉"用于设定鼠标光标移动的间距。"栅格"是一些标定位置的小点,起坐标纸的作用,可以提供直观的距离和位置参照。

(1)设置捕捉和栅格参数。利用"草图设置"对话框中的"捕捉和栅格"选项卡,可以设置捕捉和栅格的相关参数。

①"草图设置"对话框的调用方式。

下拉菜单:工具|草图设置;

状态栏:右击"栅格"或"捕捉"按钮,选择"设置"选项;

命令行:dsettings。

②各选项的功能。

"启用捕捉"复选框:打开或关闭捕捉方式。选中该复选框,可以启用捕捉。

"捕捉"选项组:设置捕捉间距、捕捉角度以及捕捉基点坐标。

"启用栅格"复选框:打开或关闭栅格的显示。选中该复选框,可以启用栅格。

"栅格"选项组:设置栅格间距。如果栅格的 X 轴和 Y 轴间距值为 0,则栅格采用捕捉 X 轴和 Y 轴间距的值。

"捕捉类型和样式"选项组:可以设置捕捉类型和样式,包括"栅格捕捉"和"极轴捕捉"两种。

(2)打开或关闭捕捉和栅格。

①要打开或关闭"捕捉"和"栅格"功能,可以选择以下几种方法。

在 AutoCAD 程序窗口的状态栏中,单击"捕捉"和"栅格"按钮;

按 F7 键打开或关闭栅格,按 F9 键打开或关闭捕捉;

选择"工具""草图设置"命令,打开"草图设置"对话框,在"捕捉和栅格"选项卡中选中或取消"启用捕捉"和"启用栅格"复选框;

在命令行输入"snap"打开/关闭捕捉方式,输入"grid"打开/关闭栅格方式。

②各选项的功能。

与"草图设置"对话框中的"捕捉和栅格"选项卡类似,略。

2.对象捕捉

AutoCAD中,"对象捕捉"通知自动捕捉方式进行特殊点的捕捉。当光标放到一个对象上时,系统自动捕捉到对象上所有符合条件的几何特征点,并显示相应的标记。

1)调用对象捕捉功能。

①调用对象捕捉功能的方式。

a.单击状态栏中的"对象捕捉"按钮;

b.使用功能键 F3 或 Ctrl+F;

c.使用"对象捕捉"工具栏;

d.使用"对象捕捉"快捷菜单;

e.下拉菜单:工具|草图设置|对象捕捉。

②各选项的功能。

a.端点(END):捕捉直线、曲线等对象的端点。

b.中点(MID):捕捉直线、曲线等线段的中点。

c.交点(INT):捕捉不同图形对象的交点。

d.延长线(EXT):捕捉直线、圆弧、椭圆弧、多段线等图形延长线上的点。

e.圆心(CEN):捕捉圆、圆弧、椭圆、椭圆弧等的圆心。

f.象限点(QUA):捕捉圆、圆弧、椭圆、椭圆弧等图形相对于圆心 0°,90°,180°,270°处的点。

g.切点(TAN):捕捉圆、圆弧、椭圆、椭圆弧、多段线或样条曲线等的切点。

h.垂足(PER):绘制与已知直线、圆、圆弧、椭圆、椭圆弧、多段线或样条曲线等图形相垂直的直线。

i.平行线(PAR):用于画已知直线的平行线。

j.插入点(INS):捕捉插入在当前图形中的文字、块、形或属性的插入点。

k.结点(NOD):捕捉用画点命令(POINT)绘制的点。

l.最近点(NEA):捕捉图形上离光标位置最近的点。

m.捕捉自(FRO):以一个临时参考点为基点,根据给定的距离值捕捉到所需特征点。

n.临时追踪点(TT):先用鼠标在任意位置作一标记,再以此为参考点捕捉所需特征点。

2)对象捕捉模式。

①运行捕捉模式:在"草图设置"对话框的"对象捕捉"选项卡中,设置的对象捕捉模式始终处于运行状态。系统自动捕捉到对象上所有符合条件的特征点,并显示相应的标记,直到关闭为止,称为运行捕捉方式。

②覆盖捕捉模式:如果在点的命令行提示下输入相应的命令形式,单击"对象捕捉"工具栏中的按钮或在"对象捕捉"快捷菜单中选择相应的命令,只能临时打开捕捉方式,称为覆盖捕捉模式。

3.对象追踪

在 AutoCAD 中,使用对象追踪功能,可按指定角度绘制对象,或者绘制与其他对象有特殊关系的对象。

1)极轴追踪。极轴追踪是在系统要求指定一个点时,按预先设置的角度增量显示一条无限长的辅助线,沿这条辅助线用户可以快速、方便地追踪到所需特征点。

①打开/关闭极轴追踪。

a. 单击状态栏中的"极轴"按钮；

b. 使用快捷键 F10。

②极轴追踪设置。

使用"草图设置"中的"极轴追踪"进行极轴追踪设置,各选项含义如下:

a. "启用极轴追踪"筛选框用于打开或关闭极轴追踪功能。

b. 极轴角设置。

c. 增量角:用于选择极轴夹角的递增值,当极轴夹角为该值倍数时,都将显示辅助线。

d. 附加角:当"增量角"下拉列表中的角不能满足需要时,增加特殊的极轴夹角。

2)对象追踪。对象追踪功能是利用已有图形对象上的捕捉点来捕捉其他特征点的又一种快捷作图方法。对象追踪功能常用于事先不知具体的追踪方向,但已知图形对象间的某种关系的情况下使用。

①打开/关闭对象追踪。

a. 单击状态栏中的"对象追踪"按钮；

b. 使用快捷键 F11。

②对象追踪设置。

使用"草图设置"中的"极轴追踪"选项卡中的"对象捕捉追踪设置"选项组进行对象追踪设置,各选项含义如下:

a. 仅正交追踪:只有水平和垂直方向上显示追踪辅助线；

b. 用所有极轴角设置追踪:在水平、垂直及所有极轴角方向上显示追踪辅助线。

4. 正交功能

在正交模式下,可以方便地绘出与当前 X 轴或 Y 轴平行的线段。

打开或关闭正交方式:

① 状态栏:"正交"按钮。

② 快捷键:F8。

③ 命令行:ORTHO。

12.4.2　复杂二维绘图命令

1. 多线

多线是一种由多条平行线组成的组合对象,平行线之间的间距、线的数目、线条颜色及线型可以调整。多线常用于绘制建筑图中的墙体、管道、道路等平行线对象。

多线可以包含1~16条平行线,这些平行线称为多线的元素。多线元素的位置、间距、线型、颜色以及连接等特征,由多线样式确定。

1)多线样式的设置。多线的外观由多线样式决定,在绘制多线之前,应先进行多线样式设置,以确定多线的数量、偏移量、颜色、线型等特性。

①命令的调用。

a. 下拉菜单:格式|多线样式；

b. 命令行:mlstyle。

②具体操作步骤:

　　a. 命令激活后，打开"多线样式"对话框，点击"新建"按钮，弹出"创建新的多线样式"对话框，在"新样式名"文本框中输入多线样式的名称，单击"继续"按钮，打开"新建多线样式"对话框，在此对话框中进行多线样式的设置。

　　b. 在"元素"列表框中进行多线元素设置，包括添加、删除元素的数量，设置的偏移距离以及元素的线型、颜色等。

　　c. 在"封口"列表框中设置多线的起点和端点的封口参数。

　　d. 在"填充"列表框中设置多线的背景填充颜色。

　　e. 选中"显示连接"复选框，将在多线转角处用直线将多线连接起来。

　　2) 多线的绘制。

　　① 命令的调用。

　　a. 下拉菜单：绘图 | 多线；

　　b. 命令行：mline。

　　② 选项说明。

　　a. 对正(J)：指定绘制多线的方式；

　　上(T)：以多线中具有最大的正偏移值的元素为准绘制多线；

　　无(Z)：以多线的中心为准绘制多线；

　　下(B)：以多线中具有绝对值最大的负偏移值的元素为准绘制多线；

　　b. 比例(S)：指定多线的比例因子；

　　c. 样式(ST)：指定多线的样式。

　　3) 多线的编辑。使用 mledit 命令可以对多线的交接、断开、形体进行控制和编辑。

　　① 命令的调用。

　　a. 下拉菜单：修改 | 对象 | 多线；

　　b. 命令行：mledit。

　　② 具体操作步骤：命令激活后，打开"多线编辑工具"对话框，在些对话框中根据图示进行各参数设置。

　　2. 多线段

　　多段线是指 AutoCAD 中一种重要的图形对象，由彼此相连、可具有不同宽度的直线和弧线组成的一个复合实体。

　　1) 多段线的绘制。

　　① 命令的调用。

　　a. 下拉菜单：绘图 | 多段线；

　　b. 工具栏：多段线按钮 ⤵ ；

　　c. 命令行：pline (pl)。

　　② 选项说明。

　　a. 圆弧(A)：用于绘制多段线的圆弧段。

　　角度 (A)：指定从起点开始的弧线段的包含角；

　　圆心(CE)：指定弧线段的圆心；

　　方向 (D)：指定弧线段的起点方向；

　　半宽 (H)：指定弧线段的半宽值；

直线 (L)：退出圆弧选项，并返回上一级提示；

半径 (R)：指定弧线段的半径；

第二点(S)：指定三点弧的第二点和端点；

宽度 (W)：指定弧线段的宽度值；

b. 半宽(H)：分别指定多线段的起点半宽值和端点半宽值。

c. 长度(L)：以前一段相同的角度按指定长度绘直线段。

d. 放弃(U)：删除最近一次添加到多段线上的直线段。

e. 半宽(W)：分别指定多线段的起点和端点的宽度值。

f. 闭合(C)：在当前位置到多线段起点绘制闭合多线段，并结束多线段命令。

2)多段线的编辑。

①命令的调用。

a. 下拉菜单：修改|对象|多段线；

b. 命令行：pedit (pe)。

②选项说明。

a. 闭合：创建多段线的闭合线，将首尾连接。

b. 打开：删除多段线的闭合线段。

c. 合并：在开放的多段线的尾端点添加直线、圆弧或多段线和从曲线拟合多段线中删除曲线拟合。

d. 宽度：为整个多段线指定新的统一宽度。

e. 编辑顶点：在多段线的顶点及其后的线段中执行各种编辑任务。

f. 非曲线化：拉直多段线的所有线段。

g. 拟合：创建圆弧平滑曲线拟合多段线。

h. 样条曲线：用样条曲线拟合多段线。

3. 样条曲线

样条曲线主要用于绘制机械制图中的波浪线、截交线、相贯线，以及地理图中的地貌等。

1)样条曲线的绘制。

①命令的调用。

a. 下拉菜单：绘图|样条曲线；

b. 工具栏：绘图|样条曲线按钮 ～；

c. 命令行：spline (spl)。

②选项说明。

输入样条曲线命令时，系统给出下面的提示选项：

a. 指定第一个点：该默认选项提示用户确定样条曲线的起始点。

b. 指定下一个点：确定其他样条曲线数据点。

c. 对象(O)：用于选择一条进行了样条拟合的多段线，将其转变成样条曲线。

d. 闭合(C)：将生成闭合的样条曲线，并享有相同的切向。

e. 拟合公差(F)：提示输入样条曲线的偏差距离，默认情况下为 0，保证样条曲线穿过经过点。

f. 起点切向：定义样条曲线的第一点和最后一点的切向，并结束。

（2）样条曲线的编辑。

①命令的调用。

a. 下拉菜单：修改|对象|样条曲线；

b. 命令行：splinedit。

②选项说明。

a. 拟合数据（F）：编辑样条曲线的拟合点。

b. 闭合??／打开（O）：如果选定的样条曲线为闭合，则"闭合"选项将由"打开"选项替换。

c. 移动顶点（M）：移动样条曲线的顶点位置，改变样条曲线的形状。

d. 反转（E）：改变样条曲线的方向，始末点交换。

e. 退出（X）：返回主提示。

12.5 AutoCAD 的图形编辑

二维图形的绘图命令与编辑命令配合使用可以进一步完成复杂图形的绘制，并保证绘图准确、快速、减少重复工作，提高设计及绘图的效率。AutoCAD 提供了强大的二维图形编辑命令，如删除、复制、镜像、阵列、平移、旋转等。

图形的编辑命令操作分为两个步骤：

① 选择目标：选择一组图形元素进行编辑命令的操作，被选中的图形元素（选择集）以虚线显示。

② 编辑：对选择集进行指定的编辑操作。

12.5.1 图形对象的选择

在对图形进行编辑操作时首先要确定编辑的对象，然后才能通过菜单或命令对其进行编辑操作。AutoCAD 多选择对象的方法如下：

1. 使用选择窗口

选择窗口是绘图区中的一个矩形区域。通过这个区域，可以进行对象的选择。分为窗口选择和交叉选择两种方式。

1）窗口选择。将鼠标从左向右拖动后产生的矩形区域为选择窗口，选择窗口中包含的对象被选择。

2）交叉选择。将鼠标从右向左拖动后产生的矩形区域为交叉窗口，交叉窗口中包含的对象以及与交叉窗口相交的对象被选择。

2. 使用选择集

AutoCAD 可以通过鼠标在对象上单击鼠标选择对象，继续单击其他要选择的对象，可以将其添加到当前的选择集中。

12.5.2 删除

用来从图形中删除一个或多个对象。对于一个已删除的对象，虽然用户在屏幕上看不到它，但在图形文件没有关闭前仍保存在图形数据库中，可以用 undo 命令恢复。

（1）删除命令的启动方法。

1）下拉菜单:修改|删除;

2）工具栏:修改|删除按钮；

3）命令行:erase（e）;

4）功能键:Del。

（2）说明。

1）先选择对象,再执行删除命令:命令执行后,被选择的对象被删除;

2）先执行删除命令,再选择对象:在选择欲删除的实体时,用户可以逐个对象连续选择,也可以用选择集构成的任何方式进行选择,直到用回车键结束命令,这时被选中的实体从图形中被删除。

12.5.3　复制

复制命令用于在当前图形中复制单个或多个对象。

（1）复制命令的启动方法。

1）下拉菜单:修改|复制;

2）工具栏:修改|复制按钮；

3）命令行:copy（co）。

（2）选项说明。

"重复(M)"指对同一对象进行多重复制,直到回车结束命令。

12.5.4　镜像

镜像命令用来产生与所选实体轴对称的实体,镜像时可以选择删除源对象,也可选择保留源对象。

镜像命令的启动方法:

1）下拉菜单:修改|镜像;

2）工具栏:修改|镜像按钮；

3）命令行:mirror（co）。

12.5.5　偏移

偏移命令用于将对象偏移指定的距离,生成一个与源对象形状相似且平行的新对象。

偏移命令的启动方法:

1）下拉菜单:修改|偏移;

2）工具栏:修改|偏移按钮；

3）命令行:offset（o）。

12.5.6　阵列

阵列用于在绘制具有阵列方式的均布特征的对象时,将若干个对象进行阵列方式的复制,分为矩形阵列和环形阵列两种方式。

（1）阵列命令的启动方法。

1）下拉菜单:修改|阵列;

2)工具栏：修改|阵列按钮▦▦；

3)命令行：array（ar）。

（2）选项说明。

启动命令后，弹出阵列对话框。选择对话框中的"矩形（或环形）阵列"单选按钮，将所选对象以矩形（或环形）方式进行复制。

"矩形阵列"：通过在对话框中设置行、列数目；行偏移、列偏移以及阵列角度来控制复制的效果。设置完毕后，点击"选择对象"按钮，选取要进行阵列的对象，单击"确定"完成矩形阵列操作。

"环形阵列"：通过在阵列对话框中设置阵列中心、阵列数目和角度来控制复制的效果。"复制时旋转项目"复选框用来控制阵列时是否将复制对象进行旋转。设置完毕后，点击"选择对象"按钮，选取要进行阵列的对象，点击"确定"按钮完成环形阵列操作。

12.5.7　移动

移动命令用于在图形中把所选的对象从原位置移动到新的位置。

移动命令的启动方法：

1)下拉菜单：修改|移动；

2)工具栏：修改|移动按钮✛；

3)命令行：move（m）。

12.5.8　旋转

旋转命令可以使选择的实体围绕指定的旋转中心进行旋转。执行旋转命令时，需要指定实体的旋转中心和旋转角度，AutoCAD 提供了两种指定旋转角度的方法：绝对角度法和相对角度法。

移动命令的启动方法：

1)下拉菜单：修改|旋转；

2)工具栏：修改|旋转按钮↻；

3)命令行：rotate（ro）。

12.5.9　缩放

缩放用于将选定对象按指定中心点进行比例缩放。

（1）缩放命令的启动方法。

1)下拉菜单：修改|缩放；

2)工具栏：修改|缩放具按钮▭；

3)命令行：scale（sc）。

（2）选项说明

使用 Scale 命令时，可使用两种方式缩放对象：

1)先选择缩放对象的基点，然后输入缩放比例因子。在图形按比例缩放的过程中，缩放基点在屏幕上的位置保持不变，它周围的图元以此点为中心按给定的比例因子放大或缩小。

2)先输入一个数值或拾取两点来指定一个参考长度（第一数值），然后再输入新的数值或拾取另外一点(第二数值),则 AutoCAD 计算两个数值的比率并以此比率作为缩放比例因子。

12.5.10　拉伸

拉伸命令用于拉伸或移动选定对象。

(1)拉伸命令的启动方法。

1)下拉菜单:修改|拉伸;

2)工具栏:修改|拉伸按钮 ；

3)命令行:stretch(s)。

(2)选项说明

此命令要求以窗口选择要拉伸的对象,可以通过改变端点的位置来同时修改多个对象,编辑过程中除被拉长、缩短的对象外,其他图元间的几何关系将保持不变。

12.5.11　修剪

修剪命令用于把一个整体图形以交点作为断点进行局部删除。

(1)修剪命令的启动方法。

1)下拉菜单:修改|修剪;

2)工具栏:修改|修剪按钮 ；

3)命令行:trim(tr)。

(2)选项说明。

首先选择剪切边,然后选择被剪切的对象。

"按住 Shift 键选择要延伸的对象"即执行延伸命令。如果按住 Shift 键,同时选择与修剪边不相交的对象,修剪边将变为延伸边界,将选择的对象延伸至与修剪边界相交。

"栏选(F)":选择与选择栏相交的所有对象。选择栏是一系列临时线段,它们是用两个或多个栏选点指定的。选择栏不构成闭合环。

"窗交(C)":选择矩形区域(由两点确定)内部或与之相交的对象。

12.5.12　延伸

将图形延伸对象到一个边界对象,边界可以是直线、圆弧、多段线等。

(1)延伸命令的启动方法。

1)下拉菜单:修改|延伸;

2)工具栏:修改|延伸按钮 ；

3)命令行:extend(ex)。

(2)选项说明。

首先延伸边界的边,然后选择被延伸的对象。

"按住 Shift 键选择要修剪的对象"即执行修剪命令。其他选项与修剪相同。

12.5.13　打断

切除选定对象的一部分或在一点处将其断开。

(1)延伸命令的启动方法。

1)下拉菜单:修改|打断;

2)工具栏:修改|打断按钮 ;

3)命令行:break(br)。

(2)选项说明

在执行打断命令时,需要选择被截断的一个实体,指定两个截断点。

12.5.14 倒角

倒角命令可以把两条非平行直线在相交点处(或延长线交点处)进行倒棱角,可用距离和角度两种方式控制倒角的大小。

(1)倒角命令的启动方法。

1)下拉菜单:修改|倒角;

2)工具栏:修改|倒角按钮 ;

3)命令行:chamfer(cha)。

(2)选项说明。

"多段线(P)"在二维多段线的直线边间进行倒角(忽略圆弧段)。

"距离(D)"利用距离法进行倒角修整,设置倒角距离。

"角度(A)"利用距离-角度法进行倒角修整。

"修剪(T)"选择修剪模式。如果选择"不修剪",则保留倒角前的原线段。

"方式(M)"选择倒角的方式,是采用"距离法"还是采用"距离-角度法"。

"多个(U)"选择该选项,可以执行多重倒角操作。

12.5.15 圆角

利用已知半径的拟合圆弧来连接两条直线,两条弧线或其中任意两者的组合,也可以对多段线进行圆弧过渡。

(1)圆角命令的启动方法。

1)下拉菜单:修改|圆角;

2)工具栏:修改|圆角按钮 ;

3)命令行:fillet(f)。

(2)选项说明。

"半径(R)"重新设置圆角的半径。

"多段线(P)""修剪(T)""多个(U)":与"倒角"命令的含义相似。

12.5.16 使用夹点编辑图形

在图形对象被选择并变为虚线显示的同时,图形对象的特征点将显示蓝色的小方块,这些小方块称为夹点。

1.控制夹点显示

默认情况下,夹点始终是打开的。用户可以通过"工具""选项"对话框的"选择"选项卡的"夹点"选项组中选中"启用夹点"复选框。在该选项卡中设置夹点的显示,还可以设置代表夹点的小方格的尺寸和颜色。

对不同的对象来说,用来控制其特征的夹点的位置和数量也不相同。

2.使用夹点编辑图形

在 AutoCAD 中夹点是一种集成的编辑模式,具有非常实用的功能,它为用户提供了一种方便、快捷的编辑操作途径。使用夹点可以对对象进行拉伸、移动、旋转、缩放及镜像等操作。

(1)使用夹点拉伸对象。在不执行任何命令的情况下选择对象,显示其夹点,然后单击其中一个夹点,该夹点将被作为拉伸的基点。

(2)使用夹点移动对象。在不执行任何命令的情况下选择对象,显示其夹点,然后单击其中一个夹点,右击,在快捷菜单中选择“移动”命令。

(3)使用夹点镜像对象。在不执行任何命令的情况下选择对象,显示其夹点,然后单击其中一个夹点,右击,在快捷菜单中选择“镜像”命令。

(4)使用夹点旋转对象。在不执行任何命令的情况下选择对象,显示其夹点,然后单击其中一个夹点,右击,在快捷菜单中选择“旋转”命令。

(5)使用夹点缩放对象。在不执行任何命令的情况下选择对象,显示其夹点,然后单击其中一个夹点,右击,在快捷菜单中选择“缩放”命令。

12.6　面域与图案填充

12.6.1　面域

在 AutoCAD 中,面域指的是具有边界的平面区域,除包括边界外,还包括边界内的平面。用户可以将由某些对象围成的封闭区域转换为面域,这些封闭区域可以是圆、椭圆、封闭的二维多段线或封闭的样条曲线等对象,也可以是由圆弧、直线、二维多段线、椭圆弧、样条曲线等对象构成的封闭区域。

1.创建面域

1)使用面域命令创建面域。

① 下拉菜单:绘图│面域;

② 工具栏:绘图│面域按钮◎;

③ 命令行:region。

执行命令后,选择要将其转换为面域的对象,按下 Enter 键即可将该图形转换为面域。

2)使用边界命令创建面域。

①下拉菜单:绘图│边界;

②命令行:boundary。

执行命令后,弹出“边界创建”对话框,在“对象类型”列表框中选择“面积”后,单击“拾取点”按钮,进入绘图工作区,按提示,完成操作。

2.对面域进行布尔运算

布尔运算是数学上的一种逻辑运算。在 AutoCAD 中绘图时使用布尔运算,可以大大提高绘图效率。布尔运算的对象只包括实体和共面的面域,对于普通的线条图形对象,则无法使用布尔运算。在 AutoCAD 中,用户可以对面域执行“并集”“差集”及“交集”3 种布尔运算,各种运算效果如图 12.6.1 所示。

原始面域　　　　　　并集运算效果　　　　差集运算效果　　交集运算效果

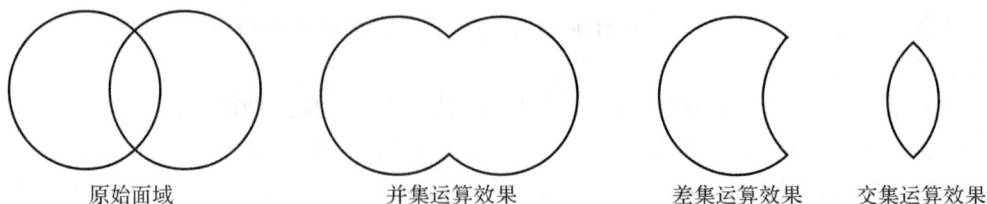

图 12.6.1　面域的布尔运算

（1）并集运算。选择"修改""实体编辑""并集"命令，或在命令行中输入"UNION"命令，可以执行面域的并集运算。AutoCAD 即可对所选择的面域执行并集运算，将其合并为一个图形。

（2）差集运算。选择"修改""实体编辑""差集"命令，或在命令行输入"SUBTRACT"命令，可以执行面域的差集运算，即使用一个面域减去另一个面域。

（3）交集运算。选择"修改""实体编辑""交集"命令，或在命令行输入"INTERSECT"命令，可以创建多个面域的交集，即各个面域的公共部分。

12.6.2　图案填充

1.图案填充

1）命令的执行方式：

① 下拉菜单：绘图|图案填充；

② 工具栏：绘图|图案填充按钮 ；

③ 命令行：hatch 或 bhatch（h 或 bh）。

2）具体步骤：

命令执行后，打开"图案填充和渐变色"对话框，如图 12.6.2 所示。利用该对话框，用户可以设置图案填充时的图案特性、填充边界以及填充方式等。

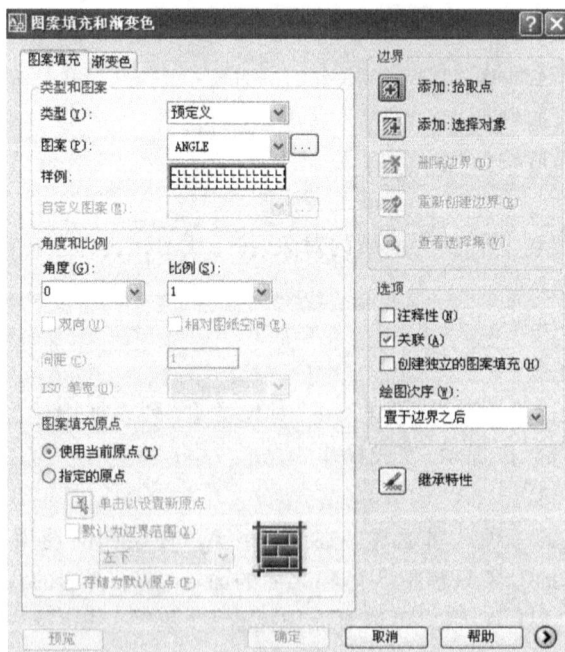

图 12.6.2　"图案填充与渐变色"对话框

2.编辑图案填充

创建图案填充后,用户可以根据需要修改填充图案或修改图案区域的边界。

1)命令的执行方式:

① 下拉菜单:修改|对象|图案填充;

② 命令行:hatchebit。

2)具体步骤:

命令执行后,打开"图案填充和渐变色"对话框。该对话框与"图案填充和渐变色"对话框相似,可以编辑图案填充时的图案特性、填充边界以及填充方式等。

12.7　块与外部参照

12.7.1　块的创建和插入

在绘制图形时,如果图形中有大量相同或相似的内容,或者所绘制的图形与已有的图形文件相同,则可以把要重复绘制的图形创建成块(也称为图块),并根据需要为块创建属性,指定块的名称、用途及设计者等信息,在需要时直接插入它们,从而提高绘图效率。块是一个或多个图形对象组成的对象集合,常用于绘制复杂、重复的图形。

在 AutoCAD 中,使用块可以提高绘图速度、节省存储空间、便于修改图形,并且可以为块添加属性。

块是一个用名字标识的一组实体。这一组实体能放进一张图纸中,可以进行任意比例的转换、旋转并放置在图形中的任意地方。

创建块的 3 个要素:名称、基点、对象。在创建图块之前,先绘制图形,然后将绘制的图形对象定义成图块。

AutoCAD 中的块,分为内部块和外部块两种。内部块只能在块所在的图形中使用,如果需要在其他图形中使用该块,必须将其定义成外部块(外部块以图形文件的形式存放在外存中)。

1.内部块的创建

用户可以通过如下几种方法来创建内部块:

下拉菜单:[绘图][块][创建…];

绘图工具栏:🔲;

命令行:BLOCK 或 BMAKE 或 B↙。

具体操作过程如下:

用上述方法中的任一种启动命令后,AutoCAD 会弹出如图 12.7.1 所示的"块定义"对话框。该对话框中各选项的含义如下:

1)名称:在此列表框中输入新建图块的名称,最多可使用 255 个字符。单击下拉箭头,打开列表框,该列表中显示了当前图形的所有图块。

2)基点:插入的基点。用户可以在 X/Y/Z 的输入框中直接输入插入点的 X,Y,Z 的坐标值;也可以单击拾取点按钮,用十字光标直接在作图屏幕上点取。理论上,用户可以任意选取一点作为插入点,但实际的操作中,建议用户选取实体的特征点作为插入点,如中心点、右下角等。

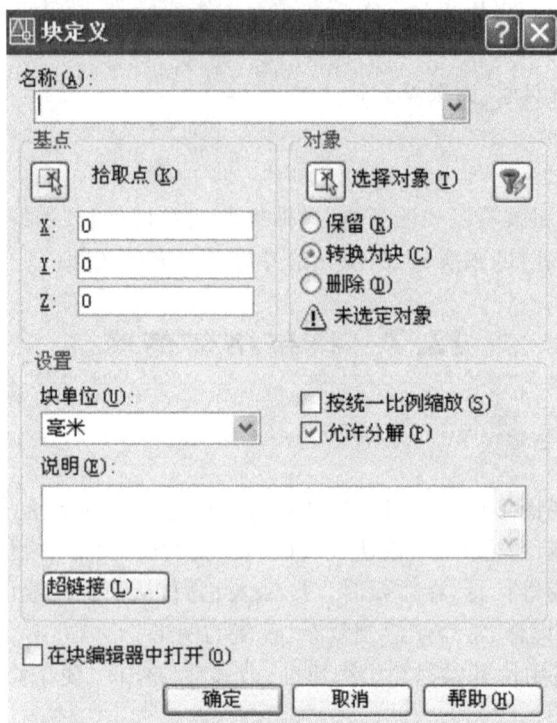

图 12.7.1 "块定义"对话框

3)对象：单击此按钮，AutoCAD 切换到绘图窗口，用户在绘图区中选择构成图块的图形对象。在该设置区中有如下几个选项：保留、转换为块和删除。它们的含义如下：

保留：保留显示所选取的要定义块的实体图形。

转换为块：选取的实体转化为块。

删除：删除所选取的实体图形。

4)块单位：插入块的单位。单击下拉箭头，将出现下拉列表选项，用户可从中选取所插入块的单位。

5)说明：详细描述。用户可以在说明下面的输入框中详细描述所定义图块的资料。

2.外部块的创建

内部块只能在同一张图形中使用，当需要调用别的图形中所定义的块时，需要创建外部块。

创建外部块的方法如下：

在命令行中输入 WBLOCK 或 W,AutoCAD 会出现图 12.7.2 所示的"写块"对话框。

现在介绍该对话框中各选项的含义：

1)源：用户可以通过块、整个图形、对象 3 个单选按钮来确定块的来源。

2)基点：插入的基点。

3)对象：选取对象。

4)目标：有 2 个选项：

① 文件名和路径:设置输出文件名及路径。

② 插入单位:插入块的单位。

用户在执行 Wblock 命令时,不必先定义一个块,只要直接将所选的图形实体作为一个图块保存在磁盘上即可。

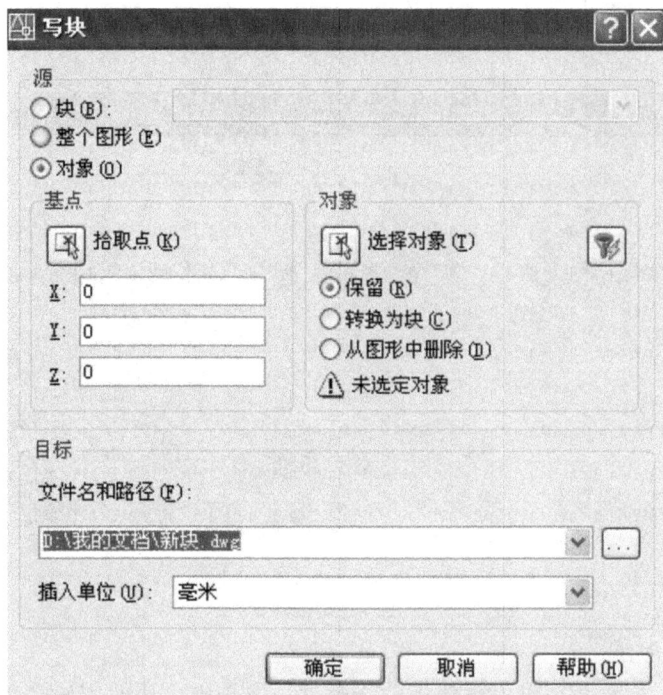

图 12.7.2　"写块"对话框

3.插入块

用户可以使用 INSERT 命令在当前图形或其他图形文件中插入块,无论块或所插入的图形多么复杂,AutoCAD 都将它们作为一个单独的对象,如果用户需编辑其中的单个图形元素,就必须分解图块。

在插入块时,需确定以下几组特征参数,即要插入的块名、插入点的位置、插入的比例系数以及图块的旋转角度。

插入块的方法:用户可以通过如下几种方法来启动"插入"对话框:

下拉菜单:[插入][块…];

绘图工具栏: ;

命令行:INSERT ✓。

AutoCAD 将弹出"插入"对话框,如图 12.7.3 所示。

现在介绍该对话框中各选项的含义。

1)名称:该区域的下拉列表列出了图样中的所有图块,通过这个列表,用户选择要插入的块。如果要把外部插入当前图形中,就单击浏览按钮,然后选择要插入的文件。

2)插入点:确定图块的插入点。可直接在 X,Y,Z 文本框中输入插入点的绝对坐标值,或是选中"在屏幕上指定"选项,然后在屏幕上指定。

3)缩放比例:确定块的缩放比例。可直接在 X,Y,Z 文本框中输入沿这 3 个方向的缩放比例因子,也可选中"在屏幕上指定"选项,然后在屏幕上指定。

统一比例:该选项使块沿 X,Y,Z 方向的缩放比例都相同。

4)旋转:指定插入块时的旋转角度。可在"角度"框中直接输入旋转角度值,或是通过"在屏幕上指定"选项在屏幕上指定。

5)分解:若用户选择该选项,则 AutoCAD 在插入块的同时分解块对象。

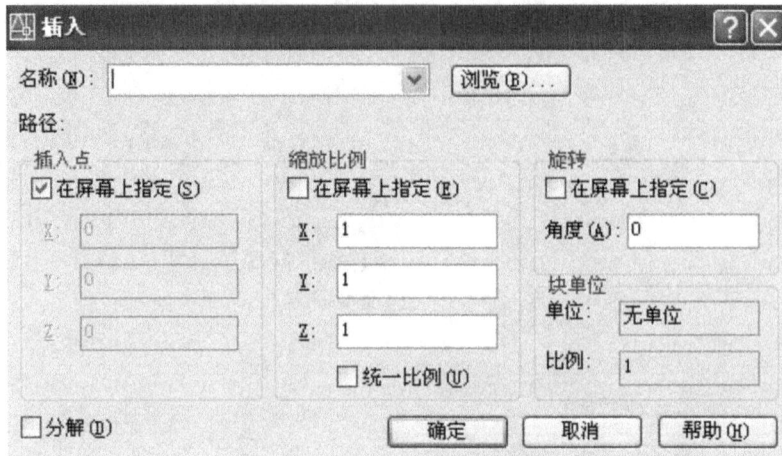

图 12.7.3 "插入"对话框

4.块的编辑与修改

(1)块的分解。分解命令可以将块由一个整体分解为组成块的原始图线,然后可以对这些图线执行任意的修改命令进行编辑。

①操作步骤:

下拉菜单:修改|分解;

修改工具栏: ;

命令行:explode。

② 操作说明:

按提示选择对象后即可完成分解操作。

(2)块的重定义。将分解后的块的原始图线编辑修改后重定义成同名块,这样块的库中的定义才会被修改,再次插入这个块的时候,会变成重新定义好的块。

重新执行创建块命令,选择块列表中的已有块名进行创建即可实现重定义块,并非一定要使用分解后的块进行重定义,可以使用全新的图形进行重定义。

重定义块一般用在使用已有的完整修改图形去直接替代旧的块图形。

12.7.2 块的属性

在 AutoCAD 中,可以使块附带属性,属性类似于商品的标签,包含了图块所不能表达的其他各种文字信息,如材料、型号和制造者等,存储在属性中的信息一般称为属性值。当用 BLOCK 命令创建块时,将已定义的属性与图形一起生成块,这样块中就包含了属性。

属性是块中的文本对象,它是块的一个组成部分。属性从属于块,当利用删除命令删除块时,属性也被删除。

1. 创建块属性

创建块属性的方法:

下拉菜单:绘图|块|定义属性…;

命令行:ATTDEF;

打开"属性定义"对话框,如图 12.7.4 所示,用户利用此对话框创建块属性。

现在介绍对话框中常用的选项。

(1)属性。

标记:属性的标志。

提示:输入属性提示。

值:属性的缺省值。

(2)模式。

不可见:控制属性值在图形中的可见性。如果想使图中包含属性信息,但不想使其在图形中显示出来,就选中这个选项。

固定:选中该选项,属性值将为常量。

验证:设置是否对属性值进行校验。若选择此选项,则插入块并输入属性值后,AutoCAD将再次给出提示,让用户校验输入值是否正确。

预置:该选项用于设定是否将实际属性值设置成默认值。若选中此选项,则插入块时,AutoCAD 将不再提示用户输入新属性值,实际属性值等于"值"框中的默认值。

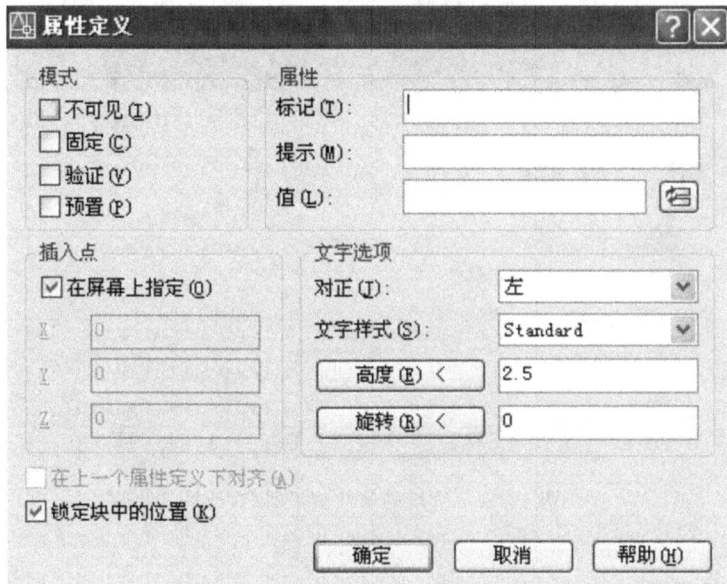

图 12.7.4 "属性定义"对话框

(3)插入点。拾取点:单击此按钮,AutoCAD 切换到绘图窗口,并提示"起点"。用户指定属性的放置点后,按回车键返回"属性定义"对话框。

X,Y,Z 文本框:在这 3 个框中分别输入属性插入点的 X,Y 和 Z 坐标值。

(4)文字选项。对正:该下拉列表中包含了十多种属性文字的对齐方式。

文字样式:从该下拉列表中选择文字样式。

高度:用户可直接在文本框中输入属性文字高度,或单击"高度"按钮切换到绘图窗口,在绘图区中拾取两点以指定高度。

旋转:设定属性文字旋转角度。

2.编辑属性

与插入到块中的其他对象不同,属性可以独立于块而单独进行编辑。用户可以集中地编辑一组属性。

若属性已被创建为块,则用户可用 ATTEDIT 命令来编辑属性值及属性的其他特性。可用以下的任意一种方法来启动:

下拉菜单:修改|对象|属性|单个;

命令行:ATTEDIT。

AutoCAD 提示"选择块",用户选择要编辑的图块后,AutoCAD 打开"增强属性编辑器"对话框,如图 12.7.5 所示。在此对话框中用户可对块属性进行编辑。

"增强属性编辑器"对话框有 3 个选项卡:属性、文字选项和特性,它们有如下功能。

"属性"选项卡:在该选项卡中,AutoCAD 列出当前块对象中各个属性的标记、提示和值。选中某一属性,用户就可以在"值"框中修改属性的值。

"文字选项"选项卡:该选项卡用于修改属性文字的一些特性,如文字样式、字高等。选项卡中各选项的含义与"文字样式"对话框中同名选项含义相同。

"特性"选项卡:在该选项中用户可以修改属性文字的图层、线型和颜色等。

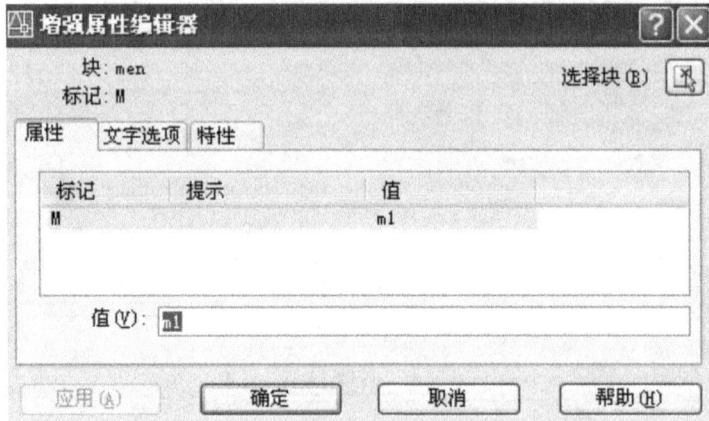

图 12.7.5 "增强属性编辑器"对话框

12.7.3 外部参照

外部参照是指在一幅图形中对另一幅图形的引用。

外部参照与块有相似的地方,但它们的主要区别是,一旦插入了块,该块就永久性地插入到当前图形中,成为当前图形的一部分。而以外部参照方式将图形插入到某一图形(称之为主图形)后,被插入图形文件的信息并不直接加入到主图形中,主图形只是记录参照的关系,例如,参照图形文件的路径等信息。另外,对主图形的操作不会改变外部参照图形文件的内容。当打开具有外部参照的图形时,系统会自动把各外部参照图形文件重新调入内存并在当前图形中显示出来。

1.插入外部参照

选择"插入""外部参照"命令,将打开"选择参照文件"对话框,通过该对话框选择要参照的文件。打开"外部参照"对话框(见图 12.7.6),在"外部参照"对话框内进行相关参数设置。

1)参照类型:

附加型:插入的外部参照允许嵌套;

覆盖型:插入的外部参照不允许嵌套;

2)其他参数与"块插入"基本相同。

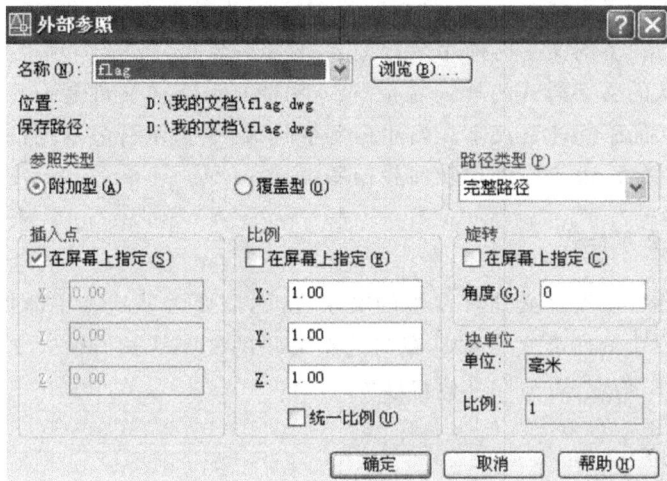

图 12.7.6　"外部参照"对话框

2.管理外部参照

在 AutoCAD 中,用户可以在"外部参照管理器"对话框中对外部参照进行编辑和管理。外部参照管理器列表框中显示该外部参照的名称、加载状态、文件大小、参照类型、参照日期及参照文件的存储路径等内容。

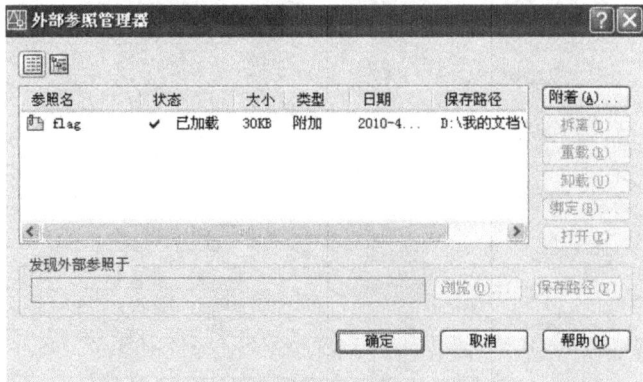

图 12.7.7　外部参照管理器

1)卸载:将外部参照从当前图形中去掉,但并没有断绝与当前图形的联系;

2)重载:重新加载外部参照;

3)拆离:将外部参照从当前图形中去掉,并断绝与当前图形的联系;

4)附着:插入外部参照;

5)绑定:将外部参照加入当前图形,成为当前图形的一部分;

12.8　文字与表格

在工程图中除了要将实际物体绘制成几何图形外,还需要加上必要的注释,最常见的如技术要求、尺寸、标题栏、明细表等,利用注释可以将一些用几何图形难以表达的信息表示出来。AutoCAD 提供了非常强大的文字编辑及绘制表格功能。

AutoCAD 提供的汉字注写方法有两种:单行文字和多行文字。当注写较少的文字时使用单行文字,当注写较多的文字时使用多行文字。

AutoCAD 默认的文字样式的样式名是 STANDARD,字体文件是 txt. shx。默认的文字样式仅能注写西文,而不能注写汉字。当注写文字时,命令提示行显示当前样式的默认设置。可使用或修改默认样式,也可以创建和加载新样式。

12.8.1　设置文字样式

在注写文字之前,应先定义几种常用的文字样式,需要时从这些字体样式中进行选择即可。AutoCAD 图形中的所有文字都具有与之相关联的文字样式。输入文字时,系统用当前样式设置字体、字号、角度、方向和其他特性。

1.命令格式

下拉菜单:格式 | 文字样式;

文字工具栏: ;

命令行:STYLE。

2.操作过程

1)选择文字工具栏;或者"格式"菜单"文字样式",执行 STYLE 命令,弹出"文字样式"对话框(见图 12.8.1)。

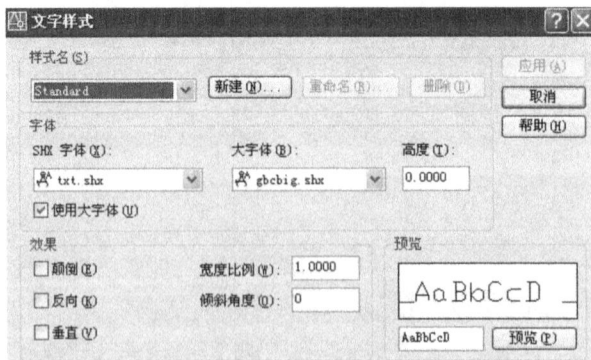

图 12.8.1　"文字样式"对话框

2)在"文字样式"对话框中单击"新建"按钮,弹出"新建文字样式"对话框。

3)在"新建文字样式"对话框中输入样式名,单击"确定"按钮;

4)在"文字样式"对话框的"字体"栏内,取消使用大字体,单击"字体名"下拉列表框,显示出所有的字体文件名,选择其中所需要的字体;

5)设置字体的高度;

6)在"效果"区内设置字体的有关特性,设置结果将随时显示在"预览"区内;

7)单击"应用"按钮保存新设置的文字样式;

2. 操作说明

1)在定义文字样式时,新文字继承当前文字样式的高度、宽度比例、倾斜角、反向、倒置和垂直对齐等特性。在创建文字样式时,使用"文字样式"对话框来设置和预览文字样式。

2)设置过的文字样式,可以再利用"文字样式"对话框进行修改。如果修改现有样式的字体或方向,使用该样式的所有文字将随之改变并重新生成。修改文字的高度、宽度比例和倾斜角不会改变现有的文字,但会改变以后创建的文字对象。

3)AutoCAD 中可以使用的文字。

① 形(SHX)字体:AutoCAD 使用编译形(SHX)来书写文字。形字体的特点是字形简单,占用计算机资源低,形字体文件的后缀是"shx"。

② TureType 字体:在 Windows 操作环境下,AutoCAD 可以直接使用由 Windows 操作系统提供的 TureType 字体,包括宋体、黑体、楷体、仿宋体等。

③ 为中国用户提供的符合国标的字体。

西文字体:"gbenor. shx"和"gbeitc. shx";

中文长仿宋字体:"gbcbig. shx"。

12.8.2　文字

1. 单行文字

该命令用于在图中注写一行或多行文字。每行文字是一个单独的对象,可对其进行重新定位、调整或进行其他修改。对于单行文字工具,如果想要使用其他的字体来创建文字或者改变它的字体,必须对每一种字体设置一个文字样式,然后通过改变这行文字的文字样式来达到改变字体的目的。

下拉菜单:绘图|文字|单行文字;

绘图工具栏:$\boxed{\text{AI}}$;

命令行:DTEXT。

2. 多行文字

在工程图中注写文字常用多行文字命令。多行文字由任意数目的单行文字或段落组成。无论文字有多少行,每段文字构成一个图元,可以对其进行移动、旋转、删除、复制、镜像、拉伸或缩放等编辑操作。多行文字有更多编辑项,可用下划线、字体、颜色和文字高度来修改段落。

下拉菜单:绘图|文字|多行文字;

文字工具栏:$\boxed{\text{A}}$;

命令行:MTEXT。

3.编辑文字

实际绘图中,有时需要修改已经注写的文字,涉及文字的内容和文字特性的修改。调用编辑命令的方法是:点击"修改"菜单/"对象"/"文字"/"编辑";或者直接在文字上双击,执行 DT-EXT 命令。屏幕弹出"多行文字编辑器"和"文字格式"工具栏,进入编辑状态。

我们可以在"多行文字编辑器"中选择已经注写的文字,在"文字格式"工具栏中进行删除、改变高度、字体样式、颜色、对正模式、旋转角等编辑操作。

12.8.3 表格

表格是在行和列中包含数的对象。在工程上大量使用到表格,标题栏和明细表都属于表格的应用,AutoCAD 2006 中表格的外观由表格样式控制。想要使用表格,首先创建表格样式,然后再创建表格。

1.创建表格样式

现在以门窗表的样式为例,说明表样式创建的过程。

(1)操作步骤。

◇选择【样式】工具栏/■按钮;或者点击【格式】菜单/【表格样式】,执行 TBLESTYLE 命令,打开"表格样式"对话框,如图 12.8.2 所示。

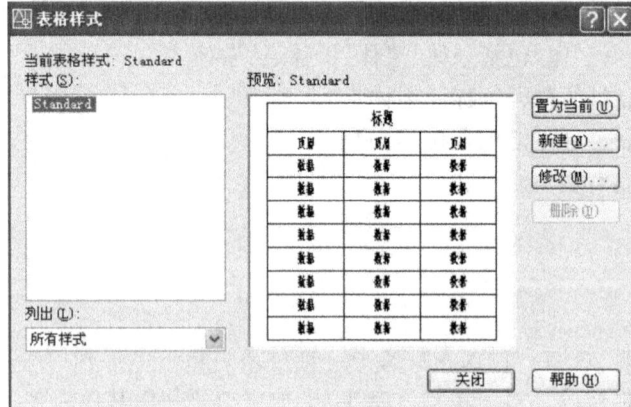

图 12.8.2 "表格样式"对话框

在对话框中单击"新建"按钮,打开"创建新的表样式"对话框,在对话框的"新样式名"文本框中输入样式名称"门窗表";

单击"继续"按钮,将打开"新建表样式"对话框的"数据"选项卡;

分别在"新建表样式"对话框的"数据""列标题"和"标题"选项卡,使用同样方法对其进行相应的参数设置;

单击【确定】按钮,返回到"表样式"对话框。此时在对话框的"样式"列表框中将显示创建好的表样式;

单击【关闭】按钮,关闭该对话框,完成表样式创建。

(2)操作说明。

表样式的定义只包括了标题栏、列标题栏和数据栏中字体的样式(含颜色、字高)、边框的特性、表的注写方向等内容,对话框界面操作方式,简单易学。

2.绘制表格

使用绘制表功能,用户可绘制表格的大小。表格的样式可以是软件默认的表格样式或自定义的表格样式。

(1)操作步骤。

选择"绘图"工具栏/▦按钮;或者点击"绘图"菜单/"表格",执行 TABLE 命令,打开"插入表"对话框,如图 12.8.3 所示。

在对话框中可以设置表格的样式、列宽、行高,以及表格的插入方式等。

(2)操作说明。

"插入表格"对话框中的各选项功能:

1)"表样式名称"下拉列表框:用来选择系统提供的,或者用户已经创建好的表格样式,单击其后的按钮,可以在打开的对话框中对所选表格样式进行修改。

2)"指定插入点"单选按钮:在绘图窗口中的某点插入固定大小的表格。

3)"指定窗口"单选按钮:在绘图窗口中通过拖动表格边框来创建任意大小的表格。

4)"列和行设置"选项区域:通过改变"列""列宽""数据行"和"行高"文本框,可改变列和行的参数。

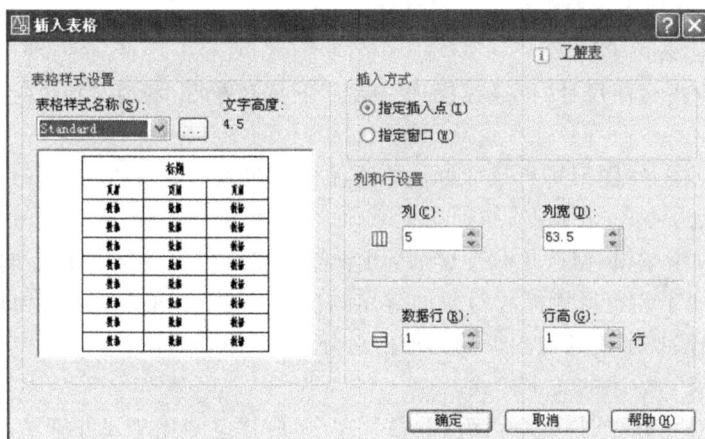

图 12.8.3　"插入表格"对话框

12.9　尺　寸　标　注

尺寸标注是绘图设计工作中的一项重要内容,因为绘制图形的根本目的是反映对象的形状,而图形中各个对象的真实大小和相互位置只有经过尺寸标注后才能确定。为此,为了能够更清楚、准确地传达绘图者的设计,绘图人员通常要向图形中添加注释标记,以注明对象的测量值、对象之间的距离和角度等。

12.9.1　尺寸标注概述

1.尺寸标注的组成

一个完整的尺寸标注应由尺寸数字、尺寸线、尺寸界线和箭头符号等组成,如图 12.9.1 所示。在 AutoCAD 中,各尺寸组成主要有下述特点。

1)标注文字:用于表明实体的实际测量值。尺寸数字应按标准字体书写,在同一张图纸上的字高要一致。尺寸数字不可被任何图线所通过。

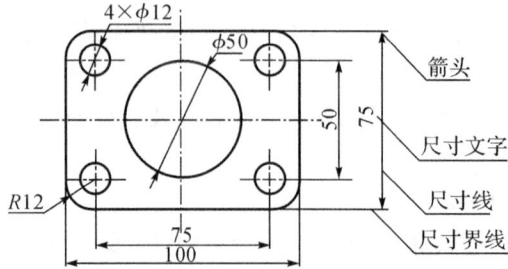

图 12.9.1 尺寸的组成

2)尺寸线:用于表示标注的范围。通常用箭头来指出尺寸的起点和端点。

3)箭头:箭头显示在尺寸线的末端,用于指出测量的开始和结束位置。AutoCAD 默认使用的符号为闭合的填充箭头。此外,系统还提供了多种箭头符号,如建筑标记等。

4)尺寸界线:从被标的对象延伸到尺寸线。

2. 尺寸标注步骤

在 AutoCAD 中标注尺寸,可通过操作"标注"下拉菜单和"标注"工具栏中尺寸标注命令来完成。

在 AutoCAD 中,对图形进行尺寸标注应遵循以下步骤:

1)创建标注层。

在 AutoCAD 中编辑、修改工程图样时,由于各种图线与尺寸混杂在一起,使得其操作非常不方便。为了便于控制尺寸标注对象的显示与隐藏,在 AutoCAD 中应为尺寸标注创建独立的图层,运用图层技术使其与图形的其他信息分开,以便于操作。

2)建立用于尺寸标注的文字样式。

为了方便在尺寸标注时修改所标注的各种文字,应建立专用于尺寸标注的文字样式。

3)设置尺寸标注样式。

标注样式是尺寸标注对象的组成方式。诸如标注文字的位置和大小,箭头的形状等。设置尺寸标注样式可以控制尺寸标注的格式和外观,有利于执行相关的绘图标准。

4)捕捉标注对象并进行尺寸标注。

12.9.2 尺寸标注的样式设置

通常情况下,AutoCAD 使用当前标注样式来创建尺寸标注。如果没有指定当前标注样式,AutoCAD 将使用默认的 STANDARD 标注样式来创建尺寸标注。用户也可通过创建新标注样式,对尺寸标注的尺寸界线、尺寸线、箭头、中心标记或中心线,以及标注文字的内容和外观等进行设置,然后将该标注样式指定为当前标注样式,使用该标注样式进行标注。

现在介绍如何使用"标注样式管理器"对话框创建标注样式。

1. 启动"标注样式管理器"对话框

执行菜单"格式""标注样式"命令,或者菜单"标注""样式"命令即可打开"标注样式管理器"对话框,如图 12.9.2 所示。

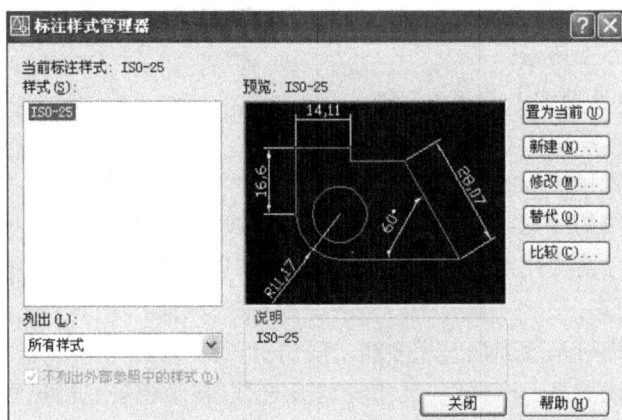

图 12.9.2　"标注样式管理器"对话框

2.创建新的标注样式

在"标注样式管理器"中单击"新建"按钮,即可打开"创建新标注样式"对话框。

在"创建新标注样式"对话框中确定新标注样式名称后,单击"继续"按钮,AutoCAD 将弹出"新建标注样式"对话框,如图 12.9.3 所示。在"新建标注样式"对话框中,共包括"直线""符号和箭头""文字""调整""主单位""换算单位"和"公差"等 6 个选项卡。用户可通过这些选项卡中的选项来设置新建标注样式的特性。

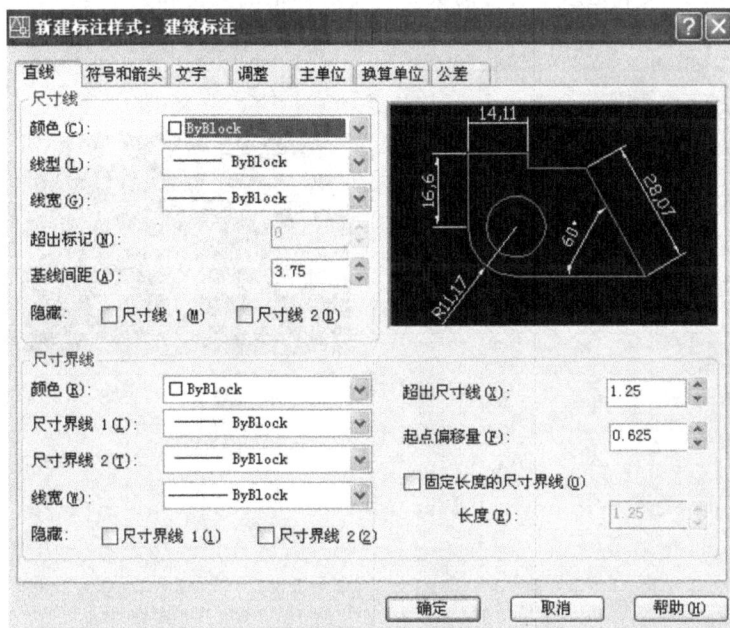

图 12.9.3　"新建标注样式"对话框

现在对"新建标注样式"对话框中的各个选项做一简单的介绍。

3."直线"选项卡

"直线"选项卡是用来设置尺寸标注的尺寸线。在"新建标注样式"对话框中,与该选项卡对应的选项如图 12.9.3 所示。

现在分别介绍该选项卡中的各个选项。

(1)在"尺寸线"选项组中设置尺寸线的特性。

颜色:显示并设置尺寸线的颜色,默认情况下,尺寸线的颜色随块。

线宽:设置尺寸线的线宽,默认情况下,尺寸线的线宽也是随块。

超出标记:当尺寸箭头使用倾斜,建筑标记、小点,以及无标记时,使用该选项来指定尺寸线超出尺寸界线的距离。

基线间距:设置进行基线标注时尺寸线之间的距离。

隐藏:控制尺寸线的显示。选中"尺寸线 1"复选框,将隐藏第一段尺寸线及与之相对应的箭头。同样,选中"尺寸线 2"复选框,将隐藏第二段尺寸线及与之相对应的箭头。

(2)在"尺寸界线"选项组中设置尺寸界线的特性。

颜色:显示并设置尺寸界线的颜色。

线宽:设置尺寸界线的线宽。

超出尺寸线:指定尺寸界线在尺寸线上方延伸的距离。

隐藏:用来控制尺寸界线的显示。选中"尺寸界线 1"复选框,即可隐藏第一段尺寸界线。选中"尺寸界线 2"复选框,即可隐藏第二段尺寸界线。

4."符号和箭头"选项卡

"符号和箭头"选项卡是用来设置箭头以及中心标记的类型和大小等,如图 12.9.4 所示。

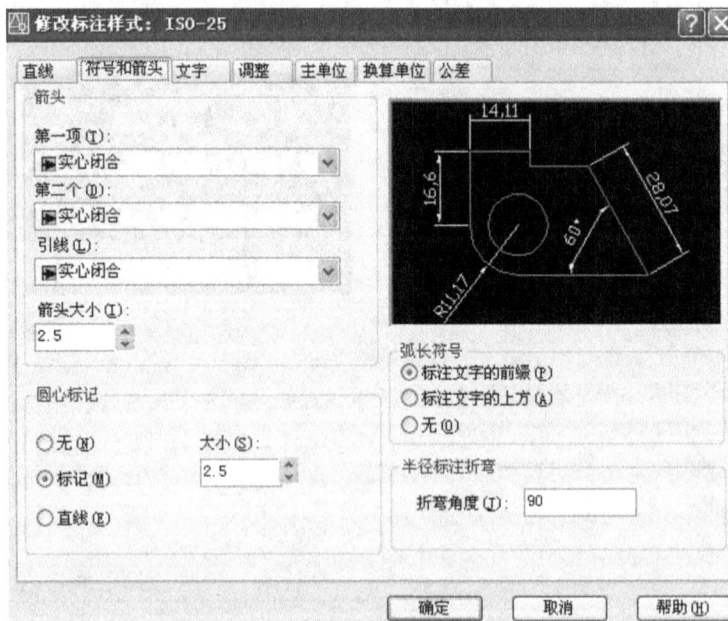

图 12.9.4　符号和箭头的设置

1)在"箭头"选项组中对标注箭头的外观进行设置。

第一个:设置第一条尺寸线的箭头。在该下拉列表中选择一种箭头类型,以指定第一条尺寸线的箭头。此时,第二条尺寸线的箭头将自动更改以匹配第一个箭头。

第二个:设置第二条尺寸线的箭头类型。

引线:设置引线箭头的类型。

箭头大小:设置箭头的大小。

2)在"圆心标记"选项组中,"类型"下拉列表中提供了三个圆心标记类型选项。当选择"标记"选项时,在标注时将创建圆心标记;当选择"直线"选项时,在标注时将创建中心线;当选择"无"选项时,在表注时将不创建圆心标记和中心线。

3)在"弧长符号"选项组中,设置弧长符号的位置。

5."文字"选项卡

"文字"选项卡用来设置标注文字的格式、放置以及对齐方式,如图 12.9.5 所示。

1)在"文字外观"选项组中,设置标注文字的样式、颜色和大小。

文字样式:显示和设置当前标注文字的样式。用户可从该下拉列表中选择一种文字样式,也可以单击该选项右侧的按钮来创建和修改标注文字样式。

文字颜色:显示并设置标注文字的颜色,默认情况下,文字的颜色随块。

文字高度:设置当前标注文字的高度。

分数高度比例:设置相对于标注文字的分数比例。只有在"主单位"选项卡中将单位格式设置为分数时,该选项才可以使用。

绘制文字边框:选中该复选框,标注时将在标注文字的周围显示一个边框。

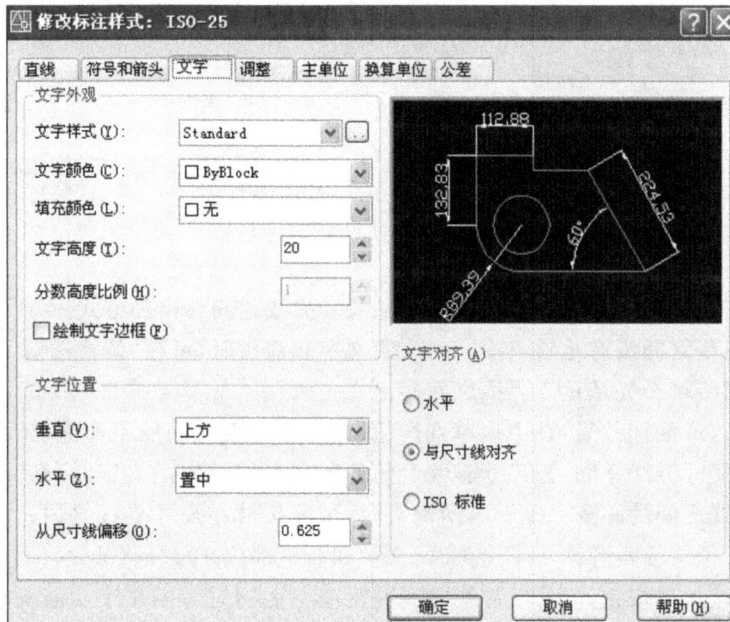

图 12.9.5　"文字"选项卡

2)在"文字位置"选项组中设置标注文字的位置。

垂直:控制标注文字相对尺寸线的垂直位置。

水平：控制标注文字相对于尺寸线和尺寸界线的水平位置。

从尺寸线偏移：当尺寸线断开以容纳标注文字时，控制标注文字两侧的距离大小。

3）在"文字对齐"选项组中，对标注文字的对齐方式进行设置。

水平：选中该单选按钮，当标注尺寸时将水平放置标注文字。

与尺寸线对齐：选中该单选按钮，当标注尺寸时将标注文字与尺寸线对齐。

ISO 标准：选中该单选按钮，当标注尺寸时将标注文字在尺寸界线之内时，标注文字与尺寸线对齐；当标注文字在尺寸界线之外时，标注文字水平排列。

6."调整"选项卡

"调整"选项卡用来控制标注文字、尺寸线、箭头和引线的放置如图 12.9.6 所示。

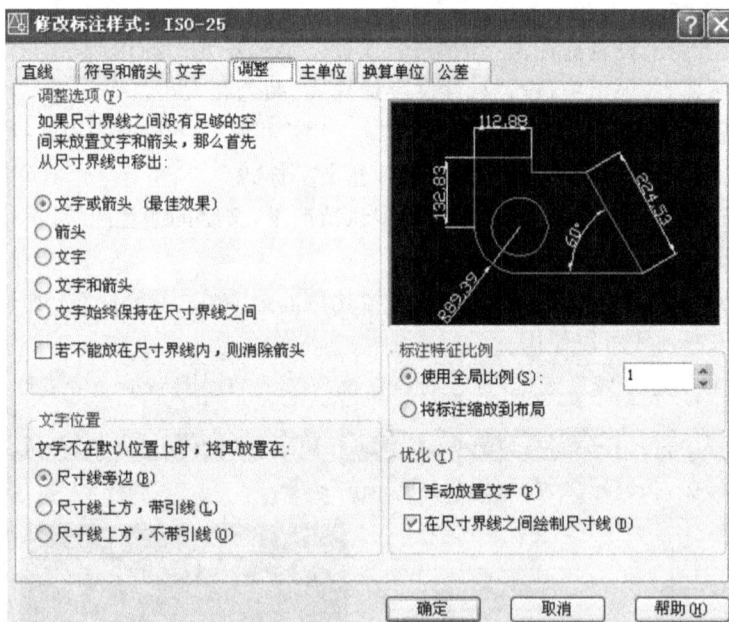

图 12.9.6 "调整"选项卡

1）在"调整选项"组中设置文字或者箭头从尺寸界线之间移出的方式。

如果尺寸界线之间没有足够空间同时放置文字和箭头时，可在"调整选项"组中进行设置，以确定文字和箭头哪个先从尺寸界线之间移出。

文字或箭头，取最佳效果：选中该单选按钮，当尺寸界线之间的距离能够容纳文字和箭头时，两者都放在尺寸界线之间；当尺寸界线之间的距离只能够容纳文字时，则文字放在尺寸界线内；当尺寸界线之间的距离只能够容纳箭头时，则箭头放在尺寸界线之内；当尺寸界线之间的距离既容纳不了文字也容纳不了箭头时，文字和箭头都放在尺寸界线之外。

箭头：选中该单选按钮，当尺寸界线之间的距离不能同时容纳文字和箭头时，箭头将先放在尺寸界线之外。

文字：选中该单选按钮，当尺寸界线之间的距离不能同时容纳文字和箭头时，文字将先放在尺寸界线之外。

文字和箭头：选中该单选按钮，当尺寸界线之间的距离不能同时容纳文字和箭头时，文字和箭头将都放在尺寸界线之外。

文字始终保持在尺寸界线之间：选中该单选按钮，文字总放在尺寸界线之间。

若不能放在尺寸界线内，则消除箭头：选择该复选框，如果尺寸界线内没有足够的空间，AutoCAD 将隐藏箭头。

2）在"文字位置"选项组中，设置当标注文字从默认位置（由标注样式定义的位置）移动时，标注文字的放置方式。

尺寸线旁边：选中该单选按钮，将标注文字放在尺寸线的旁边。

尺寸线上方，加引线：选中该单选按钮，如果在把标注文字移动到远离尺寸线的位置时，AutoCAD 将创建一条从标注文字到尺寸线的引线。

尺寸线上方，不加引线：选中该单选按钮，可在移动标注文字时不改变尺寸线的位置。当标注文字远离尺寸线时，不与带引线的尺寸线相连。

3）在"标注特征比例"选项组中，对全局标注比例或图纸空间比例进行设置。

使用全局比例：选中该单选按钮，可设置指大小、距离或包含文字的所有标注样式的比例。设置的该比例值不改变标注测量值。

按全局（图纸空间）缩放标注：选中该单选按钮，AutoCAD 将根据当前模型空间视口和图纸空间之间的比例确定比例因子。

4）在"调整"选项组中，对尺寸标注的其他调整选项进行设置。其中包括"标注时手动放置文字"和"始终在尺寸界线之间绘制尺寸线"两个复选项。

7."主单位"选项卡

"主单位"选项卡设置主单位的格式和精度，并且还可以设置标注文字的前缀和后缀，如图 12.9.7 所示。

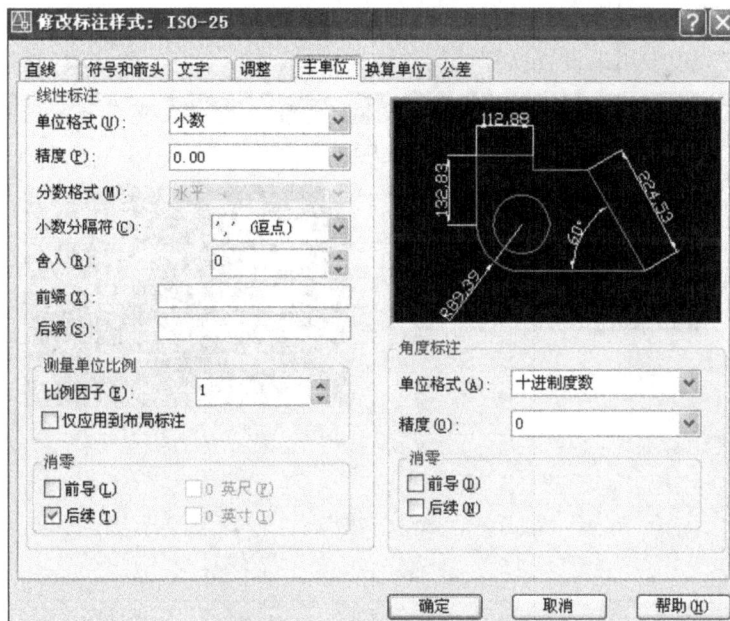

图 12.9.7　"主单位"选项卡

现在分别介绍该选项卡中的各个选项。

1)在"线性标注"选项组中,对线性标注的格式与精度进行设置。

单位格式:设置除角度标注以外的所有标注类型的当前单位格式。

精度:设置标注文字中的小数位数。

分数格式:设置分数(即单位格式为分数时)的标注格式。该下拉列表中提供了"水平""对角"和"非堆叠"3种方式,用户可从中进行选择。

小数分隔符:设置十进制格式(即单位格式为小数时)的分隔符。该下拉列表提供了"句点""逗点"和"空格"3种方式,用户可根据需要从中进行选择。

舍入:用于设置除角度标注外的尺寸测量值的舍入值。

前缀:在该文本框中键入标注文字的前缀内容。

后缀:在该文本框中键入标注文字的后缀内容。

2)"测量单位比例"选项组中的"比例因子"文本框中键入线性标注测量值的比例因子,AutoCAD的实际标注值为测量值与该比例的积。如果将测量单位仅应用到布局标注,可选中"公应用到布局标注"复选项,AutoCAD将只对布局中创建的标注应用线性比例值。

3)"消零"选项组用来控制前导和后续零是否输出。选择"前导"复选框,可消除小数点前的0;如果选择两个复选框,可消除小数点前面和后面的所有零。

4)在"角度标注"选项组中,对"角度标注"的单位、精度以及是否消零进行设置。

单位格式:设置角度单位格式。该下拉列表提供了"十进制度数""度/分/秒""百分度"和"弧度"等选项,用户可根据需要从中选择。

精度:设置角度标注的小数位数。

5)"消零"选项组用来控制是否输出前导零和后续零。

8."换算单位"选项卡

"换算单位"选项卡用来设置换算单位的格式,与该选项卡对应的选项如图12.9.8所示。

图 12.9.8 "换算单位"选项卡

在 AutoCAD 中通过换算标注单位,可以转换使用不同测量单位制的标注,通常是显示英制标注的等效公制标注,或公制标注的等效英制标注。在标注文字中,换算标注单位显示在主单位旁边的方括号[ ]中,如图 12.9.9 所示。

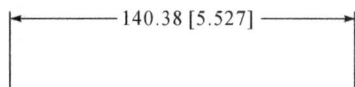

图 12.9.9　使用换算单位

现在分别介绍该选项卡中的各个选项。

1)选中"显示换算单位"复选框,这时对话框的其他选项才可以使用,可为标注文字添加换算测量单位。

2)在"换算单位"选项组中,设置除角度标注外的所有标注类型的当前换算单位格式。在该选项组中,设置换算单位的单位格式、精度及标注文字的前缀和后缀的方法与设置主单位基本相似。其中"换算单位乘数"选项用于设置换算单位同主单位的转换因子。

3)在"消零"选项组中,对是否消除换算单位的前导零或后续零进行设置。

4)在"位置"选项组中,对换算单位的位置进行设置。用户可在"主值后"和"主值下"两个单选项之间选择。

9."公差"选项卡

"公差"选项卡用于设置是否标注公差,以及以何种方式进行标注,与该选项卡对应的选项如图 12.9.10 所示。

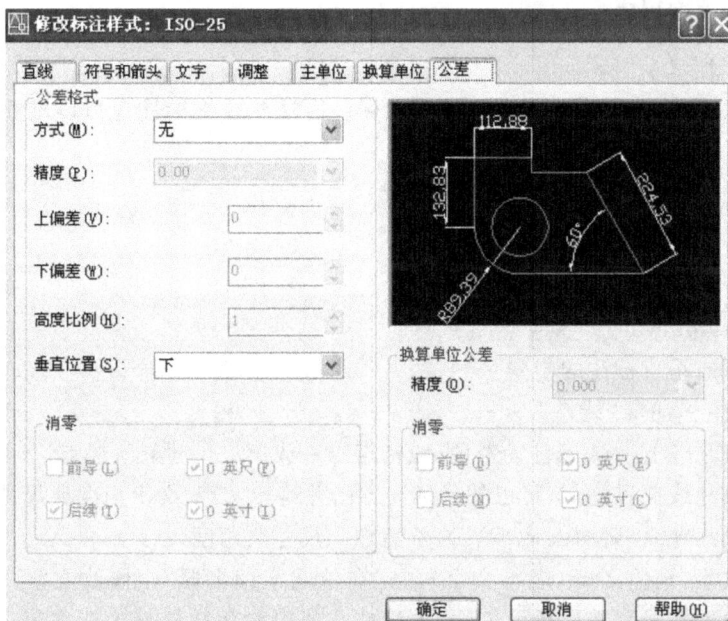

图 12.9.10　"公差"选项卡

现在分别介绍该选项卡中的各个选项。

1)在"公差格式"选项组中对公差格式进行设置。

方式:设置以何种方法标注公差。该下拉列表提供了"无""对称""极限偏差""极限尺寸"和"基本尺寸"等5种方式,如图12.9.11所示,用户可从中选择某种样式进行标注。

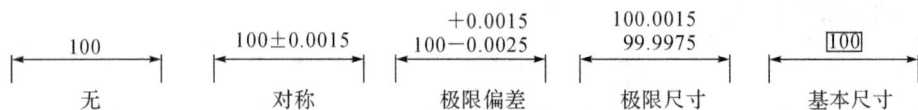

图 12.9.11　不同方法的公差标注

精度:用于设置小数位数。

上偏差:设置最大公差或上偏差。

下偏差:设置最小公差或下偏差。

高度比例:设置公差文字相对标注文字的高度比。

垂直位置:控制对称公差和极限公差的文字对正方式。该下拉列表提供了"下""中"和"上"3个选项,用户可根据需要进行选择。

2)"公差"选项卡中左侧的"消零"选项组控制主单位作为前导和后续零以及英尺和英寸里的零是否输出。

3)在"换算单位公差"选项组中,对换算公差单位的精度和消零规则进行设置。

精度:显示和设置小数位数。

4)"公差"选项卡中右侧的"消零"选项组控制换算单位作为前导和后续的零以及英尺和英寸里的零是否输出。

12.9.3　标注的创建

1.创建线性标注

可以创建尺寸线水平、垂直和对齐的线性标注。这些线性标注也可以堆叠或首尾相接地创建。

1)命令形式。

❀"标注"工具栏:；

❀"标注"菜单:"线性";

▤命令行:dimlinear。

2)创建水平或垂直标注的步骤。

①单击"标注"菜单▸"线性"。

②按 ENTER 键选择要标注的对象,或指定第一或第二尺寸界线原点。

③在指定尺寸线位置之前,可以替代标注方向并编辑文字、文字角度或尺寸线角度:

a.要旋转尺寸界线,请输入 r(旋转),然后输入尺寸线角度。

b.要编辑文字,请输入 m(多行文字),在"在位文字编辑器"中修改文字。单击"确定"按钮。在尖括号内编辑或覆盖尖括号(<>)将修改或删除程序计算的标注值。通过在括号前后添加文字可以在标注值前后附加文字。

c.要旋转文字,请输入 a(角度),然后输入文字角度。

2.创建对齐标注

可以创建与指定位置或对象平行的标注。对齐标注,也称为实际长度标注,是与标注点对齐的线性标注(见图 12.9.12)。

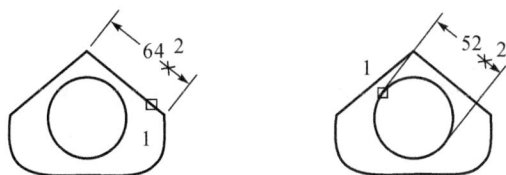

图　12.9.12

1)命令形式。

❧"标注"工具栏: ；

❧"标注"菜单:"对齐";

▤命令行: dimaligned。

2)创建对齐标注的步骤。

①单击"标注"菜单➤"对齐"。

②按 ENTER 键选择要标注的对象,或指定第一或第二尺寸界线原点。

③指定尺寸线位置之前,可以编辑文字或修改文字角度: 在尖括号内编辑或覆盖尖括号(＜＞)将修改或删除程序计算的标注值。通过在括号前后添加文字可以在标注值前后附加文字。

a. 要使用多行文字编辑文字,请输入 m(多行文字),在"在位文字编辑器"中修改文字,单击"确定"键。

b. 要使用单行文字编辑文字,请输入 t(文字),修改命令行上的文字,然后按 ENTER 键。

c. 要旋转文字,请输入 a(角度),然后输入文字角度。

④指定尺寸线的位置。

3. 创建半径标注

用于测量圆弧或圆的半径,并显示前面带有字母 R 的标注文字:

1)命令形式。

❧"标注"工具栏: ；

❧"标注"菜单:"半径";

▤命令行: dimradius。

2)创建半径标注的步骤。

①单击"标注"菜单 ➤ "半径"。

②选择圆弧、圆或多段线弧线段。

③根据需要输入选项:

a. 要编辑标注文字内容,请输入 t(文字)或 m(多行文字)。在尖括号内编辑或覆盖尖括号(＜＞)将修改或删除标注值。通过在括号前后添加文字可以在标注值前后附加文字。

b.要编辑标注文字角度,请输入 a(角度)。

④指定引线的位置。

4.创建直径标注

用于测量圆弧或圆的直径,并显示前面带有直径符号的标注文字(见图 12.9.13)。

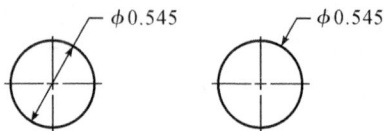

图　12.9.13

1)命令形式。

❀"标注"工具栏:�;

❀"标注"菜单:"直径";

▥命令行: dimdiameter。

2)创建直径标注的步骤。

①单击"标注"菜单➤"直径"。

②选择要标注的圆或圆弧。

③根据需要输入选项:

a.要编辑标注文字内容,请输入 t(文字)或 m(多行文字),在尖括号内编辑或覆盖尖括号(<>)将修改或删除标注值,通过在括号前后添加文字可以在标注值前后附加文字。

b.要改变标注文字角度,请输入 a(角度)。

④指定引线的位置。

5.创建角度标注

对两条非平行直线的夹角、圆或弧的夹角或不共线的三点可以及进行角度标注。

1)命令形式。

❀"标注"工具栏:◢;

❀"标注"菜单:"角度";

▥命令行: dimangular。

2)创建角度标注的步骤

①单击"标注"菜单➤"角度"。

②使用以下方法之一:

a.要标注圆,请在角的第一端点选择圆,然后指定角的第二端点。

b.要标注其他对象,请选择第一条直线,然后选择第二条直线。

③根据需要输入选项:

a.要编辑标注文字内容,请输入 t(文字)或 m(多行文字),在尖括号内编辑或覆盖尖括号(<>)将修改或删除计算的标注值,通过在括号前后添加文字可以在标注值前后附加文字。

b.要编辑标注文字角度,请输入 a(角度)。

④指定尺寸线圆弧的位置。

6.创建基线标注

基线标注是自同一基线处测量的多个标注。在创建基线之前,必须创建线性、对齐或角度标注。可自当前任务的最近创建的标注中以增量方式创建基线标注(见图 12.9.14)。

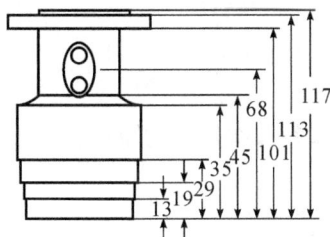

图　12.9.14

1)命令形式。

✎"标注"工具栏: ⊐ ;

✎"标注"菜单:"基线";

➤命令行:dimbaseline。

2)创建基线线性标注的步骤

①单击"标注"菜单➤"基线"。

默认情况下,上一个创建的线性标注的原点用作新基线标注的第一尺寸界线,提示用户指定第二条尺寸线。

②使用对象捕捉选择第二条尺寸界线原点,或按 ENTER 键选择任意标注作为基准标注。

程序将在指定距离(在"标注样式管理器"的"直线"选项卡的"基线间距"选项中所指定)处自动放置第二条尺寸线。

③使用对象捕捉指定下一个尺寸界线原点。

④根据需要可继续选择尺寸界线原点。

7.创建连续标注

连续标注是首尾相连的多个标注。在创建连续标注之前,必须创建线性、对齐或角度标注(见图 12.9.15)。

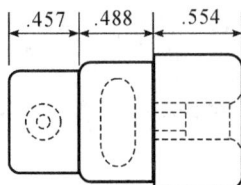

图　12.9.15

1)命令形式。

✎"标注"工具栏: ┳ ;

✎"标注"菜单:"连续";

▦命令行:dimcontinue。

2)创建连续线性标注的步骤

①单击"标注"菜单➤"继续"。

程序使用现有标注的第二条尺寸界线的原点作为第一条尺寸界线的原点。

②使用对象捕捉指定其他尺寸界线原点。

③按两次 ENTER 键结束命令。

8.创建弧长标注

弧长标注用于测量圆弧或多段线弧线段上的距离。

1)命令形式。

🔊"标注"工具栏:▨;

🔊"标注"菜单:"弧长";

▦命令行：dimarc。

2)创建弧长标注的步骤。

①单击"标注"菜单➤"弧长";

②选择圆弧或多段线弧线段;

③指定尺寸线的位置。

9.创建引线标注

1)命令形式。

🔊"标注"工具栏:▨;

🔊"标注"菜单:"引线";

▦命令行：qleader。

2)创建引线标注的步骤。

①单击"标注"菜单➤"引线"。

②按 ENTER 键显示"引线设置"对话框并进行以下选择:

在"引线和箭头"选项卡中选择"直线",在"点数"下选择"无限制",在"注释"选项卡中选择"多行文字",单击"确定"按钮。

③指定引线的"第一个"引线点和"下一个"引线点。

④按 ENTER 键结束选择引线点。

⑤指定文字宽度。

⑥输入该行文字。按 ENTER 键根据需要输入新的文字行。

⑦按两次 ENTER 键结束命令。

⑧完成 QLEADER 命令后,文字注释将变成多行文字对象

10.创建快速标注

快速创建或编辑一系列标注。创建系列基线或连续标注,或者为一系列圆或圆弧创建标注时,此命令特别有用。

1)命令形式。

🔊"标注"工具栏:▨;

🔊"标注"菜单:"快速标注";

▦命令行：qdim。

2)创建快速标注的步骤。

选择要标注的几何图形：选择要标注的对象或要编辑的标注并按 ENTER 键。

指定尺寸线位置或［连续(C)/并列(S)/基线(B)/坐标(O)/半径(R)/直径(D)/基准点(P)/编辑(E)/设置(T)］＜当前＞：输入选项或按 ENTER 键,根据需要选择相关参数。

11.创建圆心标注

创建圆和圆弧的圆心标记或中心线。

1)命令形式。

✎"标注"工具栏：⊙；

✎"标注"菜单："圆心标记"；

➤命令行：dimcenter。

2)创建圆心标注的步骤。

①单击"标注"菜单▸"样式"。

②在"标注样式管理器"中,选择要修改的标注样式,单击"修改"。

③在"修改标注样式"对话框的"直线"选项卡中,在"圆心标记"下的"类型"框中选择"直线"。样例区域将反映所做的选择。

④在"尺寸"框中,输入中心线尺寸。

⑤单击"标注"菜单▸"圆心标记"。

⑥ 选择圆弧或圆。

12.创建折弯标注

创建折弯半径标注

1)命令形式。

✎"标注"工具栏：⚡；

✎"标注"菜单："折弯"；

▦命令行：dimjogged。

2)创建折弯标注的步骤。

① 单击"标注"菜单▸"折弯"。

②选择圆弧、圆或多段线弧线段。

③指定标注原点的位置(中心位置替代)。

④指定尺寸线角度和标注文字位置的点。

⑤指定标注折弯位置的另一个点。

第 13 章 AutoCAD 中地质线型、图案及符号的开发技术

地质图件有其自身的特点，其中的许多线型、图案和符号是特有的，除了专业的地质绘图软件外，一般的通用绘图软件不会提供这类线型和符号，要由用户自己开发。这里简要介绍在 AutoCAD 中开发地质线型、图案及符号的方法。

13.1 线 型 开 发

AutoCAD 线型由线型定义文件定义，线型定义文件的扩展名为 .lin。AutoCAD 缺省的线型文件是 acadiso.lin，其中已定义了许多标准线型。用户可以直接使用这些线型，也可以对它们进行修改或自己创建新的线型。

AutoCAD 线型中的线型分为两类，一类仅由点、划和空格组成的线型称为简单线型；另一类线型不仅包含点、划和空格，还包含嵌入的形和文字对象，这种线型称为复杂线型。尽管 AutoCAD 对这两种线型的处理很相似，但它们的定义有很大区别。

线型文件是一种文本格式的文件，有两种方法可创建或修改线型文件：一种是用文本编辑器或字处理器（如 Windows 的记事本）编辑 LIN 文件，另一种是用 _LINETYPE 命令的"创建"选项创建线型文件（该方法不能创建或修改复杂线型）。用户可将自定义线型加入到 acad.lin 线型文件中，也可以构造自己的线型库文件。

在 LIN 文件中，每个线型用两行来定义。其定义格式：

＊线型名［，线型说明］；

A，定义线型的一组数据。

例如：

＊DIVIDE，Divide ＿＿＿＿ ．． ＿＿＿＿ ．． ＿＿＿＿ ．． ＿＿＿＿ ．． ＿＿＿＿

A，12.7，－6.35，0，－6.35，0，－6.35

说明：

（1）第一行必须以星号开始，其后紧跟线型名称。方括号中为线型说明，仅仅是帮助用户了解线型的外观，可有可无（为使用方便，最好有），如果有说明，则必须用逗号将它与名称分开，而且不能超过 47 个字符。

（2）第二行是描述实际线型的代码。目前只能以"A"开头，表示两端对齐（Alignment），其后是用逗号分隔的图案描述（不允许出现空格）。"A"是对准方式的代码，这种对准方式能确保线型由长划开始，也由长划结束。

（3）定义线型的一组数据是用于定义组成线型的各线段及间隔长度。长度为正时，表示"落笔段"，画一条实线段；长度为负时，表示"抬笔段"，画一条空线段；长度为 0 时，画一个点。每个线型至多可以有 12 个线段长度定义，但这些定义必须在一行中，并且总长度不能超过 80

个字符。

(4)线型不能在创建时自动加载到图形中,而需要用 LINETYPE 命令的"加载"选项来加载。

复杂线型定义与简单线型定义一样位于 LIN 文件中。复杂线型的语法与简单线型的语法相似,都是用逗号分隔的图案说明单元清单。复杂线型定义中除简单线型的点划说明单元之外,形(后面将论述)和文字对象也可作为复杂线型的图案说明单元,复杂线型在地质绘图中常用于表示各种边界、轮廓等等。

在复杂线型定义中的形和文字对象说明单元的语法如下所示:

形:

［形名,形文件名］或

［形名,形文件名,变换］

文字对象:

［"字符串",文字样式名］或

［"字符串",文字样式名,变换］

其中,"变换"是可选的,可以是下列等式的任意序列(每个等式前都用逗号分隔):

R=＃＃相对旋转

A=＃＃绝对旋转

S=＃＃比例

X=＃＃　　X 偏移

Y=＃＃　　Y 偏移

在此语法中,＃＃ 表示带符号的十进制数(如 80,−17.5,0.05,等等),旋转单位为度,其他选项的单位都是线型比例的图形单位。

例如,下面定义了名为 CON1LINE 的线型,该线型由直线段、空格和嵌入的形 CON1 的重复图案构成。其中,形 CON1 来自文件 es.shx(注意:为使下例正确工作,必须将 es.shx 文件放在支持路径中)。

＊CON1LINE, ─── ［CON1］ ─── ［CON1］ ─── ［CON1］

A,1.0,−0.25,［CON1,es.shx］,−1.0

除了方括号中的代码以外,所有内容都与简单线型的定义一致。此样例展示了最简单的复杂线型定义,该线型包含嵌入的形。

如前所述,总共有 6 个字段可用于将形定义为线型的一部分。前两个是必需的,位置固定;后 4 个是可选的,次序可变。下面两个样例展示了不同的形定义项。

［CAP,es.shx,S=2,R=10,X=0.5］

此代码对形文件 es.shx 中定义的形 CAP 进行变换。在变换生效之前,将该形放大两倍,沿顺时针方向切向旋转 10°,并沿 X 方向平移 0.5 个图形单位。

［DIP8,pc.shx,X=0.5,Y=1,R=0,S=1］

此代码对形文件 pc.shx 中定义的形 DIP8 进行变换。在变换生效之前,将该形沿 X 方向平移 0.5 个图形单位,沿 Y 方向上移一个图形单位,保持与原形大小相等,并且不作旋转。

带文字的复杂线型主要用于将文字当作形来处理。形和文字用法的主要区别是,在图形中,文字与文字样式关联,而形则直接与形文件关联。与线型关联的样式必须在线型加载到图形之前即已存在。

下例展示了包括文字样式的复杂线型定义。

＊MCline，—— MC —— MC —— MC

A,1.0,-0.25,["MC",mystyle,S=1,R=0,X=0,Y=-0.25],-1.25

其中,MCline 是线型的名称,"—— MC —— MC —— MC"是 ASCII 说明。线型定义第二行的语法如下:

["string",style,S=scale,R=rotate,X=xoffset,Y=yoffset]

语法中字段的定义:

string

要在复杂线型中使用的文字。

style

要嵌入的文字样式的名称必须包括指定的文字样式。如果省略,则使用当前定义的样式。

scale

S=value。样式的比例用作比例因子,与样式的高度相乘。如果样式的高度为 0,则 S=value 单独用作比例。

因为文字的最后高度由 S=value 和文字样式的相关高度共同决定,所以将文字样式的高度设为零,更容易预测结果。另外,建议为复杂线型中使用的文字创建独立的文字样式,以免与图形中的其他文字冲突。

rotate

R=value 或 A=value。R= 指定文字关于所嵌入直线的相对或切向旋转;A= 指定文字关于原点的绝对旋转。所有的文字都做相同的旋转,而与其关于直线的相对位置无关。value 可以包括单位:d 表示度(如果省略,则此单位为缺省值),r 表示弧度,g 表示百分度。如果省略旋转,则文字相对旋转 0 度。

旋转在基线和额定大写高度所形成的框中居中进行。

xoffset

X=value。此字段指定文字相对线型定义端点的末端在 X 轴方向上所作的移动。如果 xoffset 省略或为 0,则文字将其左下角作为偏移进行变换。如果要得到用文字构成的连续直线,请包括此字段。此值不会被 S= 定义的比例因子所缩放。

yoffset

Y=value。此字段指定文字相对线型定义端点的末端在 Y 轴方向上所作的移动。如果 yoffset 省略或为 0,则文字将其左下角作为偏移进行变换。此值不会被 S= 定义的比例因子所缩放。

现在给出地质制图中常用的线型的定义:

＊锚喷巷道下线:

A,3,3,[M 锚喷巷道下线,煤矿线型.shx,s=0.3,y=0]

＊锚喷巷道上线:

A,3,3,[M 锚喷巷道上线,煤矿线型.shx,s=0.3,y=0]

＊矿区边界线,—— 11 ——

A,40,-2,[K 矿区边界,煤矿线型.shx,s=1,y=0],-4

* 勘探区边界线,-- 1 --

A,40,-2,[S 勘探区,煤矿线型.shx,s=1,y=0],-2

* 井田边界线,--+--

A,40,-2,[J 井田边界,煤矿线型.shx,s=1,y=0],-4

* 煤厚为零点边界线,-- O --

A,30,-2,[M 煤厚零点边界,煤矿线型.shx,s=1,y=0],-4

* 平衡表外储量边界线,///

A,4,4,[平衡表外储量边界,煤矿线型.shx,s=0.6,y=0]

* 煤矿占地边界线:

A,30,2,[M 煤矿占地边界线,煤矿线型.shx,s=1,y=0],-2

* 坍陷边界线:

A,10,2,[A 坍陷,煤矿线型.shx,s=1,y=0]

* 环状陷落:

A,10,2,[H 环状陷落,煤矿线型.shx,s=1,y=0]

* 实测陷落柱:

A,10,2,[H 环状陷落,煤矿线型.shx,s=1,y=0]

* 推断陷落柱:

A,3,2,[H 环状陷落,煤矿线型.shx,s=1,y=0],6,-2

* 煤层缺失区:

A,3,2,[H 环状陷落,煤矿线型.shx,s=1,y=0],6,-2

* 断层下盘线,---×---

A,18,2,[D 断层下盘--- X ---,煤矿线型.shx,s=1,y=0],-4.4

* 煤层分叉合并线,--- V ----

A,18,2,[M 煤层分叉合并线--- V ----,煤矿线型.shx,s=1,y=0],-7

* 地面塌陷坑:

A,2,2,[D 地面塌陷坑,煤矿线型.shx,s=1,y=0]

* 地堰,-|-|-|-

A,1,[D 地面塌陷坑,煤矿线型.shx,s=0.5,y=0],1

* 地面滑坡建筑区:

A,2,-2,2,[D 地面滑坡建筑区,煤矿线型.shx,s=1,y=0]

* 裸体巷道中间线,. . .

A,0,-2

* 煤田边界线,-- . --

A,40,-2,0,-2

* 采区边界线,-- - --

A,10,-2,1,-2

* 可采边界线,-- - --

A,40,-2,3,-2

*实测不整合地层界线上线,...

A,0,-2

*推断不整合地层界线上线,...

A,0,-2,0,-2,0,-2,0,-2,0,-2,0,-4

*推断不整合地层界线下线,-- -- --

A,10,-4

*基线露头线,....

A,0,-2

*层位连线,---- . ------

A,7,-2,0,-2

*轴线,-- - --

A,20,-2,2,-2

*隐伏断裂线,-- --

A,10,-2

*断层上盘线,---- . ------

A,20,-2,0,-2

*储量块段界线,- - -

A,8,-2

*等压水线,--. --

A,10,-2,0,-2

*承压水顶底板等深线,----. ------

A,20,-2,0,-2

*咸水顶板或淡水底板等深线

A,20,-2,0,-2,0,-2

*铁路中间黑块线,(线宽为0.6mm)

A,6,-6

*高压线,--<-- O -->--

A,20,10,[高压线1,煤矿线型.shx,S=1,Y=0],5,2,[高压线2,煤矿线型.shx,S=1,Y=0],-2,7,[高压线3,煤矿线型.shx,S=1,Y=0]

*煤柱线1,--- 0 --- 0 ---

A,10,[CIRC1,ltypeshp.SHX,S=0.5],-1,10

*煤柱线2,--- 0 --- 0 ---

A,20,-4,[CIRC1,ltypeshp.SHX,S=0.5],-4,20

*煤柱线3,----- -- 0 -- ---- ---- -- 0 --

A,6,[CIRC1,ltypeshp.SHX,S=0.5],-1,6,-2,13,-2,13,-2

*实测正断层,---|-|-|---

A,10,[D地面塌陷坑,煤矿线型.shx,s=2,y=0],5,[D地面塌陷坑,煤矿线型.shx,s=4,y=0],5,[D地面塌陷坑,煤矿线型.shx,s=2,y=0],10

*底分层填充线,---|-|----

A,2,[D 地面塌陷坑,煤矿线型. shx,s＝1,y＝0],3,[D 地面塌陷坑,煤矿线型. shx,s＝
2,y＝0],1

* 小路,—— ——

A,1.5,—1.5

* 河堤,—|—|—

A,0.75,[D 地面塌陷坑,煤矿线型. shx,s＝0.75,y＝0],0.75,—1.5

以上线型定义中用到形文件"煤矿线型. shx",其形文件定义如下,关于形定义中的含义
请参考后面的形文件的开发一节。

AutoCAD 形源代码文件名:煤矿线型. shp

* 130,7,M 锚喷巷道下线:

010,014,002,01C,001,010,0

* 131,16,K 矿区边界:

002,014,001,01c,01c,002,014,010,010,014,001,01c,01c,002,014,0

* 132,8,S 勘探区:

002,014,001,01C,01C,002,014,0

* 133,9,J 井田边界:

010,014,002,01c,01c,001,014,010,0

* 134,4,M 煤厚零点边界:

10,1,—040,0

* 135,22,平衡表外储量边界:

012,012,002,01A,01A,001,010,012,012,002,01A,01A,001,010,012,012,002,01A,
01A,001,010,0

* 136,4,M 煤矿占地边界线:

10,1,—040,0

* 137,3,A 坳陷:

013,01D,0

* 138,7,H 环状陷落:

014,002,01C,001,010,014,0

* 139,18,D 断层下盘—— X ——

002,010,010,012,001,01A,01A,002,012,016,001,01E,01E,002,0016,010,010,0

* 140,17,M 煤层分叉合并线—— V ————

010,002,010,010,015,001,01D,01D,013,013,002,01B,010,010,001,010,0

* 141,7,M 锚喷巷道上线:

010,01C,002,014,001,010,0

* 142,2,D 地面塌陷坑:

014,0

* 143,3,D 地面滑坡建筑区:

014,014,0

* 144,6,高压线 1

002,012,001,01A,01E,0

*145,4,高压线 2

10,1,-040,0

*146,8,高压线 3

016,002,01E,001,01A,002,012,0

13.2　图　案　开　发

在许多绘图中,经常遇到需要在一定区域内画出某一图案,以起到区分图形各部分的作用。如不同厚度的矿层分布区、不同的环境污染区、不同的地质灾害区等,都可用不同的图案填充以利区分。

AutoCAD 已经提供了一部分图案,存放在 acad. pat 中,用户可以直接使用这些图案,也可以对它们进行修改,也可自己定义图案并将它单独保存在一个文件中。不过将图案单独保存时,文件名必须与图案名相同。例如,名为 HYFH 的图案必须保存在文件 hyfh. pat 中。

不管定义保存在什么文件中,其格式都是一样的。由于图案是由一簇或几簇有规律的图案线组成的,每一簇图案线中的各条线相互平行且线型相同。因此,只要确定了该线簇中一条基准图案线的方位、线型及其相邻平行线与该基准线的相对位置,则这一簇图案线就唯一确定。

AutoCAD 中,基准图案线的方位由三个参数决定(见图 13.2.1),即基准线的起点在绘图坐标系中的坐标$(\Delta x, \Delta y)$(一般情况下取 $\Delta x=0, \Delta y=0$)及基准线与 x 轴的夹角 A(逆时针方向为正)。

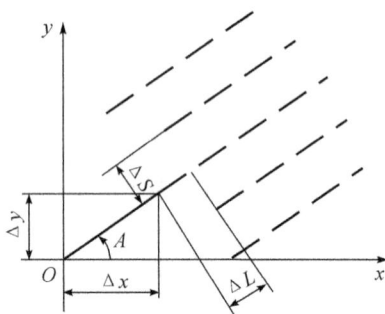

图 13.2.1　AutoCAD 定义图案的参数示意图

基准图案线中的线型定义与前面讲的线型定义完全相同,当线型为连续实线时,线型定义可省略。

基准图案线定义后,相邻平行线与该基准线的相对位置由两个参数决定,一个是相邻平行线的起点与基准线的起点在线的长度方向上距离 ΔL;一个是平行线之间的距离 ΔS。

在 AutoCAD 的图案文件中,图案定义的格式为:

*图案名[,图案描述说明]

定义第一簇平行线的一组参数:

定义第二簇平行线的一组参数:

……

说明:定义一簇平行线的一组参数格式为:A,$\triangle x$,$\triangle y$,$\triangle L$,$\triangle S$[,线型定义]

例如,将 45 度直线的图案修改为绘制虚线,其中划长度为 0.5 图形单位,划间距为 0.5 图形单位。该图案定义如下:

* DASH45,Dashed lines at 45 degrees

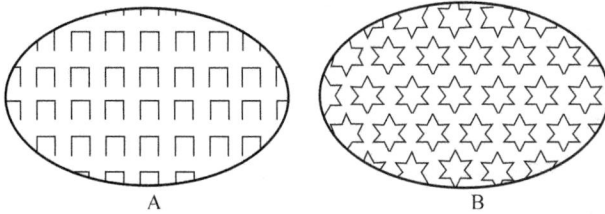

图 13.2.2　图案定义示意图

图 13.2.2 中 A 的图案定义:

* IUS,Inverted U's

90,0,0,0,1,.5,-.5

0,0,.5,0,1,.5,-.5

270,.5,.5,0,1,.5,-.5

第一条直线(向上画的线)是从原点 (0,0) 开始的简单的虚线;第二条直线(顶上的线)应该从第一条直线的末端开始,因此其原点为 (0,.5);第三条直线(向下的直线)必须从第二条直线的末端开始,在图案的第一个实例中是 (.5,.5),因此其原点也在这一点。第三条直线可以如下定义:

90,.5,0,0,1,.5,-.5

或

270,.5,1,0,1,-.5,.5

图 13.2.2 中 B 的图案定义如下(提示:0.866 是 60°的正弦值):

* STARS,Star of David

0,0,0,0,.866,.5,-.5

60,0,0,0,.866,.5,-.5

120,.25,.433,0,.866,.5,-.5

现在给出几个岩性图案的定义,其实际填充图形见图 13.2.3。

* 143 覆盖土,Earth or ground (subterranean)

0,0,0,.25,.25,.25,-.25

0,0,.09375,.25,.25,.25,-.25

0,0,.1875,.25,.25,.25,-.25

90,.03125,.21875,.25,.25,.25,-.25

90,.125,.21875,.25,.25,.25,-.25

90,.21875,.21875,.25,.25,.25,-.25

* 144 黄土,垂直线:

90,0,0,0,2

*155 粗砂：

0,0,0,10,6,0,−6,0,−6

0,2,2.5,8,7.5,0,−7,0,−3

0,3,3.5,5,2,0,−5,0,−2

30,4,4.5,3,2.3,0,−3.3,0,−5

122,5,5.5,4.3,2.2,0,−2.8,0,−4

*161 细角砾岩：

0,0,0,2.5,4.3301,1.2124,−3.7876

0,1.2124,0,2.5,4.3301,1.2124,−3.7876

0,2.4248,0,2.5,4.3301,1.2124,−3.7876

120,1.2124,0,0,8.6603,1.2124,−3.7876

120,2.4242,0,0,8.6603,1.2124,−3.7876

120,3.6366,0,0,8.6603,1.2124,−3.7876

120,6.2124,0,0,8.6603,1.2124,−3.7876

120,7.4248,0,0,8.6603,1.2124,−3.7876

120,8.6372,0,0,8.6603,1.2124,−3.7876

60,0,0,0,8.6603,1.2124,−3.7876

60,1.2124,0,0,8.6603,1.2124,−3.7876

60,2.4248,0,0,8.6603,1.2124,−3.7876

60,5,0,0,8.6603,1.2124,−3.7876

60,6.2124,0,0,8.6603,1.2124,−3.7876

60,7.4248,0,0,8.6603,1.2124,−3.7876

*176 中粒砂岩：

0,0,0,3.5,2.5,0,−1,0,−6

*179 泥质砂岩,2点1短划 .. − .. −

0,0,0,3,2.5,0,−1.0,0,−1.5,2,−1.5

*185 长石砂岩：

0,0,0,3,3,0,−1,0,−5

90,3,−0.5,3,3,1,−5

90,4,−0.5,3,3,1,−5

135,4,−0.5,0,4.2426,1.4142,−2.8284

*201 碳质泥岩：

0,4.5,0,3,3,2,−4

0,0,−1.5,0,3

45,7.7964,−0.3536,−4.2423,4.2426,1,−3.2426

45,7.8964,−0.3536,−4.2423,4.2426,1,−3.2426

45,7.9964,−0.3536,−4.2423,4.2426,1,−3.2426

45,8.0964,−0.3536,−4.2423,4.2426,1,−3.2426

45,8.1464,−0.3536,−4.2423,4.2426,1,−3.2426

45,8.1964,−0.3536,−4.2423,4.2426,1,−3.2426

45,8.2964,−0.3536,−4.2423,4.2426,1,−3.2426

45,8.3964,−0.3536,−4.2423,4.2426,1,−3.2426

45,8.4964,−0.3536,−4.2423,4.2426,1,−3.2426

＊205 石灰岩：

0,0,0,0,3

90,0,0,3,8,3,−3

391 断层破碎带：

50, 0,0, 4.12975034,−5.89789472, 0.75,−8.25

355, 0,0, −2.03781207,7.37236840, 0.60,−6.6

100. 4514, 0. 5977168, − 0. 0522934, 5. 7305871, − 6. 9397673, 0. 6374019, −
7.01142112

46. 1842, 0,2, 6.19462551,−8.84684208, 1.125,−12.375

96. 6356, 0. 88936745, 1. 86206693, 8. 59588071, − 10. 40965104, 0. 95610288, −
10.51713

351. 1842, 0,2, 7.74328189,11.0585526, 0.9,−9.9

21, 1,1.5, 4.12975034,−5.89789472, 0.75,−8.25

326, 1,1.5, −2.03781207,7.37236840, 0.60,−6.6

71. 4514, 1.49742233,1.16448394, 5.7305871,−6.9397673, 0.6374019,−7.01142112

37. 5, 0,0, 2.123,2.567, 0,−6.52,0,−6.7,0,−6.625

7. 5, 0,0, 3.123,3.567, 0,−3.82,0,−6.37,0,−2.525

−32. 5, −2.23,0, 4.6234,2.678, 0,−2.5,0,−7.8,0,−10.35

−42. 5, −3.23,0, 3.6234,4.678, 0,−3.25,0,−5.18,0,−7.35

＊190 泥岩：

0,4.5,0,4,3,2,−6

0,0,−1.5,0,3

＊191 灰质泥岩：

0,0,0,4,3,2,−6

0,0,−1.5,0,3

0,4.5,−0.75,4,3,1,−7

0,4.5,0.75,4,3,1,−7

90,5,−0.75,3,4,1.5,−4.5

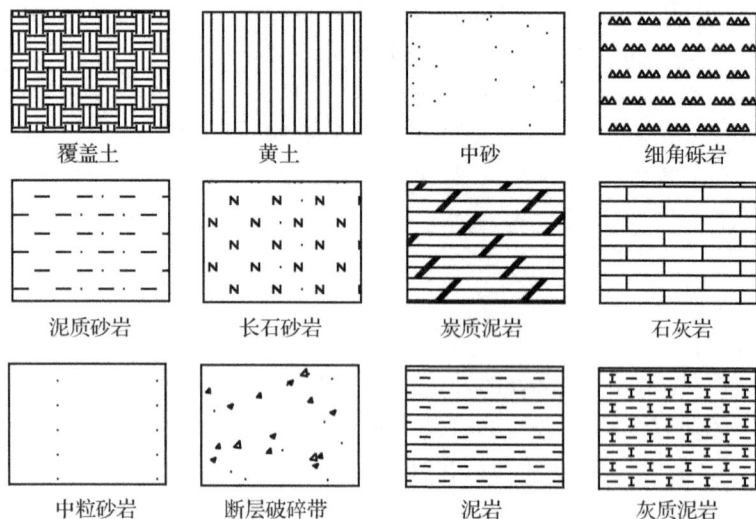

图 13.2.3　部分岩性符号图案

13.3　形文件的开发

在地质绘图中,经常用到各种地质符号,这些符号在图上调用频繁,用基本绘图命令来画太麻烦,虽然可以用"块"解决这类问题,但"形"在存储和绘图方面更有效,特别适用于建立各种符号库。"形"是一种特殊的对象,其用法与块相似,它可以用直线、圆弧及圆来定义。另外,"形"的作用远远不止是图形符号那么简单,更为重要的是 AutoCAD 中字体是以形文件的方式存在的,称为字体形文件。

AutoCAD 字体和形文件(扩展名为 SHX)是从形定义文件(扩展名为 SHP)经过编译而生成的。形定义文件可用文本编辑器或能将文件存为 ASCII 格式的字处理器创建或编辑。

13.3.1　形定义的格式

AutoCAD 的每个形定义包括一个标题行和若干个描述图形的定义行组成。

现在以图 13.3.1 所示的边长为 1,带有一条对角线的正方形为例说明形定义。

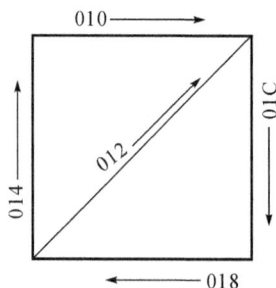

图 13.3.1　正方形图例

＊220,7,BOX;example
001,014,010,01C,018,012,000

说明：

①形定义的第一行为标题行,标题行的格式为：

＊形编号,形元素数,形名［;注释］

标题行必须以星号开头;形编号是一个形的编号,每一个形都有一个形编号,用来区分一个形与其他形,形编号是 1～255 之间的一个整数。其中,1～127 是用来定义西文字符的,用户定义的形编号只能选 128～255 之间的整数(上例的形编号为 220)。形元素数是形元素的个数,包括结束符 000(上例中形元素数为 7)。形名是用户给形起的名字,用来调用该形,形名必须大写(上例中形名为 BOX)。形名后为对形的注释,以便于理解和调试形文件,该项是任选项。

②定义行是各个形元素之间按逗号分开的文本序列,其标准格式为：

形元素,形元素,形元素,……,000

形元素可以看作是绘图笔动作的模拟,如抬笔、落笔、画直线、画圆等等,各形元素之间用逗号分隔。

形元素主要包括两类：一类用于定义绘图笔的笔态、运动方式等,称为命令元素。命令元素在形文件中用特定的代码表示(见表 13.3.1)。另一类用于定义具体的位移量等与图形大小有关的参数。

表 13.3.1　命令元素代码及功能

代码	功能	备注
000	形定义结束	
001	激活绘图模式(落笔)	
002	停止绘图模式(提笔)	
003	缩小形比例	其后一形元素是缩小比例系数
004	放大形比例	其后一形元素是放大比例系数
005	将当前位置压入堆栈(记录笔位)	用于以后调用,特别是从一点产生多条力线的情况
006	从堆栈弹出当前位置	
007	调用子形	下一元素为要调用的子形编号
008	绘制非标准线段	其后的两个形元素分别为 X,Y 方向的位移量
009	连续绘制非标准线段	其后跟多个 X,Y 方向的位移量,并用(0,0)终止
00A	绘制标准八分弧	由下两个元素定义八分圆弧
00B	绘制非标准弧	由下五个形元素定义圆弧
00C	绘制非标准弧	由下三个形元素定义圆弧
00D	绘制多段非标准弧	其后跟多组形元素定义多个圆弧
00E	仅对垂直文字执行下一命令	

13.3.2 标准线段元素

标准线段就是方向和长度都是标准单位的线段。在 AutoCAD 中,为了将线段简化,规定了线段的标准方向和标准线长。

标准方向:就是形定义中所规定的 0~F 的 16 种标准方向,每相邻方向之间相差 22.5 度,如图 13.3.2 所示。

标准线长:形定义中规定标准线段只有 0~F 的 16 种标准长度,其值表示标准长度单位的倍数。

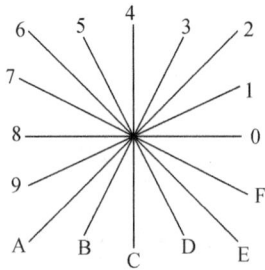

图 13.3.2　标准方向

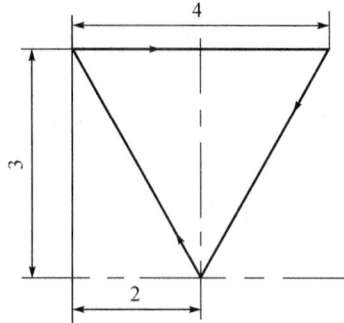

图 13.3.3　非标准矢量图例

13.3.3 非标准线段元素

非标准线段顾名思义就是线段矢量方向是非标准方向、线段长度是非标准长度的线段,对于非标准线段要用起点到终点的 X 增量和 Y 增量来表示。根据所定义的形是一条线段还是折线,分别用命令元素 008 和 009 后跟 X,Y 增量表示。两种格式分别如下:

008(X 增量,Y 增量)

009(X 增量,Y 增量),(X 增量,Y 增量),……,(X 增量,Y 增量),(0,0)

图 13.3.3 中形定义为:009(−2,3),(4,0),(−2,−3),(0,0)

例如:＊145,6,LINE;图 13.3.4(a)

001,008,(6,18),050,000

＊146,14,MOUTAIN;图 14.3.4(b)

001,04C,009,(4,1),(−1,1),(1,1),(−4,1),(0,0),000

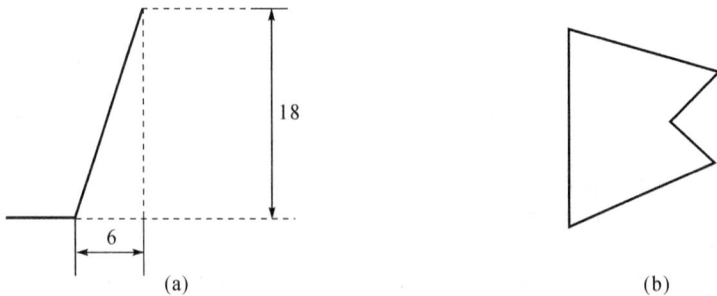

图 13.3.4　非标准线段元素示例

13.3.4　标准八分弧

在 AutoCAD 中,为了简化圆弧的画法,将圆弧划分成 0~7 八种有向弧段,如图 13.3.5 所示。此种圆弧称为标准八分圆弧,因为它跨越一个或多个 45°的八分圆,起点和端点都在八分圆边界上。

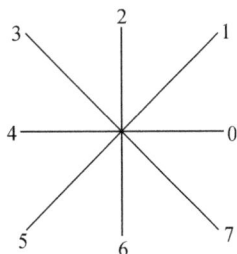

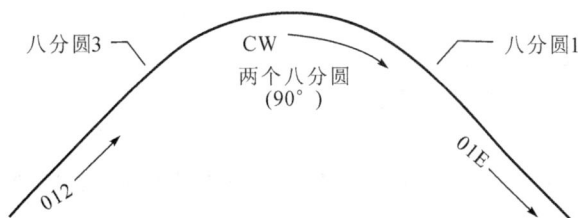

图 13.3.5　标准八分圆弧分界图　　　　　　　图 13.3.6　标准八分圆弧

圆弧定义为:

00A,半径,(一)0SA

其中:半径可以是 1~255 之间的任意值。

0SA 为八分圆弧描述字,其圆弧有方向性(如果为正,则为逆时针;如果为负,则为顺时针)。0 表示绘制标准八分圆弧;S 表示圆弧的起点在标准八分圆弧中的位置(值为 0~7)。C 为跨越的八分圆数(值为 0~7。其中,0 等于 8 个八分圆或整个圆)。可用括号增强可读性。例如:

＊246,7,ARC;example

001,012,00A,(001,-032),01E,000

此形定义如图 14.3.6 所示,此代码依次分别绘制:向右上的一个单位矢量、从八分圆 3 开始的顺时针圆弧(半径为一个单位,跨越两个八分圆)和向右下的一个单位矢量。

13.3.5　非标圆弧

1.一般非标圆弧

一般非标圆弧用命令元素 00B 后跟 5 个参数定义。其格式如下:

00B,(起点偏移,终点偏移,半径高八位,半径低八位,0SA)

其中:

起点偏移是指起点距离它所在标准八分弧的起点的偏移量:

起点偏移=(圆弧起始角-起点所在的八分弧的起点角度)×256/45

终点偏移是指终点距离它所在标准八分弧的起点的偏移量:

终点偏移=(圆弧终止角-终点所在的八分弧的起点角度)×256/45

圆弧的半径用其高八位和低八位两个参数描述。当半径值小于 255 时,半径高八位为 0,八分弧描述字 0SA 与标准八分弧中的定义相同。

2.非标准凸弧

在 AutoCAD 中,将不大于 180°的弧称为凸弧,弧的大小和方向用凸值来表示。非标准凸弧是指起点和终点都不在标准八分弧的分界线上,即起始角和终止角都不是 45°的倍数。定义非标准凸弧用命令元素 00C 或 00D 后若干参数。其格式如下：

00C,(X 增量,Y 增量,凸值)

00D,(X 增量,Y 增量,凸值),……,(X 增量,Y 增量,凸值),(0,0)

第一种格式用于只有一段弧的情况,第二种格式用于有多段弧的情况。其中：

$$X 增量＝弧终点 X 坐标－弧起点 X 坐标$$
$$Y 增量＝弧终点 Y 坐标－弧起点 Y 坐标$$
$$凸值＝127(2H/D)$$

式中 D——弧的弦长；

H——弧的高度。

13.4 地质符号形定义举例

常用地质符号的形定义如下：

说明：

1）为了方便,在实际定义时命令元素可简化书写,如 000 可写为 0,002 写为 2 等。

2）整个形定义存放在一个形文件中,如 geologe. shp 中。

3）在命令行中输入 COMPILE 进行编译,生成 geologe. shx。

4）在命令行中输入 LOAD 装入形文件 Geologe. shx。

5）然后就可以调用形绘图,其方法是在命令行输入 SHAPE,系统会提示输入形名、形插入点、形高度、旋转角。

    *128,6,GEO1

    2,025,1,02D,023,0

    *129,31,GEO2

    1,9,(0,24),(1,0),(0,−24),(1,0),(0,24),(1,0),(0,−24),

    (1,0),(0,24),(1,0),(0,−24),(1,0),(0,24),(0,0),0

    *156,21,GEO3

    3,6,2,010,1,10,1,000,2,010,1,10,2,000,2,010,1,10,3,000,0

    *159,15,GEO4

    3,6,2,8,(−15,−12),7,129,2,8,(18,−24),7,129,0

    *179,15,GEO5

    3,6,2,8,(−3,−15),7,149,2,8,(−18,−18),7,137,0

    *178,37,GEO6

    3,6,2,8,(−9,−3),1,9,(18,0),(0,1),(−18,0),(0,1),(18,0),(0,1),(−18,0),

    (0,1),(18,0),(0,1),(−18,0),(0,1),(18,0),(0,0),0

    *185,9,GEO7

    3,4,2,030,1,10,3,000,0

    *208,11,GEO8

    3,6,2,032,1,06A,2,060,1,066,0

    *210,11,GEO9

3,2,01C,01A,018,014,022,010,01C,018,0

＊212,12,GEO10

3,2,2,014,1,01A,03C,010,012,024,016,0

＊132,5,GEO11

3,10,7,135,0

＊133,5,GEO12

3,5,7,135,0

＊134,5,GEO13

3,5,7,201,0

＊135,7,GEO14

2,010,1,10,1,000,0

＊130,7,GEO15

3,8,4,3,7,201,0

＊136,5,GEO16

3,4,7,200,0

＊139,15,GEO17

3,8,2,064,1,0CB,2,030,1,0C3,2,030,1,0CB,0

＊140,16,GEO18

3,2,2,029,1,040,2,024,1,10,2,022,10,2,002,0

＊141,8,GEO19

3,2,2,027,1,02C,040,0

＊142,9,GEO20

3,4,2,032,1,06C,066,06C,0

＊143,15,GEO21

3,4,2,034,1,06C,2,020,1,048,2,064,1,040,0

＊144,15,GEO22

3,4,2,044,1,06C,2,030,1,068,2,034,1,060,0

＊145,19,GEO23

3,8,2,078,1,032,021,040,02F,03E,2,042,1,05A,049,048,047,056,0

＊147,15,GEO24

3,4,2,06A,1,10,6,－044,2,028,1,10,4,004,0

＊148,16,GEO25

3,20,2,0A0,0A0,1,03A,049,068,047,066,047,068,049,03A,0

＊150,8,GEO26

2,010,1,017,019,01F,011,0

＊151,10,GEO27

3,4,2,032,1,068,06C,060,064,0

＊157,15,GEO28

3,4,2,06B,1,0C3,010,0CB,028,0C3,030,0CB,048,0C3,0

＊161,12,GEO29

3,2,10,1,020,034,02B,2,020,1,025,0

＊162,10,GEO30

3,2,2,028,1,040,025,028,02B,0

＊163,10,GEO31

2,018,1,020,014,10,1,004,01C,0

＊164,15,GEO32

3,4,2,034,1,06C,2,020,1,048,2,064,1,040,0

＊165,13,GEO33

3,10,2,058,1,7,135,2,090,1,7,135,0

＊166,16,GEO34

3,10,7,135,2,0B8,1,7,135,2,090,0A0,1,7,135,0

＊167,15,GEO35

2,018,1,7,165,4,5,2,030,4,2,1,7,165,0

＊168,13,GEO36

3,4,2,038,1,7,201,2,040,1,7,201,0

＊172,8,GEO37

7,135,2,018,1,7,133,0

＊173,16,GEO38

3,3,2,040,1,016,027,028,029,01A,01E,02F,020,021,012,0

＊176,8,GEO39

7,135,2,018,1,7,134,0

＊187,20,GEO40

3,24,4,10,2,0C8,1,020,021,020,02F,020,021,020,02F,020,021,020,02F,0

＊188,19,GE041

3,2,2,098,1,030,2,020,1,030,2,020,1,030,2,020,1,030,0

＊189,37,GEO42

3,4,0A8,0A8,0AE,092,098,088,08E,072,0D8,06E,052,098,04E,032,058,02E,012,
018,2,05E,1,0A2,2,050,1,0AA,2,052,1,05E,2,050,1,076,0

＊190,7,GEO43

3,2,2,034,1,06C,0

＊192,13,GEO44

2,014,058,1,0A0,027,2,03C,020,1,0A8,02F,0

＊196,12,GEO45

3,3,2,044,1,08C,2,027,1,022,02E,0

＊197,12,GEO46

3,4,2,058,1,0A0,036,2,029,1,02E,0

＊198,15,GEO47

3,2,2,024,1,020,2,018,1,04B,2,018,1,020,0

* 199,24,GEO48

3,6,010,014,028,02C,030,034,048,04C,050,054,068,06C,
070,074,088,08C,090,094,0A8,0AC,0A0,0

* 204,10,GEO49

7,135,2,018,3,2,1,7,199,0

* 235,15,GEO50

3,6,2,01C,1,10,2,020,2,01C,1,10,1,020,0

* 229,19,GEO51

3,3,2,054,1,010,02F,01C,029,020,02F,01C,029,028,02F,01C,029,018,0

* 230,42,GEO52

3,3,2,03C,1,012,034,8,−1,3,8,−1,−3,03C,01E,
2,021,1,010,022,8,2,3,8,−3,−2,02A,01C,
2,048,1,018,026,8,−2,3,8,3,−2,02E,01C,0

* 231,20,GEO53

3,3,2,04A,1,010,012,013,044,2,010,1,048,2,010,1,04C,01A,01C,0

* 232,21,GEO54

3,2,014,01A,01E,012,014,016,018,01A,02C,01E,010,022,024,026,028,02A,02C,
020,0

* 233,25,GEO55

3,2,2,032,1,8,−4,−5,021,022,024,029,02A,03C,2,022,1,018,024,2,012,1,01C,
020,0

* 234,17,GEO56

3,2,1,044,051,0AF,051,057,059,2,04C,0A8,1,0A0,0A0,044,0

* 9,17,GEO57

3,3,4,2,2,02E,1,10,2,004,2,030,1,10,1,004,0

* 240,26,GEO58

3,4,8,0,18,012,021,020,02F,02E,02F,020,021,012,016,027,028,029,01A,
2,080,1,8,0,−18,0

* 241,26,GEO59

3,4,8,0,−18,2,080,1,01A,029,028,027,016,012,021,020,02F,02E,02F,
020,021,012,8,0,18,0

* 244,14,GEO60

2,024,1,04C,2,024,1,0A0,027,2,02C,1,021,0

* 149,31,GEO61

1,9,(0,30),(1,0),(0,−30),(1,0),(0,30),(1,0),(0,−30),
(1,0),(0,30),(1,0),(0,−30),(1,0),(0,30),(0,0),0

* 137,31,GEO62

1,9,(30,0),(0,1),(−30,0),(0,1),(30,0),(0,1),(−30,0),
(0,1),(30,0),(0,1),(−30,0),(0,1),(30,0),(0,0),0

＊201,7,GEO63

2,020,1,10,2,000,0

＊200,13,GEO64

2,064,1,9,−6,−10,12,0,−6,10,0,0,0

常用的地质符号,如图 13.4.1 所示。

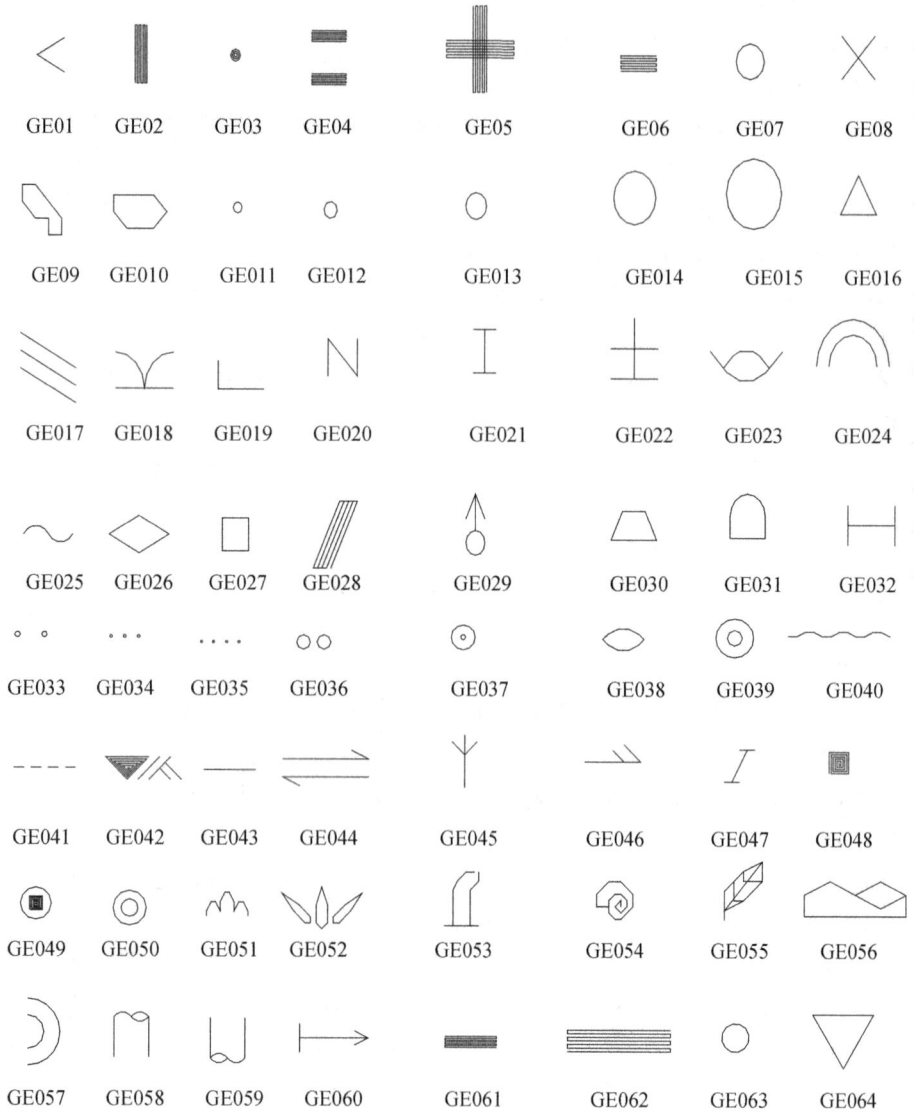

图 13.4.1　地质符号实例示意图

参 考 文 献

[1]　陈练武. 计算机地质制图概论. 西安:西安地图出版社,2004.

[2]　夏玉成,陈练武,薛喜成. 地学信息数字化技术概论. 西安:陕西科学技术出版社,2003.

[3]　史济民,汤观全. Visual FoxPro 及其应用系统开发. 北京:清华大学出版社,2000.

[4]　周建成. Visual FoxPro 3.0 应用篇. 北京:人民邮电出版社,1997.

[5]　周建成. Visual FoxPro 3.0 技术篇. 北京:人民邮电出版社,1997.

[6]　周建成. Visual FoxPro 3.0 命令篇. 北京:人民邮电出版社,1997.

[7]　孙以文. 计算机地图制图. 北京:科学出版社,2000.

[8]　刘静华,王永生. 计算机绘图. 北京:国防工业出版社,2003.

[9]　许友志,毛善君,王景华. 定量煤田勘探学. 徐州:中国矿业大学出版社,1994.

[10]　郭启全. 计算机图形学教程. 北京:机械工业出版社,2003.

[11]　黄建全,罗高明,胡雪涛. 实用计算机地质制图. 北京:地质出版社,1998.

[12]　刘静华,王永生. 最新 VC++绘图程序设计技巧与实例教程,北京:科学出版社,2001.

[13]　李于剑. Visual C++实践与提高——图形图像编程篇. 北京:中国铁道出版社,2001.

[14]　萨贤春,等. 地质图形处理系统设计. 煤田地质与勘探,1996,25(2):21-24.

[15]　门桂珍,等. 地质剖面图的计算机绘制技术. 煤田地质与勘探,1995,23(1):35-37.

[16]　李家. 微机绘制实测地质剖面图的原理. 辽宁地质,1995,(3):219-223.

[17]　邓小力. 不整合面成图方法探讨. 石油物探,2000,39(1):112-117.

[18]　方世明,等. 地质图切剖面计算机辅助编绘系统设计与实现. 煤田地质与勘探,2004,
32(1):11-13.

[19]　门桂珍,等. 地质图件的数据存储与处理. 物探化探技术,1994,16(3):235-238.

[20]　陈练武,李成,陈开圣. 矿产管理系统信息系统的设计与实现. 西安科技学院学报,
2003,23(4):23-26.

[21]　陈练武. MAPGIS 在地质图件绘制中的应用. 西安科技学院学报,2002,22
(1):42-45.

[22]　王幼岑,陈华. AutoCAD 应用与开发基础教程. 西安:西安交通大学出版社,1998.

[23]　中华人民共和国能源部. 煤矿地质测量图例. 北京:煤炭工业出版社,1989.

[24]　王正荣. 计算机辅助矿井地质制图. 北京:煤炭工业出版社,2007.

[25]　郝福江,潘军,申维,等. 计算机在地质工作中的应用. 北京:地质出版社,2009.

[26]　邹光华,吴健斌. AutoCAD 2008 应用基础教程. 北京:煤炭工业出版社,2008.